EUL VERLAG

Supply Chain Risikomanagement – Umsetzung, Ausrichtung und Produktpriorisierung

Eine explorative Analyse am Beispiel der Automobilindustrie

Vom Promotionsausschuss der
Technischen Universität Hamburg-Harburg

zur Erlangung des akademischen Grades
Doktorin der Wirtschafts- und Sozialwissenschaften (Dr. rer. pol.)
genehmigte Dissertation

von

Dipl.-Wi.-Ing. Insa Mareen Wente

aus

Gehrden

2013

1. Gutachter: Prof. Dr. Dr. h. c. Wolfgang Kersten
Institut für Logistik und Unternehmensführung
Technische Universität Hamburg-Harburg

2. Gutachter: Prof. Dr.-Ing. habil. Hermann Lödding
Institut für Produktionsmanagement und –technik
Technische Universität Hamburg-Harburg

Tag der mündlichen Prüfung: 28.06.2013

Reihe: Supply Chain, Logistics and Operations Management · Band 18
Herausgegeben von Prof. Dr. Dr. h. c. Wolfgang Kersten, Hamburg

Insa Mareen Wente

Supply Chain Risikomanagement: Umsetzung, Ausrichtung und Produktpriorisierung

Eine explorative Analyse
am Beispiel der Automobilindustrie

Mit einem Geleitwort von Prof. Dr. Dr. h. c. Wolfgang Kersten,
Technische Universität Hamburg-Harburg

EUL VERLAG

Bibliografische Information der Deutschen Nationalbibliothek

Die Deutsche Nationalbibliothek verzeichnet diese Publikation in der Deutschen Nationalbibliografie; detaillierte bibliografische Daten sind im Internet über <http://dnb.d-nb.de> abrufbar.

Dissertation, Technische Universität Hamburg-Harburg, 2013

ISBN 978-3-8441-0271-0
1. Auflage August 2013

JOSEF EUL VERLAG GmbH
Brandsberg 6
53797 Lohmar
Tel.: 0 22 05 / 90 10 6-6
Fax: 0 22 05 / 90 10 6-88
E-Mail: info@eul-verlag.de
http://www.eul-verlag.de

Bei der Herstellung unserer Bücher möchten wir die Umwelt schonen. Dieses Buch ist daher auf säurefreiem, 100% chlorfrei gebleichtem, alterungsbeständigem Papier nach DIN 6738 gedruckt.

Geleitwort

Supply Chain Risikomanagement (SCRM) ist ein Forschungsfeld mit noch junger Geschichte. Aus zwei wesentlichen Gründen hat dieses Forschungsfeld zuletzt an Bedeutung gewonnen. Erstens sind durch den Trend zu immer schlankeren, globaleren und komplexeren Supply Chains, die Supply Chains anfälliger für Risiken geworden. Zweitens haben jüngste Supply Chain Risikoeintritte, wie das Hochwasser in Mitteleuropa im Juni 2013, Hurrikan Sandy im Herbst 2012 und nicht zuletzt die Tsunami Katastrophe in Japan im März 2011 verdeutlicht, dass viele Unternehmen nach wie vor ungenügend auf Supply Chain Risikoeintritte vorbereitet sind.

Mit der vorliegenden Arbeit greift Frau Insa Mareen Wente das Themenfeld des SCRM auf. Hierbei setzt sie einen Fokus auf die Umsetzung, Ausrichtung und Produktpriorisierung und untersucht diese aus Sicht der Unternehmenspraxis in der Automobilindustrie. Die Automobilindustrie steht im Vordergrund ihrer Forschung, da in dieser eine sehr große Teileanzahl und –vielfalt angetroffen wird, die das Supply Chain Risikomanagement besonders herausfordernd gestaltet.

Frau Wente verfolgt das Ziel, die Umsetzung des SCRM in der Unternehmenspraxis durch die Entwicklung diverser Ansätze zum reaktiven und proaktiven SCRM zu verbessern. Hierbei berücksichtigt sie insbesondere die Herausforderung des Umgangs mit knappen Ressourcen, die für das SCRM zur Verfügung stehen, und die Herausforderung der mangelnden Transparenz in der Supply Chain.

Zur Erreichung des Forschungsziels wählt Frau Wente einen methodenintegrierenden Ansatz. Sie demonstriert, wie sich durch die Kombination von Grounded Theory und explorativer Faktorenanalyse ein erfolgsversprechender und praxisnaher Beitrag zur SCRM-Forschung leisten lässt. Die vorliegende Arbeit erlangt somit gleichermaßen wissenschaftliche und praktische Bedeutung.

Hamburg, im Juli 2013

Prof. Dr. Dr. h. c. Wolfgang Kersten

Vorwort

Die vorliegende Arbeit entstand während meiner Zeit als Doktorandin am Institut für Logistik und Unternehmensführung der Technischen Universität Hamburg-Harburg. Das Thema Supply Chain Management hat mich bereits seit längerem fasziniert. Durch verschiedene Praktika sowie zahlreiche Projekte während meiner Tätigkeit als Unternehmensberaterin konnte ich Erkenntnisse zum Supply Chain Management diverser Unternehmen sammeln. Dabei stellte ich fest, dass das Themenfeld Supply Chain Risikomanagement bislang unzureichend in der Unternehmenspraxis behandelt wird. Hierdurch entstand die Idee, im Rahmen einer Dissertation das Supply Chain Risikomanagement zu untersuchen.

Die Vollendung einer solchen Dissertation ist nur durch die Unterstützung zahlreicher Personen möglich. All diesen Personen möchte ich an dieser Stelle danken.

Insbesondere bedanke ich mich bei meinem Doktorvater Herrn Prof. Dr. Dr. h. c. Wolfgang Kersten sowohl für die Betreuung meines Dissertationsvorhabens als auch für die spannende, lehrreiche und schöne Zeit als Doktorandin an seinem Lehrstuhl. Ein weiterer Dank gilt Herrn Prof. Dr.-Ing. habil. Hermann Lödding sowie Herrn Prof. Dr. oec. publ. Cornelius Herstatt für die Übernahme des Koreferats bzw. des Vorsitzes des Prüfungsausschusses.

Ein großes Dankeschön gilt den Mitarbeitern des Instituts für die Offenheit, Hilfsbereitschaft und schöne Atmosphäre. Besonders bedanken möchte ich mich bei Max Feser und Meike Schröder für die zahlreichen Diskussionen zum Supply Chain Risikomanagement und die kritische Durchsicht meiner Arbeit.

Auch danke ich all meinen Interview-Partnern sowie den Teilnehmern der schriftlichen Befragung. Insbesondere die in den Expertengesprächen erhaltenen Hinweise, Fragen und Kommentare erlaubten mir, das Thema umfassend zu bearbeiten.

Nicht zuletzt bedanke ich mich herzlich bei meiner Familie für die uneingeschränkte Unterstützung, diverse Diskussionen zu meinem Forschungsvorhaben und die Korrektur der Arbeit.

Hamburg, im Juli 2013
Insa Mareen Wente

Inhaltsverzeichnis

Abbildungsverzeichnis

Tabellenverzeichnis

Abkürzungsverzeichnis

AktG	Aktiengesetz
BCM	Business Continuity Management
BCP	Business Continuity Planning
BME	Bundesverband Materialwirtschaft, Einkauf und Logistik
BRT	Business Recovery Time
BVL	Bundesvereinigung Logistik
CAQDAS	Computer-Assisted Qualitative Data Analysis Software
COSO	Committee of Sponsoring Organizations
DRSC	Deutsches Rechnungslegungs Standards Committee e. V.
EFA	Explorative Faktorenanalyse
FERMA	Federation of European Risk Management Associations
HGB	Handelsgesetzbuch
ISO	International Organization for Standardization
JBL	Journal of Business Logistics
JIT	Just-in-Time
KonTraG	Gesetz zur Kontrolle und Transparenz im Unternehmensbereich
OEM	Original Equipment Manufacturer
OTIF	On-Time In-Full
NSI	New Supplier Introduction
RFID	Radio-Frequency Identification
SAM	Specifying sources of risk and vulnerabilities, Assessment, and Mitigation
SCOR	Supply Chain Operations Reference
SCM	Supply Chain Management
SCRM	Supply Chain Risikomanagement
TQM	Total Quality Management

1. Einleitung

1.1 Ausgangssituation

Unternehmen setzen verstärkt auf die Optimierung ihrer Wertschöpfungskette, um Wettbewerbsvorteile zu erzielen. Hierdurch sind die Supply Chains immer schlanker und globaler geworden (Kersten et al. 2008, S. 8). Neben den dadurch gewonnenen monetären Vorteilen hat sich jedoch auch die Verwundbarkeit der Netzwerke erhöht (Wagner und Neshat 2010, S. 121). Die Folge ist, dass Unternehmen häufiger und oftmals mit einer größeren Wirkung von Supply Chain Risiken getroffen werden. Insbesondere die Automobilindustrie ist auf Grund ihrer langen, globalen und komplexen Supply Chains bei einer gleichzeitigen sehr hohen Teilevielfalt und -komplexität besonders stark Supply Chain Risiken ausgesetzt (Henke et al. 2010, S. 5; Thun und Hoenig 2011, S. 245).

Dass Supply Chain Risiken auch tatsächlich eintreten, wurde vielen Unternehmen erneut durch das verheerende Erdbeben samt Tsunami und nuklearer Katastrophe in Japan im März 2011 sowie der großen Flut bzw. Überschwemmung in Thailand im Herbst 2011 bewusst (Bland und Kwong 2011). Die Flut in Thailand führte beispielsweise dazu, dass der Automobilhersteller Honda knapp 260.000 Fahrzeuge weniger produzierte als geplant (Honda 2011a; Honda 2011b). Dies lag zum einen daran, dass Honda eine eigene Fabrik wegen der Überschwemmung für knapp sechs Monate schließen musste und somit direkt von der Flut getroffen wurde. Zum anderen konnten diverse Zulieferer nicht mehr liefern, wodurch Honda auch indirekt beeinträchtigt wurde. Als Konsequenz musste Honda zudem seine Produktion in Indien, Großbritannien und Brasilien drosseln. Auch die Katastrophe in Japan führte zu derart großen Auswirkungen. Diese betrafen nicht nur japanische Hersteller. Aus einer Auflistung von Wheatley (2011, S. 56) geht beispielsweise hervor, dass Ford, Volvo, General Motors und Renault mit Lieferengpässen zu kämpfen hatten, dass Peugeot-Citroen seine Produktion in den meisten seiner europäischen Werke um 40 - 70% reduzierte, und dass Chrysler keine Händlerbestellungen für zehn definierte

Farben annahm, da die benötigten Farbpigmente aus dem Problemgebiet nicht mehr geliefert wurden. Die beschriebenen Auswirkungen der Katastrophen in Japan und Thailand verdeutlichen verschiedene Aspekte von Supply Chain Risiken. Zum einen bekommen Unternehmen die Auswirkungen von lokalen Supply Chain Risikoeintritten auf Grund der globalen Verkettungen und der sich entlang der Supply Chain aufschaukelnden Auswirkungen eines Supply Chain Risikoeintritts weltweit zu spüren (Jüttner et al. 2003, S. 203). Zum anderen können Supply Chain Risikoeintritte sehr hohe Ausmaße haben. Unternehmen bekommen diese Ausmaße zudem nicht nur kurzfristig durch z. B. erforderlich werdende Produktionsstopps wegen Lieferengpässen zu spüren, sondern auch langfristig. Dies geht aus einer branchenübergreifenden Studie von Hendricks & Singhal (2005) hervor. Laut dieser müssen Unternehmen, die von großen Supply Chain Risiken getroffen werden, mit einem durchschnittlichen Abschlag von mehr als 10% auf den Aktienkurs des Unternehmens rechnen. Aus den genannten Gründen sollten Unternehmen Supply Chain Risiken mit einem effizienten und effektiven Supply Chain Risikomanagement (SCRM) begegnen. Die Bedeutung eines effizienten und effektiven SCRM wird in der Literatur ebenfalls von mehreren Autoren (Manuj und Mentzer 2008, S. 193; Sodhi et al. 2012; Wagner und Bode 2006, S. 79) hervorgehoben. Dennoch stecken sowohl die konsequente Anwendung des SCRM in der Unternehmenspraxis als auch die Forschung bezüglich SCRM noch in den Kinderschuhen (Sodhi et al. 2012).

Untersuchungen haben gezeigt, dass bislang kaum Unternehmen ein umfassendes SCRM implementiert haben (Kersten et al. 2012, S. 412; Kersten und Wente 2012, S. 88; Jüttner 2003, S. 782). Aus einer von Enslow (2008) durchgeführten Umfrage geht zudem hervor, dass das bisherige SCRM in den Unternehmen als nicht effektiv empfunden wird. Infolgedessen sind Unternehmen oftmals nicht auf Supply Chain Probleme vorbereitet und können nur reaktiv gegensteuern. Doch auch dieses Gegensteuern läuft in den Unternehmen bislang wenig standardisiert und effizient ab (Henke et al. 2010, S. 7; Fisher 2011, S. 1). Ähnlich wie in der Unternehmenspraxis steht auch die Forschung zu praxistauglichen SCRM-Ansätzen noch am Anfang (Sodhi et al. 2012). Der Fokus der Forscher lag bislang auf den Grundlagen zum SCRM. Hierunter fallen beispielsweise Arbeiten zum Phänomen des Supply Chain

Risikos, der Klassifizierung desselben, der Beschreibung von Ursachen und Wirkungen sowie generischer Konzepte zum Vorgehen des SCRM (z. B. Christopher und Peck 2004; Norrman und Lindroth 2004). Erst in jüngerer Zeit wurden die Konzepte zum Vorgehen des SCRM mit konkreten Empfehlungen für Unternehmen ausgestaltet (z. B. Kersten et al. 2009b; Ziegenbein 2007). Aus methodischer Sicht stellen den Großteil der Beiträge zum SCRM theoretisch-konzeptionelle Arbeiten dar (Tang und Musa 2011, S. 32; Vanany et al. 2009, S. 20). In den wenigen explorativ-empirischen Erhebungen zum SCRM werden unter anderem zwar die Herausforderungen der Umsetzung des SCRM identifiziert (z. B. Fiege 2006; Jüttner 2003; Kersten et al. 2009a; Kersten et al. 2009b), jedoch vernachlässigt, wie mit diesen umzugehen ist. Auch zu Lessons Learned aus den ersten Erfahrungen mit SCRM bzw. zu einem sich bewährten Vorgehen und sich bewährten Prozessen gibt es bislang kaum Erhebungen (Finch 2004, S. 193). Die empirischen Erhebungen zum SCRM wurden zudem vor den letzten großen Supply Chain Risikoeintritten durchgeführt. Die letzten signifikanten Supply Chain Risikoeintritte und hierbei sei wiederum das Japanbeispiel erwähnt, führten zu einem regelrechten „Medienhype" zum Thema SCRM. Hierdurch ausgelöst haben diverse wissenschaftliche Journale (z. B. das Journal of Business Logistics (JBL)) einen Sonderaufruf zum SCRM verfasst. Auch in der Unternehmenspraxis wurde SCRM stärker thematisiert. Weiter wurden spezielle Konferenzen (z. B. das 10. Branchenforum Automobillogistik der Bundesvereinigung für Logistik (BVL) am 26. Januar 2012 in München) ausschließlich dem Thema SCRM gewidmet.

Nach einer umfassenden Recherche zum Thema SCRM können zwei wesentliche **Forschungslücken** identifiziert werden:

Es wurde eine Forschungslücke zu der **Umsetzung und Ausrichtung des SCRM** festgestellt. Hier besteht bezüglich des Status Quo der Umsetzung des SCRM in der Unternehmenspraxis nach wie vor explorativ-empirischer Forschungsbedarf (Böger 2010, S. 66). Die durch die letzten Supply Chain Risikoeintritte verursachte Medienaufmerksamkeit lässt darauf schließen, dass die Umsetzung des SCRM in der Unternehmenspraxis vorangetrieben wurde. Deshalb sollten aktuelle empirische Erhebungen sowohl zum Status Quo des SCRM als auch zu den Herausforderungen der

Umsetzung des SCRM durchgeführt werden. Da zudem ein Defizit zu einer sich bewährten Vorgehensweise bzw. sich bewährten Prozessen des reaktiven SCRM vorliegt (Sodhi et al. 2012), sollte auch dieses im Rahmen der explorativ-empirischen Erhebung erforscht werden.

Eine weitere Forschungslücke betrifft den **Umgang mit Herausforderungen der Umsetzung des SCRM**. Diverse Herausforderungen wurden zwar bereits von mehreren Autoren identifiziert (z. B. Fiege 2006; Jüttner 2003; Kersten et al. 2009a; Kersten et al. 2009b), dennoch wurde bislang vernachlässigt, wie mit diesen umzugehen ist. Laut einer Studie von Kersten et al. (2009, S. 148) stellen knappe Ressourcen die größte Herausforderung bei der Umsetzung des SCRM dar. Da bei Ressourcenknappheit ein effizienter Einsatz der Ressourcen unumgänglich ist, bietet sich zur Begegnung dieses Problems die Einführung einer Priorisierungslogik für das durchzuführende SCRM an. Zur Produktpriorisierung im SCRM fehlen bislang detaillierte und alle Supply Chain Risiken umfassende Erklärungen einer Priorisierungslogik. Bestehende Ansätze wurden zudem meist theoretisch hergeleitet. Daher erscheint die explorativ-empirische Forschung auf diesem Gebiet sehr vielversprechend.

1.2 Ziel der Arbeit

Auf Basis der beschriebenen Ausgangssituation befasst sich die vorliegende Arbeit mit der Verbesserung der Umsetzung des SCRM in der Unternehmenspraxis durch die Adressierung von Herausforderungen des SCRM. Zum Zweck der detaillierteren Bearbeitung wird das Untersuchungsobjekt weiter eingegrenzt. Zum einen wird ein Industriefokus auf die Automobilindustrie gelegt. Ausschlaggebend hierfür ist, dass die Automobilindustrie besonders stark Supply Chain Risiken ausgesetzt ist und die Umsetzung des SCRM sehr herausfordernd ist. Zum anderen steht bei der Adressierung von Herausforderungen der Umsetzung des SCRM die identifizierte größte Herausforderung der Ressourcenknappheit im Vordergrund der Untersuchungen. Somit kann das Untersuchungsobjekt als „die Herausforderung knapper Ressourcen bei der Umsetzung und Ausrichtung des SCRM am Beispiel der Automobilindustrie“

beschrieben werden. Von dem Untersuchungsobjekt bzw. dem von Mello & Flint (2009, S. 109) sogenannten „Phänomen" lassen sich das Forschungsziel, die Forschungsfragen und die Forschungsmethodik ableiten. Abbildung 1 stellt die Ableitung der einzelnen Elemente aus dem Phänomen dar. Zusätzlich werden auch die verwendeten Datenquellen aufgezeigt.

Phänomen

Die Herausforderung knapper Ressourcen bei der Umsetzung und Ausrichtung des SCRM am Beispiel der Automobilindustrie.

Forschungsziel

Ein besseres Verständnis zu erlangen, wie der Status der Umsetzung und Ausrichtung des SCRM in der Unternehmenspraxis der Automobil Supply Chain ist und wie dieser unter anderem durch die Einführung einer Produktpriorisierungslogik verbessert werden kann.

Forschungsfragen

1. Wie ist der Status Quo der Umsetzung und Ausrichtung des SCRM in der Automobilindustrie?
   a. Wie hat sich der Status Quo des SCRM bezüglich seiner Umsetzung und Ausrichtung in den letzten Jahren verändert?
   b. Welches Vorgehen bzw. welche Prozesse haben sich bewährt? Stellt die Ressourcenknappheit nach wie vor eine große Herausforderung bei der Umsetzung des SCRM dar?
2. Wie kann der Herausforderung der Ressourcenknappheit mittels einer Produktpriorisierungslogik begegnet werden?
   a. Wie sind Produktpriorisierungslogiken für das SCRM in der Automobilindustrie ausgestaltet?
   b. Wie können die bislang verwendeten Produktpriorisierungslogiken verbessert werden?
3. Welche Handlungsempfehlungen lassen sich daraus für die Unternehmenspraxis ableiten?

Datenquellen und Forschungsmethoden

- Experteninterviews: Grounded Theory
- Schriftliche Befragung: Deskriptive Statistik und explorative Faktorenanalyse

Abbildung 1: Forschungsziel, Forschungsfragen, Datenquellen und Forschungsmethoden
Quelle: in Anlehnung an Mello & Flint (2009, S. 110)

Die Arbeit zielt darauf ab, die aufgezeigten Forschungslücken zum beschriebenen Phänomen zu schließen. Dementsprechend kann das Forschungsziel wie folgt definiert werden:

Das Ziel der Arbeit ist es, ein besseres Verständnis zu erlangen, wie der Status der Umsetzung und Ausrichtung des SCRM in der Unternehmenspraxis der Automobil Supply Chain ist und wie dieser unter anderem durch die Einführung einer Produktpriorisierungslogik verbessert werden kann.

Grundsätzlich kann ein Wissenschaftsziel in die Hauptfunktionen Aufklärung und Steuerung unterteilt werden. Dabei wird die Funktion Aufklärung einem theoretischen Wissenschaftsziel und die Funktion Steuerung einem pragmatischen Wissenschaftsziel zugeordnet (Weber 2005, S. 154). Während es bei einem theoretischen Wissenschaftsziel darum geht Phänomene zu beschreiben, zu typisieren und zu erklären, stehen beim pragmatischen Wissenschaftsziel die Ausarbeitung und Begründung von Gestaltungsmöglichkeiten bzw. Handlungsempfehlungen im Vordergrund (Obring 1992). Die vorliegende Arbeit verfolgt ein theoretisches Wissenschaftsziel, weil es um das Verständnis und die Erklärung eines Phänomens geht. Da jedoch ein theoretisches Wissenschaftsziel nicht als Selbstzweck zu verstehen ist, sondern die Basis für die Anwendung der gewonnenen Erkenntnisse darstellen sollte (Kühn 1978, S. 34ff.), besteht das pragmatische Nebenziel der Arbeit darin, aus den Erkenntnissen Handlungsempfehlungen für Entscheidungsträger in Unternehmen herzuleiten.

Folgende drei Forschungsfragen helfen das Forschungsziel zu konkretisieren:

Forschungsfrage 1: **Wie ist der Status Quo der Umsetzung und Ausrichtung des SCRM in der Automobilindustrie?**

Die Forschungsfrage zur Umsetzung und Ausrichtung des SCRM lässt sich in zwei Teilfragen aufteilen.

Forschungsfrage 1.a: **Wie hat sich der Status Quo des SCRM bezüglich seiner Umsetzung und Ausrichtung in den letzten Jahren verändert?**

Diese Frage beschäftigt sich mit dem Status Quo des SCRM in der Unternehmenspraxis der Automobil Supply Chain und wie sich dieser auf Grund der Supply Chain Risikoeintritte der letzten Jahre verändert hat. Insbesondere werden hierbei die Ausrichtungsarten des reaktiven und proaktiven SCRM näher untersucht und herausgearbeitet, ob sich der Fokus der Unternehmen weg vom reaktiven hin zum proaktiven SCRM verändert hat.

Forschungsfrage 1.b: **Welches Vorgehen bzw. welche Prozesse haben sich bewährt? Stellt die Ressourcenknappheit nach wie vor eine große Herausforderung bei der Umsetzung des SCRM dar?**

Diese Frage zielt darauf ab, Erkenntnisse aus bisherigen Supply Chain Risikoeintritten für die Unternehmenspraxis abzuleiten. Damit liefert sie einen Anknüpfungspunkt, um die Umsetzung des SCRM in der Unternehmenspraxis zu verbessern. Es werden ein bewährtes Vorgehen sowie bewährte Prozesse identifiziert und bewertet. Zudem wird überprüft, ob die von verschiedenen Autoren identifizierten Umsetzungsherausforderungen des SCRM noch aktuell sind. Auch wird analysiert, ob die Ressourcenknappheit nach wie vor eine große Herausforderung bei der Umsetzung des SCRM darstellt. Auf den Umgang mit der Ressourcenknappheit wird in der zweiten Forschungsfrage eingegangen.

Forschungsfrage 2: **Wie kann der Herausforderung der Ressourcenknappheit mittels einer Produktpriorisierungslogik begegnet werden?**

Die zweite Forschungsfrage baut auf den Erkenntnissen der ersten Forschungsfrage auf. Auch sie lässt sich in zwei Teilfragen aufteilen.

Forschungsfrage 2.a: **Wie sind Produktpriorisierungslogiken für das SCRM in der Automobilindustrie ausgestaltet?**

Diese Forschungsfrage beschäftigt sich damit, was in der Unternehmenspraxis der Automobilindustrie unternommen wird, um der Herausforderung der Ressourcenknappheit im SCRM zu begegnen. Da auf Ressourcenknappheit oftmals mit der Einführung einer Priorisierungslogik reagiert wird (Bauer et al. 2008, S. 99), wird insbesondere analysiert, ob und wie Teile, Komponenten und Produkte beim SCRM priorisiert werden. Hierzu wird der in der Unternehmenspraxis verwendete Ansatz dargestellt und hinsichtlich seiner Eignung untersucht.

Forschungsfrage 2.b: **Wie können die bislang verwendeten Produktpriorisierungslogiken verbessert werden?**

Diese Frage baut auf den in Forschungsfrage 2.a identifizierten Defiziten zur Produktpriorisierung beim SCRM auf und zielt darauf ab, die identifizierten Defizite zu schließen.

Aus den beiden ersten Forschungsfragen und dem pragmatischen Forschungsziel ergibt sich die dritte Forschungsfrage dieser Arbeit:

Forschungsfrage 3: **Welche Handlungsempfehlungen lassen sich daraus für die Unternehmenspraxis ableiten?**

Diese Frage verfolgt das Ziel, die gewonnenen Erkenntnisse zu den ersten beiden Forschungsfragen für die Unternehmenspraxis nutzbar zu machen. Es werden neben allgemeinen Handlungsempfehlungen auch Vorgehensweisen und Instrumente entwickelt.

Zur Beantwortung der Forschungsfragen wurde ein methodenintegrierendes Forschungsdesign gewählt. Dieses basiert auf der Kombination der qualitativen Forschungsmethode der Grounded Theory mit den quantitativen Methoden der deskriptiven Statistik und der explorativen Faktorenanalyse. Im Rahmen der Anwendung der Grounded Theory wurden als primäre Datenquelle 18 Interviews mit Experten aus der Automobil Supply Chain durchgeführt und qualitativ ausgewertet. Für die Anwen-

dung der quantitativen Methoden wurde als primäre Datenquelle eine schriftliche Befragung mit 104 Experten der Automobil Supply Chain durchgeführt.
Ein methodenintegrierendes Vorgehen wird empfohlen, da es im Vergleich zu einem rein qualitativen oder quantitativen Ansatz ein tieferes bzw. umfassenderes Verständnis eines Phänomens ermöglicht. Zudem kann durch die Nutzung qualitativer und quantitativer Daten Triangulation stattfinden. Dies ermöglicht es, die Erkenntnisse zu bekräftigen (Johnson et al. 2007, S. 123).

1.3 Vorgehensweise

Die vorliegende Arbeit ist in sechs Kapitel gegliedert. Im einleitenden **ersten Kapitel** wird die Ausgangssituation, die Zielsetzung sowie die Vorgehensweise erläutert.

Im **zweiten Kapitel** werden die theoretischen Grundlagen dargestellt und das Themenfeld abgegrenzt. Es wird zunächst auf die Themenfelder „Risiko und Risikomanagement" (Kapitel 2.1), „Supply Chain und Supply Chain Management" (Kapitel 2.2) und „Supply Chain Risiko und Supply Chain Risikomanagement" (Kapitel 2.3) eingegangen. Im Anschluss wird die Thematik der „Priorisierung" erläutert (Kapitel 2.4).

Das **dritte Kapitel** dient dazu, den Stand der Forschung darzustellen. Zu Beginn wird ein Überblick über das Ziel, den Zeitpunkt und das Vorgehen der Literaturauswertung (Kapitel 3.1) gegeben. Daraufhin wird der Stand der Forschung zur Umsetzung und Ausrichtung des Supply Chain Risikomanagements (Kapitel 3.2) erarbeitet. Anschließend wird auf bestehende Priorisierungsansätze im Supply Chain Risikomanagement (Kapitel 3.3) eingegangen. Schließlich erfolgt die Ableitung der Forschungslücke (Kapitel 3.4).

Im **vierten Kapitel** wird das Forschungsdesign erläutert. Zunächst erfolgt ein Überblick über das Forschungsdesign (Kapitel 4.1). Zudem wird begründet, warum dieses gewählt wurde. Anschließend wird auf die einzelnen Forschungsphasen (Kapitel 4.2 und Kapitel 4.3) eingegangen. Hierbei werden die Grundlagen der gewählten Methoden (Grounded Theory, explorative Faktorenanalyse) dargestellt und die Datenquellen (Experteninterviews, schriftliche Befragung) hinsichtlich ihrer Datenerhebung und Datenanalyse diskutiert.

Im **fünften Kapitel** werden die Ergebnisse der empirischen Erhebungen ausgewertet, dargestellt und Handlungsempfehlungen abgeleitet. Nach allgemeinen Vorbemerkungen (Kapitel 5.1) wird eine Übersicht über das Codesystem (Kapitel 5.2) gegeben. Anschließend wird auf die Ergebnisse zur Umsetzung und Ausrichtung des Supply Chain Risikomanagements (Kapitel 5.3) eingegangen. Daraufhin erfolgt die Auswertung und Darstellung der Erkenntnisse zur Produktpriorisierung im Supply Chain Risikomanagement (Kapitel 5.4). Abschließend wird das Gesamtmodell des Supply Chain Risikomanagements dargestellt (Kapitel 5.5).

Das **sechste Kapitel** schließt die Arbeit mit einer Zusammenfassung (Kapitel 6.1) sowie den Limitationen der Untersuchung und dem weiteren Forschungsbedarf (Kapitel 6.2) ab.

Der Aufbau der Arbeit wird in Abbildung 2 verdeutlicht.

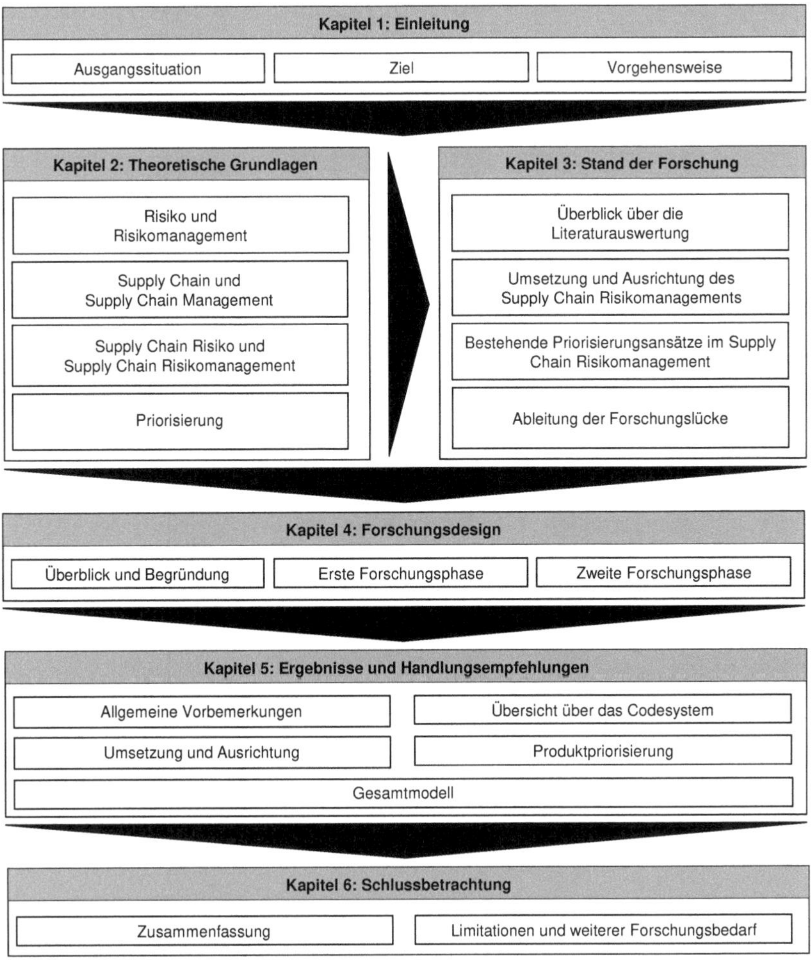

Abbildung 2: Aufbau der Arbeit

2. Theoretische Grundlagen

Das zweite Kapitel dient dazu, den theoretischen Rahmen und die terminologischen Grundlagen zu schaffen. Dies ist für das weitere Verständnis der Arbeit wichtig. Es wird zunächst das Themenfeld „Risiko und Risikomanagement" erläutert. Hierzu werden die Begriffe „Risiko" und „Risikomanagement" abgegrenzt, eine Klassifizierung verschiedener Risiken aufgezeigt und Gründe für das Risikomanagement diskutiert. Anschließend wird das Themenfeld „Supply Chain und Supply Chain Management" aufgegriffen. Neben begrifflichen Abgrenzungen werden Spezifika der Automobil Supply Chain sowie Aufgaben, Ziele und Herausforderungen des Supply Chain Managements aufgezeigt. Aufbauend hierauf wird das Themenfeld „Supply Chain Risiko und Supply Chain Risikomanagement" erläutert. Die Begriffe „Supply Chain Risiko" und „Supply Chain Risikomanagement" werden definiert, Ursachen und Wirkungen von Supply Chain Risiken werden diskutiert und Gründe für das Supply Chain Risikomanagement werden dargestellt. Abschließend wird auf das Themenfeld der „Priorisierung" eingegangen. Es findet eine begriffliche Abgrenzung statt. Anschließend werden Methoden der Priorisierung dargestellt und erläutert, welche Eigenschaften eine „gute" Priorisierung kennzeichnen.

2.1 Risiko und Risikomanagement

2.1.1 Risiko

2.1.1.1 *Begriffliche Abgrenzung*

Der Ursprung des Begriffs „Risiko" ist ungewiss. Während einige Beiträge den Begriff auf den aus dem 16. Jahrhundert stammenden italienischen kaufmännischen Terminus für Wagnis oder Gefahr zurückführen, leiten ihn andere vom lateinisch-griechischen Wort für „Klippe" ab, welche es zu umschiffen gilt (Cottin und Döhler 2009, S. 1). Der Risikobegriff wird in diversen Wirtschaftsdisziplinen herangezogen

(Luhmann 2003, S. 9). Dennoch hat sich bis heute weder in der Literatur noch in der Unternehmenspraxis eine eindeutige Definition herausgebildet (Kersten et al. 2008, S. 10). Eine allgemeingültige Definition ist laut Kimmig (2001, S. 48) auch gar nicht sinnvoll. Vielmehr ist eine Abgrenzung des Risikobegriffs je nach Untersuchungsgegenstand zweckmäßig. Allen Risikodefinitionen ist jedoch gemein, dass ein Risiko durch die Dimensionen Eintrittswahrscheinlichkeit und Ergebnishöhe bestimmt wird (Dani 2008, S. 54; Jüttner 2003, S. 778; Tang und Tomlin 2008, S. 156).

Eine Möglichkeit die verschiedenen Risikodefinitionen zu klassifizieren, ist die Unterteilung in ursachenbezogene und wirkungsbezogene Ansätze (Jonen 2007). Bei ursachenbezogenen Ansätzen wird das Risiko im Zusammenhang mit betrieblichen Entscheidungssituationen betrachtet. Hierbei wird die aus der unsicheren Zukunftssituation resultierende Ursache des Risikos in den Mittelpunkt gestellt (Fiege 2006, S. 38). Bei wirkungsbezogenen Ansätzen hingegen steht die drohende Verlustgefahr als Wirkung eines Risikos im Vordergrund (Kupsch 1973, S. 29). In der Literatur wird die Wirkung als positive oder negative Abweichung von einem erwarteten Wert bezeichnet (Arrow 1965). In der Unternehmenspraxis hingegen wird die Wirkung des Risikos meist nur auf seine negative Komponente reduziert (March und Shapira 1987, S. 1407). Positive Abweichungen fallen hier meist unter den Begriff „Chance“ (Fiege 2006, S. 43f.).

Die vorliegende Arbeit basiert auf folgendem Risikoverständnis:

Ein Risiko stellt das mögliche Auftreten eines Ereignisses dar, welches eine negative Zielabweichung im Unternehmen verursachen kann. Die Bedingung für ein Risiko sind unvollkommene Informationen über künftige interne als auch externe Zustände. Hierzu gehören beispielsweise auch nicht zu berechnendes Verhalten von Mitarbeitern oder anderen Stakeholdern.

2.1.1.2 *Klassifizierung von Risiken*

Risiken werden in der Literatur auf verschiedene Arten differenziert. Die Art der Differenzierung bzw. der gewählten Abgrenzungskriterien hängt dabei von der Fragestellung ab (Wolke 2009, S. 6). In Tabelle 1 werden verschiedene Risikokategorien entlang von Abgrenzungskriterien und Subkriterien dargestellt. Risikokategorien fassen hierbei gemäß des Deutschen Rechnungslegungsstandards Nr. 5 (DRSC 2012) „gleichartige, organisatorisch oder funktional zusammengehörige Risiken zusammen."

Tabelle 1: Übersicht über verschiedene Risikoklassifikationen

Kriterium	Subkriterium	Beispiel	Quellen (Beispiele)
Quelle	**Bereich**	Versorgung/Nachfrage/Steuerung/Prozess/Umwelt	Christopher, Peck (2004)
		Beschaffung/Produktion/Absatz	Rogler (2002)
	Funktion	operationelle Risiken/Markt- und Finanzrisiken/Kreditrisiken/Liquiditätsrisiken/strategische Risiken[1]	Tattam (2011)
		operationelle Risiken/rechtliche Risiken/strategische Risiken/Finanzrisiken/Absatzrisiken/sonstige Risiken	Eller et al. (2010)
Risikograd	**Schadensart**	Kosten-/Qualitäts-/Termin-/Zeitrisiko	Schmelzer (2006)
		finanzieller Verlust/Leistungsverlust/materieller Verlust/psychologischer Verlust/sozialer Verlust/Zeitverlust[1]	Harland et al. (2003)
	Schadenshöhe	existenzgefährdend (Katastrophe)/groß/mittel/ klein (Bagatelle)	Gietl, Lobinger (2006)
		bestandsgefährdendes/wesentliches/relevantes/ unwesentliches Risiko	Fiege (2006)
	Auftretenshäufigkeit	ziemlich gleichmäßig/verhältnismäßig unregelmäßig/ stoßartig auftretend	Rogler (2002)
		häufig/möglich/selten/unwahrscheinlich	Gietl, Lobinger (2006)

[1] Eigene Übersetzung vom Englischen ins Deutsche.

Kriterium	Subkriterium	Beispiel	Quellen (Beispiele)
Umgang	**Abwälzbarkeit**	abwälzbar (versicherbar)/nicht abwälzbar (versicherbar)	Rogler (2002)
		reine/spekulative Risiken	Seidel (2002)
	Kalkulatorische Behandlung	Grundkosten/Zusatzkosten/Gewinnaufschlag	Rogler (2002)
	Beeinflussbarkeit	kontrollierbar/teilweise kontrollierbar/unkontrollierbar[1]	Wu et al. (2006)
		endogen/exogen	Siepermann, Vockeroth (2011)
Wechselwirkungen		unabhängig/abhängig[2]	Ren (1994)
		unabhängig/sich verstärkend/sich kompensierend	Burger & Buchhart (2002)

In der vorliegenden Arbeit werden unterschiedliche Risikoklassifikationen eingesetzt. Diese werden zudem an den Untersuchungskontext der Supply Chain angepasst.

2.1.2 Risikomanagement

2.1.2.1 *Historische Entwicklung und begriffliche Abgrenzung*

Die grundlegende Aufgabe des Risikomanagements ist der Umgang mit oder die Behandlung von Risiken (Gabriel 2007, S. 49). Es geht somit um das Management von Risiken. Der aus dem Lateinischen stammende Begriff „Management" (von „manus": Hand und „agere": handeln (Karlöf und Lövingsson 2005, S. 4)) umfasst dabei die Funktionen Planung, Organisation, Führung und Kontrolle (Tsoukas 1994, S. 293).
Das Risikomanagement hat sich im Laufe der Zeit verändert und erweitert. Erste Risikomanagementaktivitäten fanden bereits um 2100 v. Chr. in Form von Versiche-

[2] Eigene Übersetzung vom Englischen ins Deutsche.

rungen für Schiffsverluste statt. Wirklich bekannt wurde der Begriff jedoch erst in den 1950er Jahren in den USA (Sadgrove 2005, S. 1). Zu dieser Zeit befasste sich das Risikomanagement ausschließlich mit versicherbaren Risiken (Rogler 2002, S. 20). Das Ziel des Risikomanagements war es, Versicherungsprämien zu reduzieren, indem Maßnahmen zur Schadensvermeidung ergriffen wurden. Diese erste Phase des Risikomanagements dauerte bis in die 60er und 70er Jahre hinein und wird als „spezielles Risikomanagement" bezeichnet (Hahn 1987, S. 138). Es folgte eine Phase des „generellen Risikomanagements", in der das Risikomanagement auch auf nichtversicherbare Risiken ausgeweitet wurde (Götze et al. 2001, S. 11). Mitte der 90er Jahre wurde mit der Einführung von Risikomanagementstandards[3] die dritte Phase eingeläutet. Aktuell wird das Risikomanagement in verschiedenen Dimensionen erweitert. Zum einen werden verstärkt Chancen berücksichtigt, so dass eine Entwicklung weg vom reinen Risikomanagement im engeren Sinne hin zum integrierten Risiko- und Chancenmanagement stattfindet (Romeike 2004, S. 67). Zum anderen erweitert sich das Risikomanagement entlang der internen und externen Prozesskette auf unternehmensübergreifende Bereiche. Ein Beispiel hierfür ist das Supply Chain Risikomanagement.[4] Des Weiteren entwickelt sich das Risikomanagement weg vom rein reaktiven Risikomanagement hin zu vermehrt proaktivem Risikomanagement (Dani 2008, S. 53). Der vorliegenden Arbeit wird folgendes Risikomanagement-Verständnis zu Grunde gelegt:

> *"Risikomanagement ist ein nachvollziehbares, alle Unternehmensaktivitäten umfassendes System, das auf Basis einer definierten Risikostrategie ein systematisches und permanentes Vorgehen mit folgenden Elementen umfasst: Identifikation, Analyse, Bewertung, Steuerung, Dokumentation und Kommunikation von Risiken sowie die Überwachung dieser Aktivitäten."* (DRSC 2012)

[3] In Kapitel 2.1.2.2 werden verschiedene Risikomanagementstandards vorgestellt.
[4] Der Begriff „Supply Chain Risikomanagement" wird in Kapitel 2.3.2 ausführlich erläutert.

2.1.2.2 *Gründe für das Risikomanagement*

Wie in Kapitel 2.1.2.1 gezeigt wurde, entwickelt sich der Risikomanagementbegriff stets weiter. Auslöser hierfür sind sowohl gesetzliche Anforderungen an das Risikomanagement (Romeike 2004, S. 65) als auch wirtschaftliche Veränderungen, wie z. B. zunehmender Wettbewerbs- und Kostendruck und immer komplexere und dynamischere Märkte. So ist Risikomanagement notwendig, um gesetzliche Pflichten zu erfüllen und um durch ökonomische Vorteile des Risikomanagements einen Vorsprung gegenüber dem Wettbewerb zu erzielen (Wittmann 1999, S. 130). Zudem ist es nötig, um sozialen Verpflichtungen nachzukommen. Auf die beiden zuerst genannten Gründe wird nachfolgend näher eingegangen.

Gesetzliche Notwendigkeit des Risikomanagements

Lange Zeit gab es hauptsächlich für Banken und Versicherungen gesetzliche Regelungen für das Risikomanagement (Hull 2011). Dies hat sich in den letzten Jahren geändert. Der Auslöser hierfür waren diverse plötzliche Insolvenzen von Unternehmen sowie deren weitreichende soziale, ökonomische und wirtschaftspolitische Auswirkungen (Martin und Bär 2002, S. 1ff.). Aus diesem Grund sind sowohl national als auch international verschiedene regulatorische Anforderungen an das Risikomanagement entstanden bzw. wurden die Verbindlichkeitsgrade der regulatorischen Anforderungen verschärft (Kajüter 2007, S. 14). Im Folgenden wird ein Überblick über die gesetzlichen Regelungen[5] in Deutschland gegeben. Für eine Darstellung der gesetzlichen Regelungen in anderen Ländern wird auf weiterführende Literatur (z. B. Kajüter 2004) verwiesen.

In Deutschland trat zum 1. Mai 1998 das Gesetz zur Kontrolle und Transparenz im Unternehmensbereich (KonTraG) in Kraft. Das KonTraG war eine Reaktion auf diverse größere Unternehmenskrisen und -insolvenzen, die im Wesentlichen auf interne Ursachen, unter anderem auch auf fehlendes oder unzureichendes Risikocontrolling, zurückzuführen waren (Martin und Bär 2002, S. 3f.). Betroffene Unternehmen

[5] Der Fokus liegt hierbei auf Unternehmen, die nicht zur Banken oder Versicherungsindustrie zählen, da letztere nicht Gegenstand dieser Arbeit sind.

waren unter anderem Holzmann, AEG und die Metallgesellschaft. Das Ziel des KonTraG ist eine verbesserte Unternehmensüberwachung hinsichtlich möglicher Risiken. Hierzu wurden bestehende Regelungen aus dem Aktiengesetz (AktG) sowie dem Handelsgesetzbuch (HGB) konkretisiert und erweitert. Die zwei wesentlichen Regelungen sind hierbei:[6]

1. Gemäß §289 Abs. 1 und §315 Abs. 1 HGB[7] sind im Lagebericht Risiken der künftigen Entwicklung aufzuführen. Somit stellen Risiken und deren Beschreibung einen Bestandteil des Abschlussberichts dar.
2. Gemäß §91 Abs. 2 AktG[8] gilt: „[D]er Vorstand hat geeignete Maßnahmen zu treffen, insbesondere ein Überwachungssystem einzurichten, damit den Fortbestand der Gesellschaft gefährdende Entwicklungen früh erkannt werden."

Die erste Regelung stärkt folglich das Recht der Aktionäre bzw. Anteilseigner, da diese frühzeitig über mögliche Fehlentwicklungen informiert werden. Die zweite Regelung verpflichtet den Vorstand zur Einführung eines Risikofrüherkennungssystems und eines Überwachungssystems, welches die Einhaltung der Maßnahmen kontrolliert (Kajüter 2004). Wie die Unternehmen diese Anforderungen umsetzen, ist ihnen weitestgehend freigestellt (Deutscher Bundestag 1998).

Ökonomische Vorteile des Risikomanagements

Neben den dargestellten gesetzlichen Anforderungen an ein Risikomanagement ist dieses auch aus ökonomischen Gründen sinnvoll. Ausschlaggebend hierfür ist, dass jede unternehmerische Tätigkeit mit einem Risiko verbunden ist (Kajüter 2003, S. 110). Unternehmen gehen somit mit jeder Tätigkeit ein Risiko ein. Schaffen es Unternehmen folglich ihre Risiken besser zu managen als ihre Konkurrenzunternehmen, so können sie sich hierdurch von ihren Wettbewerbern absetzen (Wittmann 1999, S. 130). Unternehmen haben sich zwei Hauptziele für das Risikomanagement gesetzt. Zum einen wollen sie die Unternehmensexistenz sichern. Zum anderen wollen sie durch das Risikomanagement den Unternehmenserfolg sichern bzw. erhöhen

[6] Für eine detaillierte Darstellung der Gesetzesinhalte und Geltungsbereiche wird auf weiterführende Literatur verwiesen (z. B. Fiege 2006; Claussen 1998; Lingemann und Wasmann 1998).
[7] Es wurde das Handelsgesetzbuch in der Fassung vom 31. Juli 2009 herangezogen.
[8] Es wurde das Aktiengesetz in der Fassung vom 04. August 2009 herangezogen.

(Bergener 2006, S. 94; Steven und Pollmeier 2007, S. 276.). Zur Verfolgung beider Ziele ist es notwendig ein wirtschaftlich optimales Risikoniveau zu etablieren (Winter 2007, S. 98f.). Ein weiterer Vorteil des Risikomanagements ist es, dass Unternehmen durch risikomindernde Maßnahmen ihre Attraktivität als Geschäftspartner steigern. Dies ist darauf zurückzuführen, dass sowohl Kunden, Lieferanten als auch andere Stakeholder eines Unternehmens ein großes Interesse an der Stabilität ihrer Geschäftspartner haben. Es gilt insbesondere dann, wenn die Geschäftspartner langfristige und spezifische Investitionen tätigen müssen (Kaen 2005, S. 428f.).

2.2 Supply Chain und Supply Chain Management

2.2.1 Supply Chain

2.2.1.1 *Begriffliche Abgrenzung*

Der Begriff „Supply Chain" wird von diversen Autoren im Detail unterschiedlich definiert (Ziegenbein 2007, S. 8). Einigkeit herrscht darüber, dass es sich bei einer Supply Chain um eine Gruppe von rechtlich unabhängigen Unternehmen handelt, die über Flüsse abwärts und aufwärts verbunden sind. Die Flüsse können hierbei physischer, informationeller und/oder monetärer Art sein. Das Ziel der Supply Chain ist es, einen Nutzen, d. h. ein Produkt oder einen Service, für den Endkunden bereit zu stellen (Christopher 2005, S. 17; Jüttner 2003, S. 775; Mentzer et al. 2001, S. 4; Schönsleben 2003, S. 13). Der vorliegenden Arbeit wird Christophers (2005, S. 17) Definition der Supply Chain zu Grunde gelegt. Diese lautet:

> *"A supply chain is a network of organizations that are involved, through upstream and downstream linkages, in the different processes and activities that produce value in the form of products or services in the hands of the ultimate customer".*

Der Begriff „Supply Chain" wird aus verschiedenen Gründen in der Literatur kritisiert. Zum einen werden Supply Chains durch den Kunden und nicht durch die Zulieferer getrieben. Folglich sollte es laut Christopher (2005, S. 5) „Demand Chain" anstatt „Supply Chain" heißen. Zum anderen sind Supply Chains oftmals durch vielfältige horizontale, vertikale und laterale Beziehungen geprägt, so dass es sich vielmehr um ein Netzwerk von Unternehmen und nicht um eine Kette handelt (Jüttner 2003, S. 775). In der vorliegenden Arbeit wird dennoch der Begriff „Supply Chain" verwendet, da sich dieser trotz der berechtigten Kritik in der Wissenschaft und Unternehmenspraxis durchgesetzt hat (Christopher 2005, S. 5).

Supply Chains können in drei unterschiedliche Komplexitätsgrade unterteilt werden (Mentzer et al. 2001, S. 4):

- **Direkte Supply Chain:** Diese besteht lediglich aus einem Unternehmen und seinen direkten Supply Chain Partnern (d. h. direkte Zulieferer und direkte Kunden).
- **Erweiterte Supply Chain:** Diese beinhaltet zusätzlich zur direkten Supply Chain auch die Zulieferer der Zulieferer und die Kunden der Kunden.
- **Ultimative Supply Chain:** Diese umfasst zusätzlich zur erweiterten Supply Chain auch alle am physischen, informationellen und/oder monetären Fluss beteiligten Organisationen, somit z. B. auch Logistikdienstleister oder Marktforschungsunternehmen.

Die Analyse einer ultimativen Supply Chain ist wegen ihrer hohen Komplexität sehr schwierig (Merschmann 2007, S. 16). Die direkte Supply Chain ist sehr eng gefasst. Folglich steht die erweiterte Supply Chain im Fokus der vorliegenden Arbeit. Da Logistikdienstleister direkt in die physischen Flüsse in der Supply Chain involviert sind, werden diese zusätzlich in die Analyse einbezogen.

Die verschiedenen Unternehmen einer Supply Chain können entlang der Supply Chain Stufe bzw. dem Supply Chain Tier Level, auf dem sie agieren, kategorisiert werden. Hierbei haben sich die Bezeichnungen Original Equipment Manufacturer (OEM), Tier-1-Zulieferer, Tier-2-Zulieferer etc. durchgesetzt.
Oftmals existieren auch Mischformen. Ein Beispiel hierfür sind Unternehmen, die sowohl Tier-1- als auch Tier-2-Zulieferer sind. In der vorliegenden Arbeit werden bei der

empirischen Untersuchung die Unternehmen den verschiedenen Supply Chain Stufen zugeordnet. Zur Beschreibung der Kategorien werden die oben genannten Bezeichnungen verwendet. Die Supply Chains verschiedener Industrien unterscheiden sich. Daher empfehlen Thun und Hoenig (2011, S. 245) sich auf eine Industrie festzulegen. In der vorliegenden Arbeit wird der Fokus auf die Automobil Supply Chain gelegt. Die Besonderheiten der Automobil Supply Chain werden im Folgenden hervorgehoben.

2.2.1.2 *Merkmale der Automobil Supply Chain*

Die Automobil Supply Chain wird durch eine sehr komplexe Struktur charakterisiert (Weber et al. 2005, S. 10). Einerseits ist sie sehr lang und zudem global aufgestellt (Fisher 2011, S. 1). Andererseits handelt es sich bereits beim Auto an sich um ein sehr komplexes Produkt. Duerre und Steger (2010, S. 83) bezeichnen das Auto sogar als das komplexeste Massenkonsumgut, da es aus 15.000 - 20.000 verschiedenen Teilen besteht. Zudem wird prognostiziert, dass die Teileanzahl zukünftig sogar noch weiter steigen wird (Göpfert et al. 2012, S. 37). Die hohe Teileanzahl hat zur Folge, dass ein sogenannter Original Equipment Manufacturer (OEM) nicht nur an eine, sondern an tausende von Supply Chains angeschlossen ist. Zudem ist die Automobil Supply Chain für ihre hohe Dynamik bekannt (Weber et al. 2005, S. 10). Damit ist ein OEM stets Teil eines sehr breiten, langen, dynamischen und globalen Netzwerks. Ein weiteres Merkmal der Automobil Supply Chain ist, dass sehr eng zwischen den Supply Chain Partnern zusammengearbeitet wird. Hieraus resultiert eine große Abhängigkeit untereinander (Henke et al. 2010, S. 5; Thun und Hoenig 2011, S. 245). Auch kann man feststellen, dass in der Automobil Supply Chain ein besonders hoher Druck auf allen Supply Chain Beteiligten liegt. Zum einen herrscht ein hoher Kostendruck (Duerre und Steger 2010, S. 110; Braun 2011, S. 1) und zum anderen spielt ein hoher Druck auf die Verlässlichkeit (Schneider 2010, S. 2), sprich Pünktlichkeit und Qualität, der Lieferungen eine bedeutende Rolle. Schließlich ist die Automobilindustrie durch Just-in-Time (JIT) Lieferungen gekennzeichnet (Thun et al. 2007, S. I.1). JIT Lieferungen bedeuten, dass die benötigten Waren „genau zum

Zeitpunkt“ des Bedarfs in der Produktion angeliefert werden. Als Folge werden in der gesamten Supply Chain nur sehr geringe Bestände vorgehalten.

2.2.2 Supply Chain Management

2.2.2.1 *Begriffliche Abgrenzung*

Seit der Begriff „Supply Chain Management“ (SCM) 1982 zum ersten Mal (Oliver und Webber 1982) erwähnt wurde, haben sich diverse Definitionen des Begriffs herausgebildet (Bechtel und Jayaram 1997, S. 16, Gibson et al. 2005, S. 17, Lummus und Vokurka 1999, S. 11). Mehrere Autoren (vgl. Bechtel und Jayaram 1997, Cooper et al. 1997, Mentzer et al. 2001) haben sich zwecks Systematisierung mit den unterschiedlichen Definitionen beschäftigt. Laut Bechtel und Jayaram (1997) lassen sich beispielsweise die Definitionen des SCM in fünf Denkschulen kategorisieren:

1. **Chain Awareness School:** Im Fokus des SCM steht die Existenz einer Kette, die den Materialfluss vom Anfang bis zum Ende ermöglicht (vgl. Houlihan 1988, S. 14; Jones und Riley 1985, S. 19).
2. **Linkage/Logistics School:** Im Fokus des SCM steht nicht die Kette an sich, sondern die Verbindungsstücke, die die Kette zusammenhalten (vgl. Scott und Westbrook 1991, S. 23).
3. **Information School:** Im Fokus des SCM steht der Informationsaustausch zwischen den Supply Chain Partnern (vgl. Johannson 1994, S. 525).
4. **Integration School:** Im Fokus des SCM steht die Integration verschiedener Geschäftsprozesse und Funktionen (vgl. Ellram und Cooper 1990, S. 2).
5. **Future School:** Im Fokus des SCM steht zum einen das Management der Beziehungen zwischen den Supply Chain Partnern und zum anderen ein starker Kundenfokus (vgl. Handfield und Nichols 1999, S. 2).

Sowohl die Chain Awareness, die Linkage/Logistics als auch die Information School definieren SCM sehr eng. Hierbei werden jeweils wichtige Aspekte vernachlässigt

(Delfmann und Albers 2000, S. 5). Aus diesem Grund basiert das SCM-Verständnis der vorliegenden Arbeit auf der Integration und Future School.

Unter SCM werden folglich die Integration von Geschäftsprozessen mit dem Ziel des Managements von Material-, Finanz- und Informationsflüssen und das Management der Beziehungen mit den Supply Chain Partnern verstanden.

Neben der Abgrenzung von verschiedenen SCM Definitionen untereinander ist auch die Abgrenzung zum Begriff der (des) Logistik(managements) wichtig. Dies ist nötig, da einige Autoren beide Begriffe synonym verwenden und andere sie stark voneinander abgrenzen (Cooper et al. 1997, S. 1). Zur Abgrenzung der beiden Begriffe, wird auf eine internationale Studie von Larson und Halldorsson (2004) zurückgegriffen. Im Rahmen der Studie wurden vier Perspektiven auf die Begriffe SCM und Logistik identifiziert. Diese werden in Tabelle 2 erläutert und veranschaulicht.

Tabelle 2: Abgrenzung von SCM und Logistik
Quelle: Veranschaulichung in Anlehnung an Larson et al. (2007, S.3)

Bezeichnung	Beschreibung	Veranschaulichung
Tradionalist	SCM wird als kleiner Teil der Logistik gesehen, der sich mit der Logistik außerhalb des Unternehmens beschäftigt.	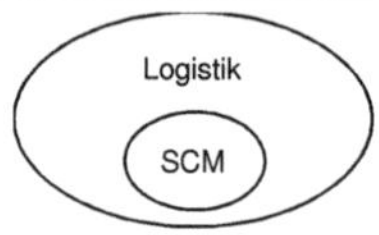
Re-labeling	SCM wird als synonymer Begriff zu Logistik verwendet.	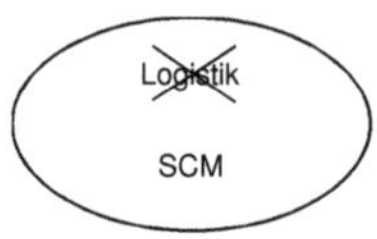
Unionist	Logistik wird als eine der Funktionen des SCM gesehen.	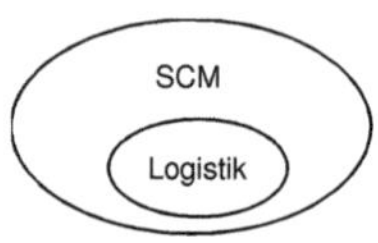
Intersectionist	SCM und Logistik überschneiden sich. Dabei beinhaltet SCM strategische Elemente aus Funktionen wie Einkauf, Logistik, Marketing etc.	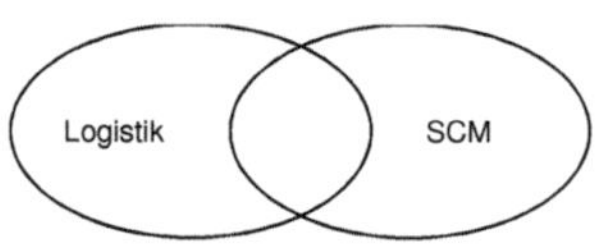

In der vorliegenden Arbeit wird auf die „Unionist-Perspektive“ zurückgegriffen, da diese dem im vorherigen Absatz beschriebenen SCM-Verständnis entspricht. Zudem hat eine Umfrage von Larson et al. (2007, S. 9) ergeben, dass ein Großteil der Manager (47%) die „Unionist-Perspektive“ vertreten. Somit wird Logistik als eine der Funktionen des SCM gesehen.

2.2.2.2 *Aufgaben, Ziele und Herausforderungen*

Die primären Aufgaben des SCM sind neben der Versorgung auch die Entsorgung sowie das Recycling im Rahmen integrierter Unternehmensaktivitäten. Dabei sind die Rahmenbedingungen, die durch Qualitätsanforderungen, Quantitäten, Preise, Liefertermine und Liefer- bzw. Lagerorte vorgegeben sind, zu berücksichtigen (Werner 2008, S. 25).

Das vorrangige Ziel des SCM ist die Erfüllung der beschriebenen Aufgaben, welche in dem Maße erledigt werden müssen, dass komparative Wettbewerbsvorteile gegenüber konkurrierenden Supply Chains generiert werden (Christopher 2005, S. 12; Hahn 2000, S. 13; Lödding 2008, S. 108). Als entscheidende Wettbewerbsfaktoren sind Kosten, Zeit, Qualität und Flexibilität zu nennen. Die vier Faktoren werden unter dem Begriff „strategisches Viereck“ zusammengefasst (Werner 2008, S. 26). Unternehmen müssen bei der Ausrichtung ihres SCM alle vier Faktoren berücksichtigen. Zielkonflikte sind dabei nicht ausgeschlossen. So hat beispielsweise die Erhöhung der Qualität oft auch höhere Kosten zur Folge (Ellram und Cooper 1990, S. 5). Auch die Absicherung der Versorgung durch höhere Bestände führt zu höheren Kosten (Lagerkosten und Kapitalbindungskosten), die zu finanzieren sind. Manager zielen folglich darauf ab, den besten Trade-off zwischen allen Faktoren zu erreichen.

Weitere Herausforderungen des SCM können in unternehmensübergreifende und unternehmensinterne Herausforderungen gruppiert werden. Unternehmensübergreifende Herausforderungen resultieren aus dem heterogenen Interessenbündel der Akteure einer Supply Chain. Zwar erhoffen sich alle Supply Chain Partner durch die unternehmensübergreifende Koordination eine gesteigerte Wettbewerbsfähigkeit.

Gleichzeitig möchten sie aber als rechtlich selbständige Organisation autonom bleiben. Dies führt unweigerlich zu diversen Konflikten zwischen den Unternehmen, die auszubalancieren sind (Werner 2008, S. 25). Als weitere Erschwernisse sind oft inkompatible Technologien/Systeme der Supply Chain Partner sowie eine hohe Komplexität zu nennen. Unternehmensinterne Herausforderungen sind meist auf funktionale Silos zurückzuführen (Larson et al. 2007). Diese werden durch interne Widerstände und unzureichende Mitarbeiterfähigkeiten verstärkt.

Durch die verstärkte Integration von Prozessen und eine engere Zusammenarbeit in der Supply Chain stehen Supply Chain Manager immer häufiger einem weiteren Problemfeld gegenüber. Dies resultiert aus der erhöhten Risikoexposition beteiligter Unternehmen einer Supply Chain. Der Grund hierfür ist, dass Risiken nicht mehr nur ein Unternehmen betreffen, sondern sich bei Risikoeintritt in einer Art Dominoeffekt durch die gesamte Kette fortsetzen können. Unternehmen haben hierauf reagiert, in dem sie in den 1990er Jahren begonnen haben, Risiken in der Supply Chain zu managen (Böger 2010, S. 33). Kapitel 2.3.2 beschäftigt sich ausführlich mit dem Thema des Supply Chain Risikomanagements.

2.3 Supply Chain Risiko und Supply Chain Risikomanagement

2.3.1 Supply Chain Risiko

2.3.1.1 *Begriffliche Abgrenzung*

Für den Begriff des „Supply Chain Risikos" hat sich bislang noch keine einheitliche Definition durchgesetzt (Ziegenbein 2007, S. 17). Vielmehr wird der Begriff bislang über Beispiele oder Klassifikationen abgegrenzt. Im Kern handelt es sich bei Supply Chain Risiken um Risiken, die die Zielerreichung des SCM beeinträchtigen können. Hierbei lassen sich bestehende Supply Chain Risiko Definitionen hinsichtlich ihrer Ursachen in interne und externe Supply Chain Risiken unterteilen (Kajüter 2003, S.

112).[9] Interne Supply Chain Risiken betreffen Risiken, die syteminhärent den Material-, Finanz- oder Informationsfluss in einer Supply Chain stören können. Hierzu gehören z. B. Lager- oder Transportrisiken (Freidank 2000, S. 353f.). Externe Supply Chain Risiken stammen aus dem Supply Chain Umfeld. Hierunter fallen z. B. Naturkatastrophen oder Streiks (Kajüter 2003, S. 112). In der vorliegenden Arbeit werden Supply Chain Risiken unter Anlehnung an die Risiko- und Supply Chain Definition wie folgt definiert:

Ein Supply Chain Risiko ist eine potentielle Störung oder Entwicklung, die mindestens zwei Unternehmen betrifft und die durch systeminhärente oder externe Ursachen hervorgerufen wird. Sie kann zu einer negativen Zielabweichung in der Supply Chain führen und insbesondere ein Hindernis darstellen, den Endkunden effektiv zu versorgen.

Supply Chain Risiken sind nicht identisch mit der Summe der einzelnen Unternehmensrisiken einer Supply Chain (Kajüter 2003, S. 111ff.). Zum einen kann sich die Wirkung bestehender Risiken entlang der Kette aufschaukeln oder auch abschwächen (Jüttner et al. 2003, S. 203). Zum anderen können durch die Kooperation in der Supply Chain neue Risiken entstehen. Dementsprechend sind Supply Chain Risiken nicht mit „normalen" Unternehmensrisiken gleichzusetzen und sind folglich anders zu managen (Kajüter 2003, S. 111). Wie dies erfolgt, wird in Kapitel 2.3.2 näher erläutert.

2.3.1.2 *Ursache und Wirkung*

Supply Chain Risiken können diverse Ursachen und Wirkungen haben (Ziegenbein 2007, S. 23). Ein Verständnis bzw. eine Systematisierung der unzähligen Ursachen und Wirkungen ist wichtig, um Supply Chain Risiken managen zu können. Deswegen werden nachfolgend beide Themenbereiche näher erläutert und systematisiert.

[9] Weitere Klassifizierungen sowie Beispiele werden ausführlich in Kapitel 2.4.1.2 behandelt.

Ursache von Supply Chain Risiken

Diverse Autoren klassifizieren Supply Chain Risiken entlang der Ursache des Supply Chain Risikos. Wie bereits aufgezeigt wurde, kann z. B. in interne und externe Ursachen für ein Supply Chain Risiko unterschieden werden (Kajüter 2003, S. 112). Eine weitere mögliche Klassifizierung nehmen Christopher und Peck (2004, S. 4ff.) entlang von fünf Risikoquellen vor. Die Klassifizierung wurde von verschiedenen Autoren veranschaulicht (z. B. Kersten und Singer 2011, S. 62) und wird in der nachfolgenden Abbildung dargestellt.

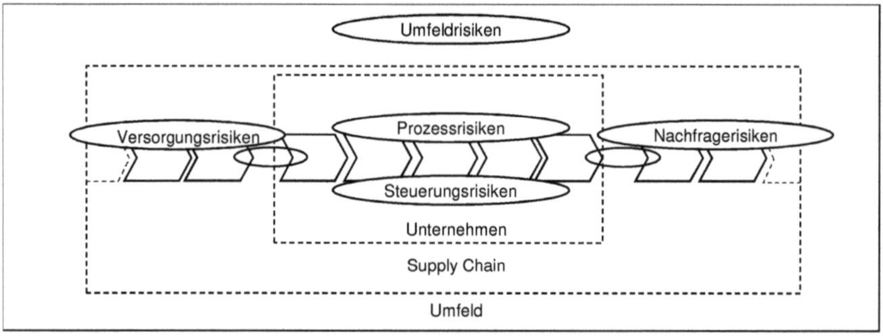

Abbildung 3: Klassifizierung von Risikoquellen
Quelle: in Anlehnung an Christopher und Peck (2004, S. 5) sowie Kersten und Singer (2011, S. 62)

Wie aus Abbildung 3 hervorgeht, ordnen Christopher und Peck (2004, S. 4ff.) den Risikoquellen folgende drei Ebenen zu:

- Umfeld (Umfeldrisiken)
- Supply Chain (Versorgungsrisiken und Nachfragerisiken)
- Unternehmen (Prozessrisiken und Steuerungsrisiken)

Umfeldrisiken resultieren z. B. aus makroökonomischen, sozio-politischen oder technologischen Faktoren. Unter Prozessrisiken fallen beispielsweise Störungen interner Prozesse wie der Produktion. Steuerungsrisiken sind auf fehlerhafte Entscheidungen zurückzuführen. Versorgungsrisiken stellen z. B. verspätete Lieferungen auf Grund von Transportproblemen o. ä. dar und Nachfragerisiken resultieren beispielsweise aus plötzlichen Nachfragerückläufen wegen eines Reputationsverlustes.

Eine weitere mögliche Klassifizierung der Ursachen von Supply Chain Risiken zeigt Ziegenbein (2007, S. 25ff.) auf. Diese wird in Tabelle 3 dargestellt.

Tabelle 3: Klassifizierung von Risiken entlang des SCOR-Modells
Quelle: in Anlehnung an Ziegenbein (2007)

Kategorie	Beschreibung	Beispiel für Risikoursache
Plan Risiko	Die Risikoursache liegt innerhalb des Informationsflusses oder der Planung und Steuerung des Materialflusses.	Unvollständige oder verspätete Informationsweitergabe von z. B. Lagerbeständen, die zu Materialengpässen führt.
Source Risiko	Die Risikoursache liegt in den Prozessen des Materialflusses vom Lieferanten zur Produktion im Unternehmen.	Kapazitätsengpass bei einem Lieferanten, der zu einem Lieferausfall führt.
Make Risiko	Die Risikoursache liegt in den Prozessen der Produktion des Unternehmens.	Ungeplanter Ausschuss, der zu einer zeitlichen Verzögerung der Produktion führt.
Deliver Risiko	Die Risikoursache liegt in den Prozessen vom Unternehmen zum Kunden.	Unerwartet lange Wartezeit beim Zoll, die zu einer verspäteten Lieferung fuhrt.
Return Risiko	Die Risikoursache liegt in den Prozessen der Rückführung von z. B. überzähligen, defekten oder reparierungsbedürftigen Produkten.	Unerwartet hoher Rücklauf von Produkten, der zu einem erhöhten Reparaturvolumen führt.

Ziegenbein greift zur Klassifizierung auf das Supply Chain Operations Reference Modell (SCOR-Modell) zurück. Hierbei handelt es sich um ein Prozessmodell, welches alle unternehmensinternen und unternehmensexternen Geschäftsprozesse beschreibt.[10] Ziegenbein ordnet die Ursachen der Risiken zunächst den Kategorien Plan, Source, Make, Deliver und Return zu. In einem nächsten Schritt verwendet er für jede dieser Kategorien die Unterkategorien Mensch/Organisation, Prozess/Material, Infrastruktur und Umfeld und ermöglicht so eine systematische Erfassung aller Risikoursachen.

[10] Für eine detaillierte Diskussion des SCOR-Modells s. z. B. Bolstorff und Rosenbaum (2007) oder Poluha (2010).

Die Art der Klassifizierung der Ursachen von Supply Chain Risiken ist von der zu beantwortenden Fragestellung abhängig. Im Rahmen der vorliegenden Arbeit wird auf verschiedene Klassifizierungen zurückgegriffen.

Wirkung von Supply Chain Risiken

Entsprechend der Definition von Supply Chain Risiken können diese zu einer negativen Zielabweichung in der Supply Chain führen und ein Hindernis darstellen, den Endkunden effektiv zu versorgen. Die Wirkung kann sich hierbei auf jeden Faktor des strategischen Vierecks (Kosten, Zeit, Qualität, Flexibilität) beziehen, welche sich wiederum gegenseitig beeinflussen können. So kann z. B. eine durch ein Supply Chain Risiko verursachte qualitativ ungenügende und unpünktliche Lieferung beim Kunden zu einer geringeren Kundenzufriedenheit führen, die verknüpft ist mit einem Verlust von Aufträgen, Reputation und Marktanteilen (Ziegenbein 2007, S. 32). Neben den daraus resultierenden Umsatzeinbußen kommen als weitere Schäden meist noch die Kosten zur Behebung der Störung, wie z. B. erhöhte Transportkosten durch Expresslieferungen oder ungeplante Investitionen ins Umlaufvermögen für z. B. höhere Bestände hinzu. Tritt ein Supply Chain Risiko ein, können verschiedene Wirkungsphasen beobachtet werden. Diese werden in Abbildung 4 veranschaulicht.

Erfährt ein Unternehmen, dass ein Supply Chain Risiko unabwendbar eintreten wird, ist es in manchen Fällen für die Unternehmen noch möglich, sich gezielt darauf vorzubereiten (Phase 1). Ein Beispiel hierfür ist ein Tornado, dessen Auftreten manchmal nur Stunden, oftmals aber schon Tage vorher angekündigt wird. In anderen Fällen, wie z. B. bei einem Bombenanschlag, tritt das Risiko mit sehr kurzer bzw. ohne jegliche Vorwarnzeit ein. Direkt nach dem Supply Chain Risikoeintritt (Phase 2) findet eine erste Reaktion statt (Phase 3), beispielsweise ist dies bei einem Maschinenausfall die Reparatur der Maschine. Nach der ersten Reaktion kann es noch zu einer verzögerten Wirkung des Supply Chain Risikos kommen (Phase 4). Dies ist z. B. der Fall, wenn es durch verstärkte Zollkontrollen nach einem Terroranschlag auch noch Tage später zu verzögerten Lieferungen kommt.

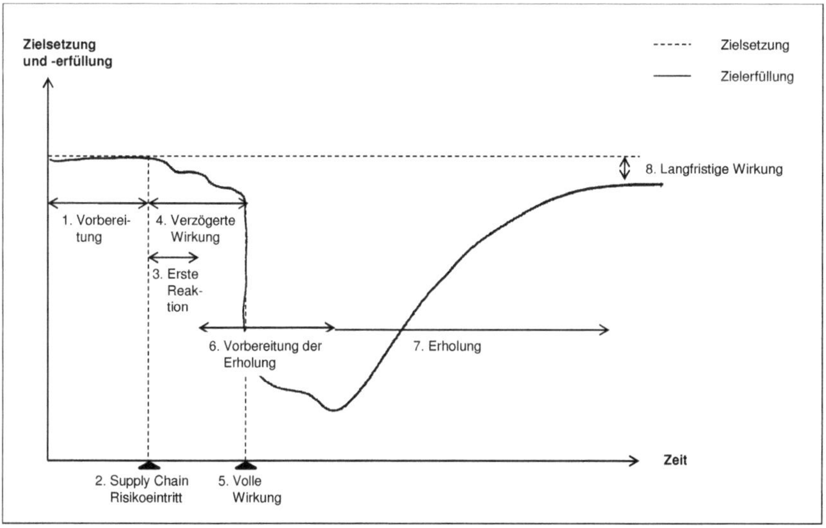

Abbildung 4: Wirkungsphasen eines Supply Chain Risikos
Quelle: in Anlehnung an Sheffi (2007, S.65)

Schließlich tritt die volle Wirkung des Supply Chain Risikos ein (Phase 5). Als Beispiel hierfür ist ein Bandstillstopp zu nennen, der durch einen Lieferengpass hervorgerufen wird. Bis zur vollen Wirkung des Supply Chain Risikoeintritts können Unternehmen meist noch auf vorhandenen Bestand zurückgreifen. Bereits im Anschluss an die erste Reaktion auf den Supply Chain Risikoeintritt finden Vorbereitungen für die Erholung statt (Phase 6). Die Erholung (Phase 7) beinhaltet dann z. B. den Wiederanlauf der Produktion. Oftmals dauert diese Phase sehr lange und in vielen Fällen ist auch eine langfristige Zielabweichung (Phase 8) zu verzeichnen (Hendricks und Singhal 2005).

Möchte man die Gesamtwirkung eines Supply Chain Risikos quantifizieren, so ist dies sehr anspruchsvoll (Buscher und Wels 2010, S. 125). Ein Grund hierfür ist, dass die Wirkung von Supply Chain Risiken nicht identisch mit der Summe der einzelnen Unternehmensrisiken einer Supply Chain ist (Kajüter 2003, S. 111ff.). Supply Chain Risiken lassen sich entsprechend ihrer Wechselwirkung in kumulative, additive und singuläre Risiken unterteilen (Eßig und Amann 2007, S. 204). Bei kumulativen Risiken schaukelt sich die Wirkung entlang der Supply Chain auf. Additive Risiken haben zunächst keine Auswirkung auf die Supply Chain, führen aber in Kombination mit einem weiteren Risiko zu einer Störung. Singuläre Risiken haben lediglich eine lokal begrenzte Wirkung (Kajüter 2003, S. 112f.). Um der Schwierigkeit der möglichen Wechselwirkung von Supply Chain Risiken zu begegnen, wird in der Literatur die Verwendung von Simulationen zur Quantifizierung von Supply Chain Risiken vorgeschlagen (Deleris und Erhun 2005; Melnyk et al. 2008; Schmitt und Singh 2009). Eine weitere Schwierigkeit bei der Quantifizierung ist, dass nicht alle nötigen Informationen der Supply Chain Partner, wie z. B. die Höhe der Bestände, vorhanden ist. Wie mit dieser Schwierigkeit umzugehen ist, wird in der Literatur weitestgehend vernachlässigt.

2.3.2 Supply Chain Risikomanagement

2.3.2.1 *Begriffliche Abgrenzung*

Der Begriff „Supply Chain Risikomanagement" (SCRM) ist in der Literatur nicht einheitlich definiert (Sodhi et al. 2012, S. 8). Grundsätzlich lässt sich der Begriff von den Themenfeldern Supply Chain Management und Risikomanagement ableiten (Paulsson 2004, S. 80). Analog zum Risikomanagement, bei dem es allgemein um den Umgang mit Risiken geht (Gabriel 2007, S. 49), bezeichnet SCRM das Managen von Supply Chain Risiken. Hierunter fallen wie beim Risikomanagement die systematische Identifikation, Analyse, Bewertung, Steuerung und Dokumentation von Supply Chain Risiken (Kajüter 2003, S. 115f.). Der wesentliche Unterschied zum reinen internen Risikomanagement besteht in dem unternehmensübergreifenden Aspekt des SCRM. So sollen Supply Chain Risiken kooperativ und unternehmensübergreifend gemanagt werden (Christopher und Peck 2004, S. 9; Tang 2006, S. 453). Die Ziele des SCRM lassen sich sowohl aus dem Risikomanagement als auch aus dem SCM ableiten. Analog zum Risikomanagement zielt das SCRM auf eine Sicherung der Unternehmensexistenz (Götze und Mikus 2007, S. 32ff.). Analog zum SCM sollen beim SCRM Zielabweichungen entlang der Faktoren des strategischen Vierecks (Kosten,

Zeit, Qualität, Flexibilität) verhindert sowie die Versorgung des Endkunden gesichert werden. Hierbei steht nicht das Unternehmen selbst, sondern die ganze Supply Chain im Fokus (Thun und Hoenig 2011, S. 243). Als weitere Ziele sind die Vermeidung von Dominoeffekten von Supply Chain Risiken entlang der Supply Chain, eine Verbesserung des Umgangs mit Störungen in der Supply Chain sowie generell eine robustere Aufstellung der Supply Chain gegenüber Störungen (Chapman et al. 2002; Goh und Meng 2009, S. 141) zu nennen. Der vorliegenden Arbeit wird folgendes SCRM-Verständnis zu Grunde gelegt:

SCRM wird definiert als das unternehmensübergreifende, kooperative und koordinierte Managen von Supply Chain Risiken zur Sicherung der Unternehmensexistenz, Vermeidung von Zielabweichungen in der Supply Chain und robusteren Aufstellung der Supply Chain gegenüber Störungen.

2.3.2.2 ***Gründe für das Supply Chain Risikomanagement***

Die gesetzlichen Anforderungen an das Risikomanagement beschränken sich auf die Unternehmen bzw. Konzerne selbst.[11] Folglich existieren keine gesetzlichen Anforderungen an das unternehmensübergreifende Risikomanagement. Das SCRM stellt daher eine Sorgfaltspflicht der Unternehmen dar (Kajüter 2007, S. 21). Zusätzlich zu dieser Sorgfaltspflicht ist SCRM auch aus ökonomischen Gründen für Unternehmen von Vorteil. Ähnlich wie beim reinen Risikomanagement können Unternehmen durch ein gut funktionierendes SCRM Wettbewerbsvorteile erlangen (Li und Lai 2009, S. 381). Beispielsweise kann das SCRM helfen, die negativen Auswirkungen von Supply Chain Risikoeintritten zu reduzieren bzw. generell weniger Supply Chain Risiken ausgesetzt zu sein. Wie groß die Auswirkungen von Supply Chain Risikoeintritten sein können, veranschaulicht Tabelle 4. In dieser werden die Auswirkungen von vier großen Supply Chain Risikoeintritten der letzten zwei Jahre beispielhaft an ausgewählten Unternehmen der Automobilindustrie dargestellt.

[11] Eine ausführliche Diskussion erfolgte bereits in Kapitel 2.1.2.2.

Tabelle 4: Beispielhafte Übersicht über Ursache und Wirkung von Supply Chain Risikoeintritten

Ursache			Beispielhafte Wirkung	
Zeitpunkt	**Art**	**Land/ Region**	**Betroffenes Unternehmen**	**Beschreibung der Wirkung**
Herbst 2011	Flut	Thailand	Honda[12]	• Eigene Fabrik in Ayouthaya wurde überschwemmt und musste für ca. sechs Monate geschlossen werden. • Diverse Zulieferer waren betroffen, so dass zusätzlich die Produktion in Indien, Großbritannien und Brasilien gedrosselt werden musste. • Es wurden ca. 260.000 Fahrzeuge auf Grund der Katastrophe weniger produziert.
März 2011	Erdbeben, Tsunami, nukleare Katastrophe	Japan	Toyota[13]	• Eigene Fabriken in Japan waren betroffen und mussten geschlossen werden. • Diverse Zulieferer waren betroffen, so dass zusätzlich die Produktion in den USA und Europa gedrosselt werden musste. • Es entstand ein Schaden von ca. 110 Milliarden Yen, d. h. ca. 1,2 Milliarden Euro.
August 2010	Flut	Tschechien	Skoda[14]	• Ein Zulieferer für Innenausstattung war stark betroffen, so dass auf Grund fehlender Teile drei Skoda Werke für mehrere Tage still gelegt werden mussten. • Es wurden ca. 6000 Autos weniger produziert.
April 2010	Aschewolke	Island/ Europa	BMW[15]	• Wegen fehlender Bauteile, die auf Grund von Flugausfällen nicht rechtzeitig eintrafen, musste BMW seine Produktion in den drei Werken München, Dingolfing und Regensburg drosseln. • Die Produktion von ca. 7000 Fahrzeugen wurde verzögert.

Aus Tabelle 4 geht zum einen hervor, wie groß die direkten Auswirkungen verschiedener Supply Chain Risikoeintritte waren. So entstanden teilweise Schäden in Milliardenhöhe. Zudem zeigt die Übersicht, dass diverse Unternehmen von Supply Chain Risikoeintritten betroffen waren. Darüber hinaus wird verdeutlicht, dass Unternehmen von vermeintlich selten eintretenden Supply Chain Risiken, wie Erdbeben, durch die

[12] Als Quellen wurden Honda (2011a); Honda (2011b) und Gärtner (2011) herangezogen.
[13] Als Quellen wurden Toyota (2011) und Ramsey und Moffett (2011) herangezogen.
[14] Als Quellen wurde Reuters (2010) herangezogen.
[15] Als Quellen wurde Welt (2010) herangezogen.

globalen Verkettungen und die sich aufschaukelnden Supply Chain Risiken in Summe häufig betroffen sind. Aus der Übersicht gehen allein schon vier solcher großen Supply Chain Risikoeintritte in den letzten zwei Jahren hervor.

Zusätzlich zu diesen direkten negativen Auswirkungen, haben Supply Chain Risikoeintritte auch langfristig negative Auswirkungen auf den Marktwert der betroffenen Unternehmen. Dies geht aus einer empirischen Untersuchung von Hendricks und Singhal (2005) hervor. Laut dieser müssen Unternehmen, die von großen Supply Chain Risiken getroffen werden, mit einem durchschnittlichen Abschlag von mehr als 10% auf den Aktienkurs rechnen. Aus diesen Gründen hat SCRM in den letzten Jahren sowohl in der Unternehmenspraxis als auch in der Literatur an Bedeutung gewonnen (Manuj und Mentzer 2008, S. 193; Wagner und Bode 2006, S. 79).

2.4 Priorisierung

2.4.1 Begriffliche Abgrenzung

Der Begriff „Priorisierung“ ist auf das lateinische Wort „prior“ zurückzuführen (Pickett et al. 2000). Dieses bedeutet so viel wie der Erstere oder der Obere. Die Priorisierung bzw. Zuordnung von Prioritäten dient dazu, eine Reihenfolge bzw. Rangfolge festzulegen (Splett 2009). Die Erstellung der Rangfolge geschieht meist basierend auf dem Kriterium der relativen Wichtigkeit oder Dringlichkeit, der in die Rangfolge zu bringenden Objekte, Aufgaben oder Aktivitäten (Butterfield 2003). Die Wichtigkeit bzw. Dringlichkeit sind jedoch nicht die einzigen möglichen Priorisierungskriterien. Deswegen müssen Entscheidungsträger, je nach Priorisierungsziel und -kontext, adäquate Priorisierungskriterien festlegen. Dass dies oftmals nicht einfach ist, verdeutlichen Sibbald et al. (2009, S. 43): "Priority setting [...] is a complex and difficult problem faced by all decision makers at all levels [...]".

Eine Priorisierung findet statt, wenn die Bearbeitung aller Objekte, Aufgaben oder Aktivitäten nicht gleichzeitig möglich oder sinnvoll ist. So machen oftmals Budgetgrenzen, Ressourcenknappheiten, Kapazitätsgrenzen, Zeitknappheit oder Komplexitätsaspekte eine Priorisierung nötig (Bauer et al. 2008, S. 99). Zudem ist eine Priorisierung häufig sinnvoll, um knappe Ressourcen nicht unnötig zu verschwenden. Dies lässt sich mit der Pareto bzw. 80/20-Regel begründen. Diese besagt, dass mit ca. 20% des Ressourceneinsatzes 80% des Ergebnisses erzielt werden (Kerth und Püttmann 2005, S. 3). Eine Priorisierung hilft demzufolge, die Ressourcen optimal einzusetzen.

Sowohl in der Unternehmenspraxis als auch in der Wissenschaft findet das Thema der Priorisierung Anwendung. Wissenschaftliche Beiträge stammen insbesondere aus den Gebieten der Medizin bzw. des Gesundheitswesens (Kliemt 2007; Schreier und Diederich 2008; Sibbald et al. 2009), der Produktionsplanung (Schenk et al. 2012; Schönsleben 2008) bzw. Fertigungssteuerung (Lödding 2008) sowie des Rechts (Vogt 2009). Basierend auf den dargestellten Erkenntnissen, wird für die vorliegende Arbeit Priorisierung folgendermaßen definiert:

Eine Priorisierung dient der Erstellung einer Rangfolge, die es ermöglicht, die priorisierten Objekte im Anschluss mit optimalem Ressourceneinsatz zu bearbeiten.

2.4.2 Klassifizierung von Priorisierungsmethoden

Zur Priorisierung existieren verschiedene Methoden. Diese lassen sich entsprechend der Anzahl der bei der Priorisierung berücksichtigten Kriterien klassifizieren. Eine Übersicht der verschiedenen Methoden wird in Tabelle 5 dargestellt.

Eindimensionale Priorisierungen werden häufig bei Prozessen für die Erstellung von Auftragsreihenfolgen verwendet. Entsprechend der Zielsetzung der Priorisierung werden als Kriterium beispielsweise die kürzeste Operationszeit (d. h. es wird immer der Auftrag mit der kürzesten Bearbeitungszeit als nächstes bearbeitet), first come first served (d. h. die Reihenfolge der Aufträge ist von der Ankunftszeit vor der betrachteten Maschine abhängig) oder frühester Liefertermin (d. h. es wird immer der Auftrag als nächstes bearbeitet, der am frühesten ausgeliefert werden muss) verwendet (Bea 2006, S. 194). Der Vorteil der eindimensionalen Priorisierung ist, dass sehr schnell, eindeutig und dynamisch eine neue Rangfolge erstellt wird. Da bei der eindimensionalen Priorisierung jedoch nur ein Kriterium zur Priorisierung verwendet wird, ist diese bei komplexeren Entscheidungen zu ungenau und somit nicht geeignet. In solchen Fällen bedarf es mehrerer Priorisierungskriterien.

Tabelle 5: Übersicht über Priorisierungsmethoden

Priorisierungsmethode	Beispielhafte Anwendung	Quelle
Eindimensionale Priorisierung	Prioritätsregeln, z. B. • first in first out • kürzeste Bearbeitungszeit • frühester Liefertermin	• Bea (2006, S. 194) • Lödding (2008, S. 445 ff.)
Zweidimensionale Priorisierung	Priorisierungsmatrix, z. B. • Portfolioanalyse • ABC-Analyse • Risk Maps bzw. Risikoportfolioanalysen	• Bea (2006, S. 49) • Kreuzer (2010, S. 245) • Schwab (2008, S. 364)
Mehrdimensionale Priorisierung	Mehrdimensionale Kennzahlen bzw. Kennzahlensysteme	• Cantner et al. (2007, S. 27) • Hausen et al. (2007, S. 397)

Zweidimensionale Priorisierungen kommen häufig im Rahmen strategischer Entscheidungen, in der Produktion und auch im Risikomanagement zum Einsatz. Im Risikomanagement hat sich die sogenannte Risk Map durchgesetzt. Diese kann beispielsweise zur Priorisierung von Unternehmensrisiken eingesetzt werden. Bei der Risk Map wird ein zweidimensionales Koordinatensystem aufgespannt. Als Kriterien der Achsen dienen zum einen die Eintrittswahrscheinlichkeit eines Risikos und zum anderen die Höhe der Auswirkung des gleichen Risikos. Hierdurch können verschiedene Risiken in einer Matrix veranschaulicht und verglichen werden. Die Veranschaulichung ermöglicht eine Priorisierung der Risiken entlang ihrer Position in der Matrix. Zudem können den einzelnen Risikoclustern Aktivitäten, die dem Vorbeugen, Absichern und schnellerem Reagieren auf Risiken dienen, zugeordnet werden (Schwab 2008, S. 364f.). Der Vorteil von zweidimensionalen Priorisierungen ist, dass die Durchführung für alle Teilnehmer sehr anschaulich und gut verständlich ist. Der Nachteil ist, dass die Priorisierung entlang zweier Kriterien bei komplexeren Entscheidungen noch nicht ausreichend genau ist. Deswegen kommen bei komplexeren Entscheidungen mehrdimensionale Priorisierungen zum Einsatz.

Mehrdimensionale Priorisierungen werden meist mit Hilfe von mehrdimensionalen Kennzahlen bzw. Kennzahlensystemen durchgeführt. Sollen beispielsweise die Leistungen mehrerer verschiedener Unternehmen verglichen werden, so werden verschiedene Leistungskriterien ausgewählt, gewichtet und zu einer Kennzahl verdichtet, die einen Vergleich zwischen den Unternehmen und dementsprechend auch eine anschließende Priorisierung ermöglicht (Cantner et al. 2007, S. 27). Der Vorteil der mehrdimensionalen Priorisierung ist, dass durch die Berücksichtigung mehrerer Kriterien eine genauere Priorisierung erfolgen kann. Hierbei ist jedoch darauf zu achten, dass nicht zu viele Kriterien verwendet werden. Der Grund hierfür ist, dass bei der Zusammenfassung zu vieler Kriterien in eine Kennzahl die Aussagekraft derselben reduziert wird. Zudem bedeuten viele Kriterien einen Mehraufwand zur Erhebung der nötigen Daten.

Alle Priorisierungsmethoden dienen dem Ziel, knappe Ressourcen möglichst effizient einzusetzen (Bauer et al. 2008, S. 99). Demzufolge ist es wichtig, dass die Priorisierungslogik einen praxistauglichen Ansatz darstellt. D. h. die Priorisierungslogik darf keinen zu hohen Ressourcenaufwand bedeutet, da dies sonst im Gegensatz zum genannten Ziel der Priorisierung steht. Gleichzeitig ist es jedoch auch wichtig, dass die ausgewählte Priorisierungslogik alle relevanten Kriterien enthält und diese entsprechend gewichtet sind, damit die Priorisierung nicht die „falschen“ Objekte als am wichtigsten einstuft und zu falschen Schlüssen in der weiteren Bearbeitung führt.

Nachdem der theoretische Rahmen sowie die wichtigsten terminologischen Grundlagen dargestellt wurden, wird nachfolgend der Stand der Forschung erläutert.

3. Stand der Forschung

Ziel des dritten Kapitels ist es, den Stand der Forschung hinsichtlich der Forschungsfragen dieser Arbeit darzustellen. Hierzu wird zunächst ein Überblick über die Literaturauswertung gegeben. Dieser beinhaltet das Ziel, den Zeitpunkt und das Vorgehen der Literaturauswertung. Anschließend werden die Ergebnisse der Literaturauswertung in Bezug auf die Umsetzung und Ausrichtung des SCRM dargestellt. Es wird untersucht, ob SCRM bereits erfolgreich in der Unternehmenspraxis umgesetzt wird. Zudem wird analysiert welche Erkenntnisse aus dem Umgang mit bisherigen Supply Chain Risikoeintritten gewonnen wurden bzw. welches Vorgehen und welche Prozesse sich bewährt haben. Auch wird auf die Herausforderungen bei der Umsetzung des SCRM eingegangen. Daraufhin werden die Erkenntnisse der Literaturauswertung hinsichtlich bestehender Priorisierungsansätze im SCRM dargestellt. Hierzu wird der SCRM-Prozess erläutert und hinsichtlich verschiedener Priorisierungsansätze untersucht. Es werden Priorisierungszeitpunkte und Priorisierungsobjekte herausgearbeitet. Außerdem werden bestehende Priorisierungsmethoden dargestellt und diskutiert. Schließlich werden die Forschungslücke und die daraus resultierenden Forschungsfragen abgeleitet.

3.1 Überblick über die Literaturauswertung

3.1.1 Ziel und Zeitpunkt

Prinzipiell dient eine Literaturauswertung dem Aufzeigen und Bestätigen einer Forschungslücke und verhilft zu einem Überblick über bereits existierende Lösungen der Literatur (Kitchenham 2004, S. 1f.). Deswegen wird eine Literaturauswertung meist zu Beginn des Forschungsvorhabens, d. h. vor der Datenerhebung bzw. Datenauswertung, durchgeführt. Da in der vorliegenden Arbeit jedoch unter anderem auf die Forschungsmethode der Grounded Theory zurückgegriffen wird, sind das Ziel sowie der Zeitpunkt der Literaturauswertung zu hinterfragen. Ausschlaggebend hierfür ist, dass die Grounded Theory einen induktiven Forschungsansatz darstellt[16], bei dem eine Theorie aus den erhobenen Daten entwickelt wird (Truschkat et al. 2011, S. 353). Laut ursprünglicher Theorie sollte dies ohne theoretisches Vorwissen erfolgen (Glaser und Strauss 1967, S. 37). Dementsprechend sollte die Literaturauswertung erst zu einem späteren Zeitpunkt eingesetzt werden.

Dieser ursprünglichen Auffassung der Rolle der Literatur in der Grounded Theory widersprechen diverse Forscher (Fendt und Sachs 2008, S. 439). Darunter sogar Strauss (Strauss und Corbin 1990, S. 48ff.), einer der Begründer der Grounded Theory. Statt die Literatur wie ursprünglich gefordert zu Beginn der Forschung zu ignorieren, plädiert er für einen „richtigen" Umgang mit der Literatur. Hierunter wird verstanden, dass die Literaturauswertung so angelegt wird, dass sie den Forscher bei der Datenerhebung und der Datenanalyse unterstützt. Gleichzeitig ist darauf zu achten, dass die Literaturauswertung jedoch nicht erkenntnisdeterminierend wirkt (Cutcliffe 2000, S. 1480f.). Werden diese zwei Punkte eingehalten, so ermöglicht die Literaturauswertung dem Forscher eine gewisse Vorkenntnis zu erlangen. Diese ist insbesondere für die Durchführung von Experteninterviews wichtig, da der Forscher vom Experten als kompetenter Gesprächspartner wahrgenommen werden sollte (Meuser und Nagel 2009a, S. 473). Als weitere Vorteile einer Literaturauswertung werden gesehen, dass diese die Sensibilität der Forscher erhöht, eine Quelle für Vergleiche darstellt, erste Anhaltspunkte für das Sampling bietet und die Generierung von Fragen für erste Interviews ermöglicht (Corbin und Strauss 2008, S. 37). Aus den genannten Gründen wurde auch für die vorliegende Arbeit zu Beginn der Forschung eine Literaturauswertung vorgenommen, die im Laufe der Datenerhebung und Datenauswertung erweitert und spezifiziert wurde. In den folgenden Unterkapiteln werden die finalen Ergebnisse der Literaturauswertung aufgezeigt. Diese werden zudem genutzt, um die Forschungslücke aufzuzeigen und bereits existierende Lösungen der Literatur darzustellen.

[16] Für eine ausführliche Beschreibung der Grounded Theory s. Kapitel 4.2.1.

3.1.2 Vorgehen

Für die Literaturauswertung wurden Beiträge sowohl aus dem Themengebiet des SCRM als auch des Unternehmensrisikomanagements herangezogen. Der Schwerpunkt lag auf der Auswertung von Beiträgen zum SCRM. Hierbei wurden auch Beiträge aus Teilgebieten des SCRM, wie z. B. dem Supply Risikomanagement oder dem Demand Risikomanagement berücksichtigt.

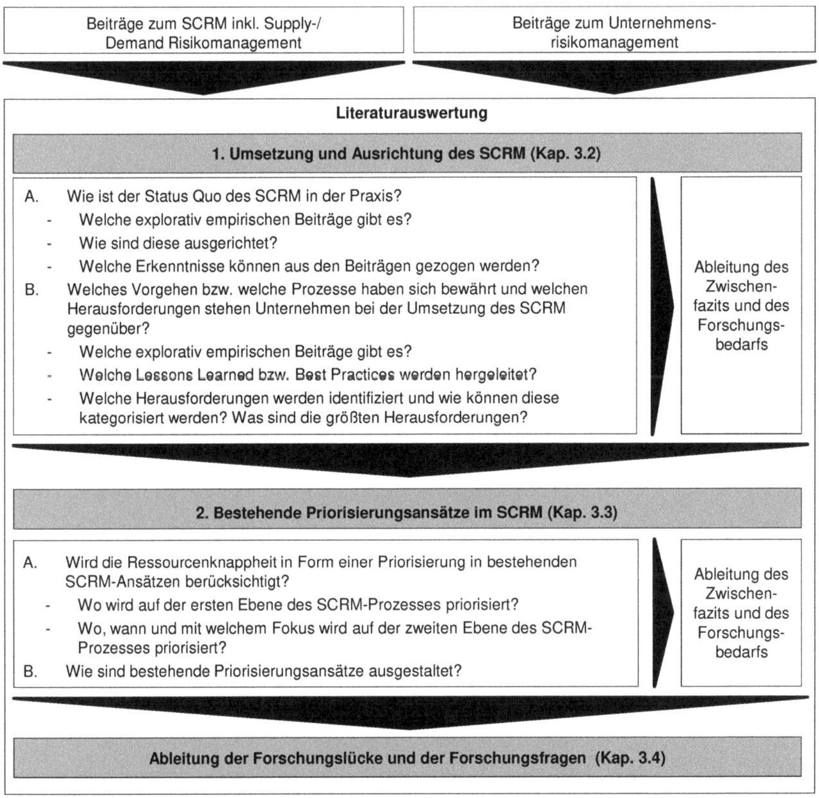

Abbildung 5: Vorgehen zur Literaturauswertung

Die Literatur zum reinen Unternehmensrisikomanagement wurde immer dann ergänzend herangezogen, wenn diese auch Erkenntnisse für das SCRM lieferte. Die Klassifikation der Beiträge fand anhand des Untersuchungsobjektes statt (Sorensen 2005, S. 394). Aus diesem Grund wurden die Beiträge in Anlehnung an die ersten beiden Forschungsfragen in zwei aufeinander aufbauenden Themengebieten analysiert. Abbildung 5 gibt einen Überblick über das Vorgehen der Literaturauswertung. Der Stand der Forschung zu den beiden Themengebieten wird nachfolgend im Detail ausgewertet.

3.2 Umsetzung und Ausrichtung des Supply Chain Risikomanagements

3.2.1 Status Quo

In der SCRM Literatur existieren nur wenige explorativ-empirische Beiträge, die sich mit dem Status Quo des SCRM in der Unternehmenspraxis befassen (Böger 2010, S. 66; Tang und Musa 2011, S. 32). Zudem resultieren die wenigen Beiträge zumeist aus Fallstudien. Dies hat zwar den Vorteil, dass der Status Quo tiefergehend untersucht werden kann, bringt aber den Nachteil, dass sich die Beiträge nur auf wenige Unternehmen, Branchen etc. beschränken. Beispiele hierfür sind Norrman und Janssons (2004) Beitrag zum SCRM der Firma Ericsson oder der Beitrag von Blome und Schoenherr (2011) zu acht europäischen Firmen.

Einige weitere Autoren haben Befragungen zum Status Quo durchgeführt. Hierzu gehören Enslow (2008), Jüttner (2005), Thun und Hoenig (2011) und Zsidisin et al. (2008). Das Ergebnis dieser empirischen Untersuchungen ist, dass bisher wenige Unternehmen ein umfassendes und effektives SCRM implementiert haben. Eine 2008 von Enslow (2008) durchgeführte Umfrage mit 110 Experten ergab beispielsweise, dass keiner der Experten das SCRM seines Unternehmens als sehr effektiv empfand. Abbildung 6 veranschaulicht die Ergebnisse der Umfrage.

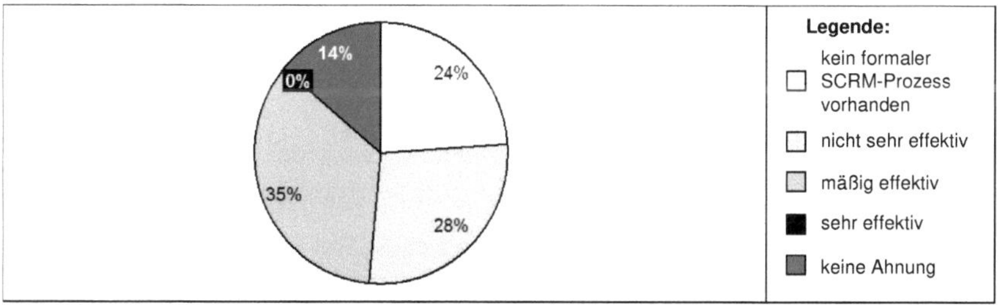

Abbildung 6: Effektivität von SCRM im Unternehmen
Quelle: in Anlehnung an Enslow (2008, S.2)

Beim SCRM unterscheidet man zwischen reaktivem und proaktivem SCRM (Dani 2008, S. 58; Waters 2011, S. 16f.). Unter reaktivem SCRM werden alle Aktivitäten verstanden, die nach dem Eintritt eines Supply Chain Risikos durchgeführt werden, um das Schadensausmaß so gering wie möglich zu halten (Dani 2008, S. 58). Dagegen umfasst das proaktive SCRM alle Aktivitäten, die vor dem Risikoeintritt ausgeführt werden, um das Unternehmen proaktiv vor Supply Chain Risiken zu schützen (Norrman und Jansson 2004, S. 438). Auf den ersten Blick scheint es, dass durch den Zeitpunkt der Durchführung der SCRM-Aktivitäten proaktives und reaktives SCRM klar voneinander getrennt sind. Auf den zweiten Blick bleibt es jedoch fraglich, ob z. B. die Vorbereitung auf reaktives SCRM, wie beispielsweise die Schulung von Mitarbeitern für den Krisenfall, nicht bereits als proaktives SCRM bezeichnet werden kann. Auf diese Frage findet sich in der Literatur keine Antwort. Eindeutig ist jedoch, dass Unternehmen sowohl reaktives als auch proaktives SCRM beherrschen müssen, da sich durch proaktives SCRM nicht alle Risiken im Vorfeld vermeiden lassen werden.

Hinsichtlich der Ausrichtung des SCRM bleibt festzustellen, dass Unternehmen lange Zeit nahezu kein proaktives SCRM betrieben haben. Der Fokus lag (meist unbewusst) auf reaktivem SCRM. Dementsprechend wurde Risikomanagement „eher als teures Krisenmanagement missverstanden, denn als Strategie begriffen“ (Henke und Jahns 2005, S. 52). Dies hat sich jedoch in den letzten Jahren nicht zuletzt wegen diverser Supply Chain Risikoeintritte geändert. Unternehmen haben sich nun zum

Ziel gesetzt, weg vom rein reaktiven SCRM hin zu mehr proaktivem SCRM zu gelangen (Dani 2008, S. 53; Zsidisin und Ritchie 2008, S. 3).

In der Forschung liegt der Fokus genau andersherum als in der Unternehmenspraxis. Dies geht aus einer umfassenden Literaturauswertung von Sodhi et al. (2012) hervor. Das Ergebnis der Literaturauswertung ist, dass sich SCRM-Beiträge meist auf proaktives SCRM fokussieren und dabei oftmals den reaktiven Aspekt des SCRM vernachlässigen. Dementsprechend beziehen sich die im vorherigen Abschnitt beschriebenen empirischen Untersuchungen auch auf den Status des proaktiven SCRM. Beiträge zum reaktiven SCRM verwenden oftmals synonym die Begriffe „Krisenmanagement", „Business Continuity Planning" (BCP) und „Business Continuity Management" (BCM) (z. B. Engel 2009; Zsidisin et al. 2005). Insbesondere die Begriffe BCP und BCM legen hierbei zwar den Fokus auf reaktives SCRM, beinhalten jedoch auch proaktive SCRM Komponenten. Dies verdeutlicht erneut die Grauzone zwischen der Definition von reaktivem und proaktivem SCRM. Beispielsweise enthält das BCP-Framework von Zsidisin et al. (2005) zwei Komponenten, die sich jeweils reaktivem und proaktivem SCRM zuordnen lassen und je eine Komponente für das reaktive SCRM und eine für das proaktive SCRM. Das Framework wird in Abbildung 7 dargestellt.

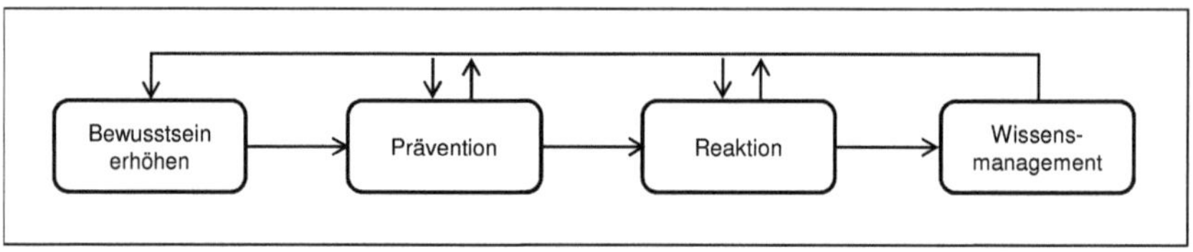

Abbildung 7: Supply Chain Business Continuity Planning Framework
Quelle: in Anlehnung an Zsidisin et al. (2005, S.3412)

Hieraus abgeleitet ist es wichtig, dass Unternehmen das Bewusstsein für Supply Chain Risiken erhöhen, aus eingetretenen Supply Chain Risikofällen lernen und sowohl proaktiv als auch reaktiv tätig werden. Eine Auswertung der wenigen empirischen Beiträge zum reaktivem SCRM zeigt, dass auch das reaktive SCRM in den Unternehmen bislang noch nicht hinreichend standardisiert ist und häufig unvorbereitet abläuft (Henke et al. 2010, S. 7; Jüttner 2003, S. 777). Fisher (2011, S. 1) bezeichnet die Reaktion auf Supply Chain Risikoeintritte als ein „chaotisches Durcheinander".

Da sowohl der Umsetzungsstatus von proaktivem als auch von reaktivem SCRM noch sehr gering ist, sollten Unternehmen über ein Verbesserungspotential verfügen, um ein umfassendes und effektives SCRM zu etablieren.

3.2.2 Best Practices, Lessons Learned und Herausforderungen

3.2.2.1 *Best Practices und Lessons Learned*

Wie vorangehend gezeigt wurde, ist der Umsetzungsstatus von SCRM sowohl im reaktiven als auch im proaktiven SCRM noch sehr gering. Im Folgenden wird herausgearbeitet, was dennoch aus den bisherigen Supply Chain Risikoeintritten gelernt wurde. Es ist festzustellen, dass in der Literatur nur wenige Beiträge zu Best Practices bzw. Lessons Learned für das SCRM zu finden sind. Der Fokus der Forschung lag bislang auf dem Aufzeigen von Herausforderungen bzw. Fehlverhalten beim SCRM und dementsprechend wurde die Herleitung von Best Practices vernachlässigt (Finch 2004, S. 193). Zu den wenigen Autoren, die sich mit diesem Bereich des SCRM auseinandergesetzt haben, zählen z. B. Elkins et al. (2008) und Kleindorfer & Saad (2005). Elkins et al. (2008) leiten aus einem Forschungsprojekt mit General Motors 18 Best Practices für das SCRM her. Diese ordnen sie entlang der Organisationseinheiten, die SCRM Fähigkeiten und Verantwortung aufweisen, an. Zu den Organisationseinheiten gehören das Unternehmensrisikomanagement bzw. das strategische Supply Chain Design, der strategische Einkauf, das Echtzeit Supply Chain Operations Management und das Echtzeit Zulieferermanagement. Zu den Best Practices im Zulieferermanagement zählen wöchentliche Telefonkonferenzen mit den kritischen Zulieferern, das Einführen und Testen neuer Technologien wie z. B. radiofrequency identification (RFID), die Einführung eines Krisenfrühwarnsystems sowie die detaillierte Dokumentation und Auswertung von Supply Chain Risikoeintritten, um aus diesen zu lernen und ähnliche Risiken zu vermeiden. Zur Verbesserung des Echtzeit Supply Chain Operations Management sollten Unternehmen darauf achten, die Transparenz über den vorhandenen Bestand zu erhöhen und verschiedene kritische Bestandskategorien einzuführen. Außerdem sollten die Mitarbeiter geschult werden. Zu den Best Practices im Unternehmensrisikomanagement/ strategischen Supply Chain Design gehören die Benutzung von Supply Chain Design Tools, um den Trade-off zwischen verschiedenen Supply Chain Strategien und möglicher Risikokosten zu verstehen sowie Datenbanken zur verbesserten Transparenz in der Supply Chain. Als Best Practices für den strategischen Einkauf werden das regelmäßige Überwachen kritischer Zulieferer, die Anforderung an kritische Zulieferer, einen detaillierten Katastrophenplan zu erstellen sowie die Einbeziehung möglicher durch den Zulieferer verursachten oder weitergegebenen Supply Chain Risikokosten in die Vergabeentscheidung genannt. Kleindorfer & Saad (2005) entwickeln ein sogenanntes SAM-Framework. Dabei steht SAM für „Specifying sources of risk and vulnerabilities, Assessment, and Mitigation". Von diesem Framework leiten Kleindorfer & Saad (2005) zehn Leitsätze ("principles") ab. Diese beinhalten, dass Unternehmen zunächst selbst ein eigenes SCRM einführen sollten, bevor sie andere Supply Chain Partner dazu auffordern und, dass Unternehmen Produktionsstandorte, Beschaffungsoptionen, Logistikoptionen und Produktionsoptionen diversifizieren sollten, um das Risiko zu reduzieren. Des Weiteren besagen die Leitsätze, dass die Robustheit einer Supply Chain vom schwächsten Glied abhängt und, dass ein zu starker Fokus auf schlanke und effiziente Supply Chains die Verletzbarkeit des Unternehmens und der Supply Chain erhöhen kann. Zudem heben sie hervor, dass ein Fokus auf Supply Chain Risiko Prävention besser ist als ein Fokus auf Supply Chain Risikoreaktion. Demzufolge reicht ein gutes Krisenmanagement nicht aus, sondern sollte durch präventive Maßnahmen ergänzt werden. Diese können z. B. Prozessmodularität oder flexibles Produktdesign sein, sowie jegliche andere Kernelemente, die die Supply Chain Agilität und Supply Chain Flexibilität erhöhen. Auch stellt die Anwendung von Total Quality Management (TQM), z. B. Six-Sigma, einen weiteren Stellhebel zur Erhöhung der Supply Chain Robustheit dar. Des Weiteren besagen die Leitsätze, dass ein kollaboratives Zusammenarbeiten mit Supply Chain Partnern in Bezug auf Informationsaustausch und Austausch von Best Practices essentiell ist.

Die von Elkins et al. (2008) aufgezeigten Best Practices zum SCRM sowie die von Kleindorfer & Saad (2005) hergeleiteten zehn Leitsätze („principles“) für das SCRM bieten einen ersten Anhaltspunkt für Unternehmen ihr SCRM zu verbessern. Dennoch sind sie sehr generell gehalten und es fehlen konkrete Ausgestaltungen zu einem bewährten Vorgehen bzw. bewährten Prozessen. Somit ist weitere Forschung auf diesem Gebiet vielversprechend.

3.2.2.2 *Herausforderungen*

Verschiedene Autoren haben sich mit den Gründen auseinandergesetzt, warum der Umsetzungsstatus von SCRM nach wie vor gering ist (z. B. Fiege 2006; Jüttner 2003; Kersten et al. 2009a; Kersten et al. 2009b). Die diversen Gründe können in die drei Kategorien

- unternehmensinterne Herausforderungen
- Kooperationsherausforderungen
- Rahmenbedingungen

unterteilt werden. Unternehmensinterne Herausforderungen werden von Kooperationsherausforderungen verstärkt bzw. teilweise kommen sogar neue Herausforderungen hinzu. Manchmal können sich einzelne Herausforderungen allerdings auch im unternehmensübergreifenden Kontext abschwächen (Jüttner et al. 2003, S.203). Sowohl unternehmensinterne als auch Kooperationsherausforderungen werden von Rahmenbedingungen beeinflusst. Beide Kategorien lassen sich anhand der Ressourcen systematisieren, die für eine erfolgreiche Einführung und Umsetzung des SCRM im Unternehmen bzw. in der Supply Chain nötig sind (Kersten et al. 2009b, S. 15). Hierbei handelt es sich um monetäre und zeitliche Ressourcen, technische Ressourcen, personelle Ressourcen und Organisation/Kultur. Abbildung 8 veranschaulicht die Zusammenhänge der Herausforderungen und verdeutlicht sie anhand ausgewählter Beispiele.

Rahmenbedingungen

- Vielzahl möglicher Risiken
- Vielzahl möglicher betroffener Teile, für die ein SCRM durchzuführen ist
- Etc.

	Unternehmensinterne Herausforderungen	**Kooperations-herausforderungen**
Monetäre und zeitliche Ressourcen	• Fehlende Management-kapazitäten • Fehlende monetäre Unterstützung	• Unklarheit über richtige Ansprechpartner • Fehlende Bereitschaft zur Investition auf Grund kurzer Kooperationszeiten
Technische Ressourcen	• Inkompabilitäten mit bestehenden Tools • Fehlende Standards	• Fehlende unternehmensübergreifende Tools • Fehlende Unternehmensübergreifende Standards.
Personelle Ressourcen	• Mangelnde Akzeptanz • Psychologische Faktoren, z. B. trügerisches Gefühl der Kontrolle	• Mangelnde Bereitschaft zum Informationsaustausch mit daraus resultierender Intransparenz in der Supply Chain • Unterschiedliche Risikobereitschaft
Organisation und Kultur	• Mangelnde Prozesse • Geringe Unterstützung durch Controllingfunktion • Mangelndes Methodenwissen	• Fehlende methodische Unterstützung • Unterschiedliche nationale Anforderungen an das Risikomanagement.

Abbildung 8: Herausforderungen bei der Umsetzung des SCRM
Quelle: in Anlehnung an Böger (2010), Kersten et al. (2009a) und Kersten et al. (2009b)

Wie aus Abbildung 8 hervorgeht, existieren eine Vielzahl von Herausforderungen. Im Rahmen einer empirischen Umfrage von Kersten et al. (2009a, S. 148) wurden die Herausforderungen der Umsetzung des SCRM hinsichtlich ihrer Relevanz in eine Rangfolge gebracht. Als größte unternehmensinterne Herausforderung wurden fehlende Managementkapazitäten bzw. Ressourcenknappheit angegeben. Als größte Kooperationsherausforderung wurde mangelnde Transparenz in der Supply Chain genannt. Die zwei identifizierten größten Herausforderungen werden durch die aufgezeigten Rahmenbedingungen verstärkt. So erhöht beispielsweise die für die Automobilindustrie charakteristische hohe Teileanzahl und -vielfalt die Herausforderung der fehlenden Managementkapazitäten. Der Grund hierfür ist, dass Manager entscheiden müssen, für welche Produkte bzw. Teile sie ein proaktives SCRM durchführen möchten und für welche es ausreicht, im Ernstfall mit einem reaktiven SCRM gegenzusteuern. Manager müssen diese Entscheidung fällen, da sie mit den wenigen verfügbaren Ressourcen für das SCRM kein SCRM für alle vorhandenen Teile, Komponenten und Produkte durchführen können. Auch sind Manager nicht in der Lage, alle möglichen Risiken zu erfassen (Thun und Hoenig 2011, S. 243). Das folgende Zitat eines Experten, dass einer Befragung von Jüttner (2003, S. 777) entstammt, verdeutlicht diese Herausforderung:

> *„Einmal haben wir angefangen alle möglichen Supply Chain Risiken aufzuschreiben, aber wir haben nach drei Seiten aufgehört, wir bekamen etwas Angst. Worauf sollten wir uns fokussieren?“*[17]

Basierend auf den aufgezeigten Erkenntnissen zu den Herausforderungen bei der Umsetzung des SCRM, lässt sich schließen, dass die Ressourcenknappheit vor dem Hintergrund der großen Teilevielfalt, diverser möglicher Risiken und mangelnder Transparenz in der Supply Chain die größte Herausforderung bei der Umsetzung von SCRM in der Unternehmenspraxis darstellt. Folglich sollte diese in SCRM-Ansätzen berücksichtigt werden. Ob dies bereits der Fall ist, wird in Kapitel 3.3 untersucht.

3.2.3 Zwischenfazit und Forschungsbedarf

Wie in den Kapiteln 3.2.1 und 3.2.2 aufgezeigt wurde, besteht auf dem Gebiet der Umsetzung und Ausrichtung des SCRM weiterer Forschungsbedarf.

Tabelle 6 fasst die wichtigsten Beobachtungen, ihre Implikationen für den weiteren Forschungsbedarf sowie das weitere Vorgehen mit diesem Forschungsbedarf zusammen.

[17] Eigene Übersetzung vom Englischen ins Deutsche.

Tabelle 6: Beobachtungen, Forschungsbedarf und weiteres Vorgehen zum Status der Umsetzung und Ausrichtung des SCRM

Nr.	Beobachtung	Forschungsbedarf	Weiteres Vorgehen
A1	Es existieren bislang wenige explorativ-empirische Beiträge, die sich mit dem Status Quo des SCRM in der Praxis befassen. • Vorhandene Beiträge basieren oftmals auf Fallstudien und sind auf wenige Unternehmen, Branchen etc. beschränkt • Durchgeführte Befragungen liegen oftmals einige Jahre zurück. Insbesondere nach den letzten großen Supply Chain Risikoeintritten könnte sich etwas am Status Quo des SCRM in der Praxis geändert haben.	Explorativ-empirische Erhebungen, die sich mit dem Status Quo des SCRM in der Unternehmenspraxis befassen.	Durchführung einer explorativ-empirischen Erhebung zum Status Quo des SCRM in der Unternehmenspraxis.
A2	Der Status der Umsetzung von SCRM in der Unternehmenspraxis ist nach wie vor gering.	• Explorativ-empirische Erhebung, die analysiert, ob sich insbesondere nach den letzten großen Supply Chain Risikoeintritten etwas am Status der Umsetzung geändert hat. • Untersuchung der Herausforderungen bei der Umsetzung des SCRM in der Unternehmenspraxis.	• Durchführung einer explorativ-empirischen Erhebung zum Umsetzungsstatus des SCRM in der Unternehmenspraxis der Automobil Supply Chain und dessen Entwicklung der letzten Jahre. • Eine nähere Untersuchung der Herausforderungen ist bereits in Kapitel 3.2.2 erfolgt, diese soll im Rahmen einer explorativ-empirischen Erhebung bestätigt werden.
A3	Die Definitionen von proaktivem und reaktivem SCRM überschneiden sich. Erläuterungen, wie in dieser Grauzone zwischen proaktivem und reaktivem SCRM zu unterscheiden ist, werden in der Literatur vernachlässigt.	Explorativ-empirische Erhebung zu den Definitionen von reaktivem und proaktivem SCRM.	Durchführung einer explorativ-empirischen Erhebung zu den Definitionen von proaktivem und reaktivem SCRM.
A4	Reaktives SCRM wird in der Literatur vernachlässigt.	Explorativ-empirische Erhebung zum reaktiven SCRM.	Durchführung einer explorativ-empirischen Erhebung zum reaktiven SCRM.

Nr.	Beobachtung	Forschungsbedarf	Weiteres Vorgehen
A5	Es ist ein Trend von zuletzt hauptsächlich reaktivem zu verstärktem proaktivem SCRM zu erkennen.	Explorativ-empirische Erhebung zur Entwicklung des reaktiven SCRM im Vergleich zum proaktiven SCRM.	Durchführung einer explorativ-empirischen Erhebung zur Entwicklung des reaktiven SCRM im Vergleich zum proaktiven SCRM.
A6	Es gibt kaum explorativ-empirische Forschung zu den Best Practices, Lessons Learned bzw. zu einem bewährtem Vorgehen bzw. bewährten Prozessen beim SCRM. Die wenigen Beiträge sind sehr generell gehalten.	Explorativ-empirische Erhebung zu den Best Practices bzw. Lessons Learned beim SCRM.	Durchführung einer explorativ-empirischen Erhebung zu den Best Practices bzw. Lessons Learned beim SCRM und dessen Ausgestaltung.
A7	Als größte Herausforderung bei der Umsetzung von SCRM-Ansätzen wird die Ressourcenknappheit vor dem Hintergrund der großen Teilevielfalt, diverser möglicher Risiken und mangelnder Transparenz in der Supply Chain identifiziert.	Überprüfung, inwieweit diese Herausforderung von bestehenden SCRM-Ansätzen berücksichtigt wird.	Überprüfung bestehender Priorisierungsansätze im SCRM und deren Ausgestaltung in Kapitel 3.3

Wie in diesem Kapitel herausgearbeitet wurde, stellt die Ressourcenknappheit vor dem Hintergrund der großen Teilevielfalt, diverser möglicher Risiken und mangelnder Transparenz in der Supply Chain die größte Herausforderung bei der Umsetzung von SCRM-Ansätzen dar. Ist eine vollständige Bearbeitung von Objekten, Produkten, Aufgaben, Aktivitäten etc. z. B. wegen Ressourcenknappheiten nicht gleichzeitig möglich oder sinnvoll, so ist eine Priorisierung nötig (Bauer et al. 2008, S. 99).[18] Eine Priorisierung im SCRM würde helfen, die wenigen vorhandenen Ressourcen für das SCRM optimal einzusetzen. Beispielsweise könnte die Priorisierung von Produkten dazu dienen, dass der umfassende SCRM-Prozess zunächst für die kritischsten Produkte durchgeführt wird und somit keine Ressourcen für die Bearbeitung von unkritischen Produkten verschwendet werden. Aus diesem Grund werden im nachfolgenden Kapitel bestehende Priorisierungsansätze im SCRM analysiert.

[18] Eine ausführliche Darstellung des Themas Priorisierung ist in Kapitel 2.4 zu finden.

3.3 Bestehende Priorisierungsansätze im Supply Chain Risikomanagement

3.3.1 Der Supply Chain Risikomanagementprozess

Der SCRM Prozess hat sich aus dem Prozess des reinen Risikomanagements entwickelt. Wie in Abbildung 9 veranschaulicht wird, besteht der reine Risikomanagementprozess gemäß der ISO-Norm 31000 aus einer Hauptphase, einer Vor- sowie einer Nachstufe und zwei parallel laufenden Stufen.

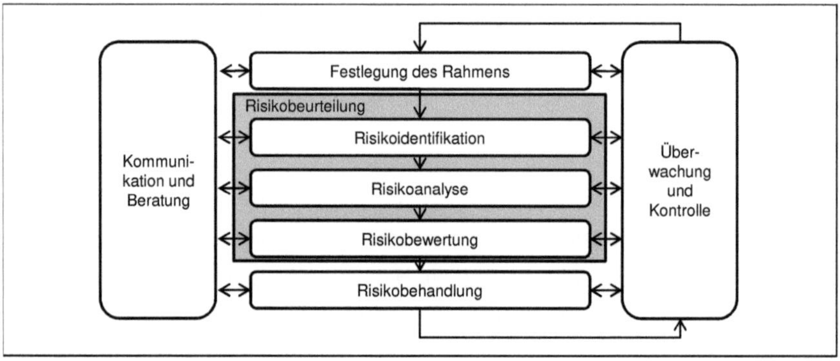

Abbildung 9: Risikomanagement-Prozess nach ISO 31000
Quelle: in Anlehnung an ISO 31000 (ISO 2009, S. 14)

Das Ziel der Vorstufe ist es, den Rahmen festzulegen. Hierzu müssen die Ziele der Organisation definiert werden und erarbeitet werden, welche internen und externen Faktoren diese Zielerreichung beeinflussen könnten (Purdy 2010, S. 884). Nach der Vorstufe folgt die Hauptphase, die als Risikobeurteilung bezeichnet wird. Sie unterteilt sich in drei Stufen. Zunächst erfolgt die Risikoidentifikation, in der Risiken erfasst werden. Anschließend werden diese bezüglich ihrer Eintrittswahrscheinlichkeit und der voraussichtlich eintretenden Schadenswirkung analysiert. Dieser Schritt wird Risikoanalyse genannt. Danach erfolgt eine Risikobewertung. Diese erfordert, dass eine Entscheidung hinsichtlich des Risikolevels und der Priorität des Risikos für die weitere Behandlung zu treffen ist (Purdy 2010, S. 884). Nach Abschluss der Hauptphase erfolgt die Risikobehandlung.

Alle Schritte des Risikoprozesses werden überwacht und kontrolliert. Sie stellen zudem einen iterativen Prozess dar, der sich immer wiederholt. Die Ergebnisse der einzelnen Schritte werden kommuniziert und es wird sich hinsichtlich der Ergebnisse beraten. Die Beschreibung des Risikomanagementprozesses in weiteren Risikomanagement-Standards (z. B. COSO 2011; FERMA 2003) sowie in der Literatur (z. B. Culp 2001; Fiege 2006; Kajüter 2009) ähneln dem ISO 31000 Risikomanagementprozess. Allen ist gemein, dass sie die drei Phasen Risikoidentifikation, Risikobewertung und Risikobehandlung umfassen. Abweichungen bestehen lediglich in den verwendeten Begrifflichkeiten sowie in der Detaillierung der Unterschritte. So werden teilweise die Phasen der Risikoanalyse und Risikobewertung in einem Schritt (der Risikobeurteilung) zusammengefasst. Manchmal wird auch anstatt des Begriffs „Risikobehandlung“ der Begriff „Risikosteuerung“ verwendet. Zudem erweitern manche Autoren die Vorstufe des Risikoprozesses um die Aufgaben Abgrenzung des Untersuchungsbereichs und Festlegung der Risikostrategie (z. B. COSO 2011). Der reine Risikomanagementprozess wurde von diversen Autoren für das SCRM angepasst und erweitert (Cranfield University 2003; Harland et al. 2003). Hierbei war es insbesondere wichtig, dass der SCRM-Prozess dem unternehmensübergreifenden Kontext des SCM gerecht wird. Deswegen haben z. B. Kersten et al. (2006) vorgeschlagen, dass Unternehmen einer Supply Chain zwar individuell und intern die einzelnen SCRM-Prozessschritte durchlaufen, gleichzeitig jedoch auch einen Abgleich der einzelnen Risikomanagementaktivitäten mit den Supply Chain Partnern vornehmen. Wie auch beim reinen Risikomanagement, unterscheiden sich die in der Literatur dargestellten SCRM-Prozesse leicht hinsichtlich ihrer Prozessschritte. Eine Übersicht über die SCRM-Prozessschritte verschiedener Autoren sowie der verwendeten Methodik zur Herleitung der Prozessschritte kann Tabelle 7 entnommen werden.

Tabelle 7: Übersicht über SCRM-Prozesse verschiedener Autoren

Autor	SCRM-Prozessschritte	Methodik zur Herleitung
Cranfield (2003)	1. Risk identification, 2. Risk measurement & **prioritization**, 3. Risk analysis, 4. Risk reduction, 5. Risk control	Theoretisch
Harland et al. (2003)	1. Map supply network, 2. Identify risk and its current location, 3. Assess risk, 4. Manage risk, 5. Form collaborative supply network risk strategy, 6. Implement strategy	Theoretisch hergeleitet, validiert mit Fallstudien
Kajüter (2003)	1. Risk identification, 2. Risk evalution, 3. Risk control[19]	Theoretisch
Kersten et al. (2011)	1. Identification, 2. Analysis, 3. Assessment, 4. Handling, 5. Control	Theoretisch unterstützt durch empirische Befragung
Khan, Burnes (2007)	1. Risk identification, 2. Risk estimation, 3. Risk evaluation	Theoretisch
Müssigmann (2006)	1. Risk identification, 2. Risk evaluation, 3.Risk control, 4. Risk monitoring	Theoretisch
Norrman, Jansson (2004)	1. Identification, 2. Risk assessment, 3. Risk treatment, 4. Risk monitoring, 5. Incident handling and contingency planning	Fallbeispiel am Unternehmen Ericsson
Ritchie, Brindley (2009)	1. Risk identification and modeling, 2. Risk analysis, assessment and impact measurement, 3. Risk management, 4. Risk monitoring and evaluation, 5. Organizational and personal learning including knowledge transfer	Theoretisch
Tummala, Schoenherr (2011)	1. Risk identification, 2. Risk measurement, 3. Risk assessment, 4. Risk evaluation, 5. Risk mitigation & contingency plans, 6. Risk control & monitoring	Theoretisch
Zeng et al. (2005)	1. Risk identification, 2. Risk assessment, 3. **Risk prioritization**, 4. Risk management	Theoretisch
Ziegenbein (2007)	1. Risk identification, 2. Risk assessment, 3. Risk management[19]	Theoretisch hergeleitet, validiert mit Fallstudien

Wie zu erkennen ist, enthalten entsprechend des allgemeinen Risikomanagementprozesses auch alle aufgezeigten SCRM-Prozesse die drei Hauptphasen Risikoidentifikation, Risikobewertung und Risikosteuerung.

[19] Eigene Übersetzung vom Deutschen ins Englische.

Hinsichtlich der Berücksichtigung von Priorisierungsansätzen zeigt die Übersicht, dass lediglich zwei Beiträge bereits explizit die Priorisierung auf der obersten Ebene des SCRM-Prozesses erwähnen. Hierbei handelt es sich um die Beiträge von Cranfield (2003) und Zeng et al. (2005).

3.3.2 Priorisierungszeitpunkt und Priorisierungsobjekt

Bei der weiteren Literaturauswertung wurden zunächst die Beiträge zu den einzelnen SCRM-Prozessschritten der in Tabelle 7 dargestellten SCRM-Prozesse untersucht. Bei impliziter oder expliziter Erwähnung eine Priorisierung wurde der Beitrag näher analysiert. Ziel der detaillierten Analyse war es, den Priorisierungszeitpunkt und das Priorisierungsobjekt zu bestimmen. Des Weiteren wurde bewertet, wie detailliert in den einzelnen Beiträgen die Ausführung der Priorisierung beschrieben wird und ob alle Supply Chain Risikoarten berücksichtigt werden. Zusätzlich wurden weitere SCRM-Beiträge identifiziert, die sich detailliert mit einzelnen SCRM-Prozessschritten auseinandersetzen. Diese wurden ebenso hinsichtlich Priorisierungszeitpunkt, Priorisierungsobjekt und Detaillierungsgrad der Priorisierungslogik bewertet. Die Zusammenfassung der Ergebnisse wird in Tabelle 8 dargestellt.

Die Auswertung hat ergeben, dass Priorisierung beim SCRM für drei Priorisierungsobjekte stattfindet. Zum einen werden bekannte bzw. bereits identifizierte Risiken priorisiert. Zum anderen werden Ansätze zur Priorisierung unbekannter bzw. noch nicht identifizierter Risiken dargestellt. Zudem wird darauf hingewiesen, dass auch für Produkte (bzw. Supply Chains, die an diesen Produkten hängen) eine Priorisierung stattfinden sollte. Je nach Priorisierungsobjekt findet die Priorisierung entweder bereits auf der Vorstufe des SCRM-Prozesses, bei der Risikoidentifikation oder bei der Risikobewertung statt.

Tabelle 8: Priorisierungszeitpunkt und -objekt

Legende:

○ Priorisierung wird erwähnt, aber nicht weiter erläutert.

◔ Detaillierte, aber nicht alle Supply Chain Risiken umfassende Erklärung.

◑ Kurze und alle Supply Chain Risiken umfassende Erklärung.

◕ Detaillierte, und alle Supply Chain Risiken umfassende Erklärung.

● Sehr detaillierte und alle Supply Chain Risiken umfassende Erklärung.

Autor	Priorisierungs-zeitpunkt	Priorisierungsobjekt		
		Identifizierte Risiken	**Unbekannte Risiken**	**Produkte**
Cranfield (2003)	Risikobewertung	◕		
Faisal (2009)	Risikobewertung	◕		
Hallikas et al. (2002)	Risikobewertung	◕		
Harland et al. (2003)	Vorstufe			○
	Risikoidentifikation	◑		
	Risikobewertung	◑		
Kajüter (2003)	Risikobewertung	◕		
Kersten et al. (2006)	Risikobewertung	◕		
Kersten et al. (2011)	Risikoidentifikation		●	
	Risikobewertung	◕		
Müssigmann (2006)	Risikobewertung	◑		
Norrman, Jansson (2004)	Risikoidentifikation		◔	◔
	Risikobewertung	◕		
Zeng et al. (2005)	Risikobewertung	◑		
Ziegenbein (2007)	Risikoidentifikation			◔
	Risikobewertung	◕		

Es ist zu erkennen, dass bei allen Beiträgen eine Priorisierung der bereits identifizierten Risiken stattfindet. Dies geschieht meist in der Phase der Risikobewertung, d. h. relativ spät im SCRM-Prozess. Das Vorgehen zur Priorisierung von bereits identifizierten Risiken wird in den meisten Beiträgen ausführlich beschrieben. Die Priorisierung soll anhand einer Matrix mit den Achsen Eintrittswahrscheinlichkeit und Schadenshöhe priorisiert werden. Eine detaillierte Beschreibung der Methode folgt in Kapitel 3.3.3. Kaum Beiträge geben Hinweise darauf, wie unbekannte Risiken priorisiert werden sollen. Lediglich Norrman und Jansson (2004) und Kersten et al. (2011) setzen sich hiermit auseinander. Bei beiden Beiträgen findet die Priorisierung in der Risikoidentifikationsphase statt. Norrman und Jansson (2004) beschreiben lediglich sehr rudimentär, wie das Vorgehen zur Priorisierung aussehen könnte. Hingegen haben Kersten et al. (2011) den von ihnen vorgeschlagenen „Risikotrichter" bereits im Rahmen des SCRM-Navigators (Kersten et al. 2009b) als Prototypen implementiert. Auch dieses Vorgehen wird in Kapitel 3.3.3 näher beschrieben. Die Priorisierung von Produkten findet bereits in der Vorstufe des SCRM-Prozesses bzw. im Rahmen der Risikoidentifikation statt. Hierzu existieren bislang sehr wenige Beiträge. Diese beinhalten zudem keine konkreten Erklärungen, wie die Produktpriorisierung stattfinden soll. Harland et al. (2003, S.56) geben z. B. lediglich an, dass man sich auf Produkte fokussieren sollte, bei denen man das Gefühl hat, dass sie von Risiken betroffen werden könnten. Ziegenbein (2007) und Norrman und Jansson (2004) werden etwas konkreter, beschränken sich jedoch auf Teilbereiche möglicher Supply Chain Risiken. Beide Vorgehen werden in Kapitel 3.3.3 näher erläutert.

Nachfolgend werden die Methoden zur Priorisierung von bereits identifizierten sowie unbekannten Supply Chain Risiken und Produkten erläutert. Zudem wird darauf eingegangen, wie gut sich diese Methoden eignen, der Herausforderung der Ressourcenknappheit vor dem Hintergrund der großen Teilevielfalt, diverser möglicher Risiken und mangelnder Transparenz in der Supply Chain zu begegnen.

3.3.3 Priorisierungsmethoden in Abhängigkeit des Priorisierungsobjekts

3.3.3.1 *Priorisierung von bereits identifizierten Risiken*

Eine Priorisierung von bereits identifizierten Risiken ist nötig, da meist nicht für alle identifizierten Risiken genug Budget bzw. Ressourcen für die Umsetzung von Maßnahmen zur Risikovermeidung vorhanden sind. Oftmals ist dies auch gar nicht sinnvoll, da der Aufwand zur Vermeidung größer wäre als die eventuell anfallenden Risikokosten. Deswegen erfolgt eine Priorisierung, bei der die identifizierten Supply Chain Risiken zunächst in einer Matrix mit den Achsen Eintrittswahrscheinlichkeit und Schadensausmaß eingeordnet werden und ihnen anschließend entsprechende Maßnahmen zugeordnet werden. Abbildung 10 veranschaulicht das von Norrman und Jansson (2004, S.449) vorgestellte Priorisierungsvorgehen von bereits identifizierten Risiken.

Legende:

Risikoniveau	**Zu ergreifende Risikomaßnahmen**
Sehr hoch	Risikominderung zum Niveau „mittel“ oder „gering“. Ist eine Risikominderung nicht möglich, so erfolgt eine Überwachung sowie die Erstellung eines Notfallplans.
Hoch	Risikominderung zum Niveau „mittel“ oder „gering“. Ist eine Risikominderung nicht möglich, so erfolgt eine Überwachung sowie die Erstellung eines Notfallplans.
Mittel	Optionale Risikominderung zum Niveau „gering“. Eine Überwachung ist nötig.
Gering	Keine Risikomaßnahme nötig.

Eintritts-wahrschein-lichkeit					
	Fast sicher	Mittel	Hoch	Sehr hoch	Sehr hoch
	Wahrscheinlich	Mittel	Hoch	Hoch	Sehr hoch
	Unwahrscheinlich	Gering	Mittel	Hoch	Hoch
	Selten	Gering	Gering	Mittel	Hoch
		Unbedeutend	**Klein**	**Groß**	**Schwerwiegend**
		Schadensausmaß			

Abbildung 10: Priorisierung von bereits identifizierten Risiken
Quelle: in Anlehnung an Norrman und Jansson (2004, S. 449)

Das vorgestellte Vorgehen hat sich weitestgehend etabliert und wird auch von den anderen Autoren, die eine Priorisierung von bereits identifizierten Risiken angeben, in gleicher oder leicht abgewandelter Form erläutert (z. B. Harland et al. 2003; Kersten et al. 2011; Ziegenbein 2007). Neben den aufgezeigten Vorteilen des Verfahrens sind jedoch auch Nachteile zu verzeichnen. Insbesondere ist die Bestimmung des Schadensausmaßes sowie der Eintrittswahrscheinlichkeit sehr kompliziert und zeitaufwändig (Buscher und Wels 2010). Nur wenige Autoren beschäftigen sich zudem explizit mit quantitativen Ansätzen (Deleris und Erhun 2011; Deleris und Erhun 2005). Als Konsequenz erfolgt die Bewertung von bereits identifizierten Risiken in der Unternehmenspraxis meist qualitativ. Bezüglich der Literaturauswertungsfrage, inwieweit dieser Priorisierungsansatz der Herausforderung der Ressourcenknappheit vor dem Hintergrund der großen Teilevielfalt, diverser möglicher Risiken und mangelnder Transparenz in der Supply Chain begegnet, ist festzustellen, dass

- der Priorisierungsansatz erst sehr spät im SCRM-Prozess erfolgt. Dementsprechend können schon vorher Ressourcen unnötig verschwendet worden sein.
- die Bewertung des Schadensausmaßes sowie der Eintrittswahrscheinlichkeit sehr aufwändig ist. Dementsprechend müssen bereits vor dem Priorisierungsschritt, der sich mit den bereits identifizierten Supply Chain Risiken auseinandersetzt, die zu bewertenden Risiken an sich und/oder die Produkte eingeschränkt werden.

3.3.3.2 *Priorisierung von unbekannten Risiken*

Eine Priorisierung von unbekannten Risiken ist nötig, da bei der Vielzahl möglicher Supply Chain Risiken nicht alle erfasst bzw. im Anschluss dann auch noch bewertet werden können (Jüttner 2003, S. 777). Aus diesem Grund schlagen Kersten et al. (2011, S. 159) einen mehrstufigen Risikofilter vor (s. Abbildung 11). Der Risikofilter beinhaltet eine Sammlung typischer Supply Chain Risiken in Abhängigkeit der Supply Chain Konfiguration. Gibt ein Unternehmen eine bestimmte Supply Chain Risiko Konfiguration an, so werden über den Filter die relevanten Supply Chain Risiken identifiziert. Hierdurch wird die Komplexität des Risikoidentifizierungsprozesses erheblich reduziert. Dennoch sollten zusätzliche Suchmethoden angewendet werden, um weitere spezielle Supply Chain Risiken zu ermitteln.

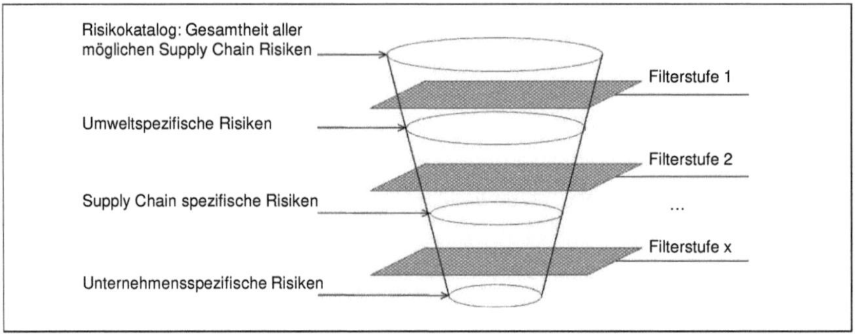

Abbildung 11: Priorisierung von unbekannten Risiken
Quelle: in Anlehnung an Kersten et al. (S.159, 2011)

Bezüglich der Literaturauswertungsfrage, inwieweit dieser Ansatz der Herausforderung der Ressourcenknappheit vor dem Hintergrund der großen Teilevielfalt, diverser möglicher Risiken und mangelnder Transparenz in der Supply Chain begegnet, ist festzustellen, dass

- der Priorisierungsansatz früh im SCRM-Prozess erfolgt und eine Unterstützung darstellt mit diversen Supply Chain Risiken umzugehen bzw. diese zu identifizieren.
- trotz der durch den Priorisierungsansatz leichteren Risikoidentifikation, die Risikoidentifikation nach wie vor sehr aufwändig ist und nicht für alle Produkte im vollen Umfang durchgeführt werden kann.
- der Priorisierungsansatz hierbei keinen Hinweis darauf liefert, für welche Produkte die Identifizierung von Supply Chain Risiken durchgeführt werden sollte. Dementsprechend müssen bereits vor dem Priorisierungsschritt, der sich mit den unbekannten Supply Chain Risiken auseinandersetzt, die zu behandelnden Produkte eingeschränkt werden.

3.3.3.3 *Priorisierung von Produkten*

Eine Priorisierung von Produkten bzw. der an den Produkten angeschlossenen Supply Chains ist nötig, da oftmals nicht genügend Ressourcen zur Verfügung stehen um den umfassenden SCRM-Prozess für alle Teile, Komponenten und Produkte durchzuführen. Insbesondere ist dies in der durch eine große Teilevielfalt gekennzeichneten Automobilindustrie wichtig. Beispielsweise beträgt der durchschnittliche Produktumfang eines OEMs zwischen 15.000 und 20.000 Produkten (Duerre und Steger 2010, S. 83). Um dieser hohen Teilevielfalt zu begegnen, schlägt Ziegenbein (2007, S. 72) in Anlehnung an die Priorisierung von bereits identifizierten Risiken eine Risikomatrix vor. Die x-Achse stellt hierbei die Supply Chain Verletzlichkeit dar, die y-Achse steht für die strategische Bedeutung für das Produkt bzw. der an dem Produkt hängenden Supply Chain (vgl. Abbildung 12).

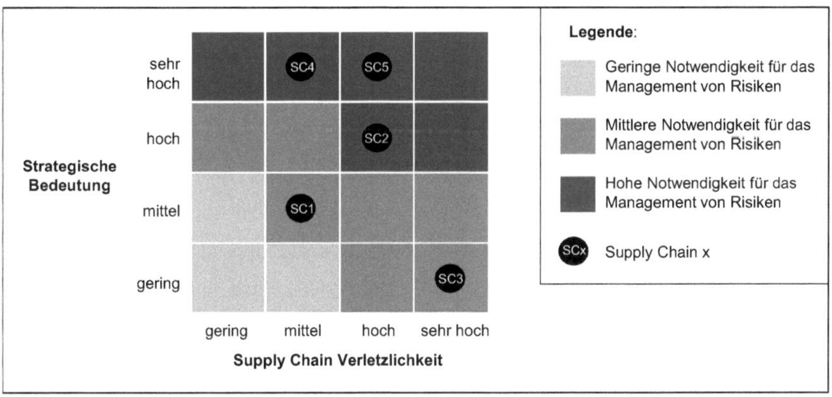

Abbildung 12: Priorisierung von Produkten bzw. Supply Chains
Quelle: Ziegenbein (2007, S. 72)

Die Dimension Supply Chain Verletzlichkeit wird über die Häufigkeit der in der Vergangenheit eingetretenen Störungen definiert. Somit werden Supply Chain Risiken, die relativ selten eintreten, dafür aber ein hohes Schadensausmaß verursachen, wie z. B. Erdbeben, vernachlässigt. Die Dimension strategische Bedeutung bezieht sich auf den Einfluss der Supply Chain auf den aktuellen und zukünftigen Geschäftserfolg

(Ziegenbein 2007, S. 71f.). Eine weitere Erklärung, wie dieser definiert wird, erfolgt nicht. Bezüglich der Literaturauswertungsfrage, inwieweit dieser Ansatz der Herausforderung der Ressourcenknappheit vor dem Hintergrund der großen Teilevielfalt, diverser möglicher Risiken und mangelnder Transparenz in der Supply Chain begegnet, ist festzustellen, dass

- der Priorisierungsansatz einen ersten Hinweis darstellt, wie mit der hohen Teilevielfalt umgegangen werden kann.
- sich der Priorisierungsansatz jedoch nur auf einen kleinen Teilbereich der Supply Chain Risiken bezieht und selten auftretende Risiken mit hohem Schadensausmaß vernachlässigt.
- der Priorisierungsansatz keine konkreten Hinweise liefert, wie strategische Bedeutung zu interpretieren ist.
- der Priorisierungsansatz theoretisch hergeleitet wurde.

Ein weiterer Ansatz, wie mit der hohen Teilevielfalt umzugehen ist, stammt von Norrman und Jansson (2004, S. 445). Diese schlagen vor, zunächst die Produkte in Abhängigkeit von der Anzahl der Zulieferer für das Produkt zu klassifizieren. Dabei werden jedoch Supply Chain Risiken vernachlässigt, die tiefer in der Supply Chain liegen. Zudem werden nachfrageseitige Risiken ignoriert. Als zweite Dimension schlagen Norrman und Jansson die Erholungszeit bzw. die sogenannte Business Recovery Time (BRT) vor. Hierunter wird die Zeit verstanden, die benötigt wird, bei einem Ausfall eine Alternative zu finden. Bezüglich der Literaturauswertungsfrage ist festzustellen, dass

- der Priorisierungsansatz nur Supply Chain Risiken der direkten Zulieferer und zudem auch keine nachfrageseitigen Risiken berücksichtigt.
- der Priorisierungsansatz theoretisch hergeleitet wurde.

Die beiden aufgezeigten Ansätze zur Produktpriorisierung im SCRM geben erste Hinweise, wie bei der Produktpriorisierung vorgegangen werden könnte. Da sich beide Ansätze jedoch nur auf Teilbereiche der möglichen Supply Chain Risiken beziehen, zudem detaillierte Beschreibungen der Ausführung der Ansätze fehlen und beide Ansätze theoretisch hergeleitet wurden, fehlt ein alle Supply Chain Risiken berücksichtigender, empirisch hergeleiteter Priorisierungsansatz von Produkten im SCRM.

3.3.4 Zwischenfazit und Forschungsbedarf

Wie in den Kapiteln 3.3.1, 3.3.2 und 3.3.3 aufgezeigt wurde, besteht zur Priorisierung im SCRM weiterer Forschungsbedarf. Tabelle 9 fasst die wichtigsten Beobachtungen, ihre Implikationen für den weiteren Forschungsbedarf sowie das weitere Vorgehen mit diesem Forschungsbedarf zusammen.

Tabelle 9: Beobachtungen, Forschungsbedarf und weiteres Vorgehen zu Priorisierungsansätzen im SCRM

Nr.	Beobachtung	Forschungsbedarf	Weiteres Vorgehen
B1	Beim SCRM sind zu unterschiedlichen Zeitpunkten Priorisierungen nötig. Insbesondere bei der frühesten Priorisierung – der Produktpriorisierung – fehlen bislang detaillierte und alle Supply Chain Risiken umfassende Erklärungen einer Priorisierungslogik. Bestehende Ansätze wurden zudem lediglich theoretisch hergeleitet.	Explorativ-empirische Entwicklung eines alle Supply Chain Risikoarten umfassenden Ansatzes zur Produktpriorisierung im SCRM.	• Explorativ-empirische Erhebung des Status Quos zur Produktpriorisierung in der Praxis. • Explorativ-empirische Entwicklung eines alle Supply Chain Risikoarten umfassenden Ansatzes zur Produktpriorisierung im SCRM.
B2	Die quantitative Bewertung des Schadensausmaßes von Supply Chain Risiken ist sehr komplex. In der Literatur existieren diverse Ansätze diesem Problem zu begegnen, allerdings werden hierbei oftmals Teilaspekte nicht berücksichtigt	Vertiefende Auseinandersetzung mit quantitativen Ansätzen zur Bewertung des Schadensausmaßes von Supply Chain Risiken.	• Keine weitere Behandlung dieses Forschungsbedarfs im Rahmen dieser Arbeit, da dies nicht Teil des Forschungszieles ist.

3.4 Ableitung der Forschungslücke und der Forschungsfragen

Mit Hilfe der Literaturauswertung konnten zwei wesentliche Forschungslücken identifiziert werden. Zum einen betrifft dies die Umsetzung und Ausrichtung des SCRM. Hier besteht bezüglich des Status Quo der Umsetzung des SCRM in der Unternehmenspraxis explorativ-empirischer Forschungsbedarf (vgl. A1). Nachdem in den letzten zwei Jahren diverse Supply Chain Risikoeintritte die Industrie wachgerüttelt haben und zu einem Umsetzungsfortschritt geführt haben könnten, fehlen zu diesem Gebiet aktuelle empirische Ergebnisse sowohl des Status Quos als auch der Herausforderungen der Umsetzung des SCRM (vgl. A2). Zudem herrscht ein Defizit zu Best Practices, Lessons Learned bzw. einem bewährten Vorgehen bzw. bewährte Prozesse für das reaktiven SCRM (vgl. A4 und A6) sowie zur Entwicklung des Verhältnisses zwischen reaktivem und proaktivem SCRM (vgl. A5). Zum anderen betrifft die Forschungslücke die Berücksichtigung von Herausforderungen bei der Umsetzung des SCRM in bestehenden SCRM-Ansätzen. Es wurde identifiziert, dass die Ressourcenknappheit vor dem Hintergrund der großen Teilevielfalt, diverser möglicher Risiken und mangelnder Transparenz die größte Herausforderung bei der Umsetzung von SCRM-Ansätzen darstellt (A7). Um dieser Herausforderung zu begegnen, beinhalten bestehende SCRM-Ansätze bereits verschiedene Priorisierungsphasen. Es wurde gezeigt, dass insbesondere bei der frühesten Priorisierung – der Produktpriorisierung – bislang detaillierte und alle Supply Chain Risiken umfassende Erklärungen einer Priorisierungslogik fehlen (vgl. B1). Bestehende Ansätze wurden zudem meist theoretisch hergeleitet, so dass ein Defizit auf dem Gebiet explorativ-empirischer Ansätze vorliegt.Das Ziel dieser Arbeit ist es, zur Schließung dieser Forschungslücken beizutragen. Zudem sollen die Erkenntnisse für die Unternehmenspraxis nutzbar gemacht werden. Tabelle 10 gibt eine Übersicht über die Forschungsfragen und zeigt auf, welche Beobachtungen der Literaturauswertung mit welcher Forschungsfrage adressiert werden.

Tabelle 10: Übersicht über Forschungsfragen

Nr.	Forschungsfrage	Beschreibung	Adressierte Beobachtungen
1a	**Wie hat sich der Status Quo des SCRM bezüglich seiner Umsetzung und Ausrichtung in den letzten Jahren verändert?**	Diese Frage beschäftigt sich mit dem Status Quo des SCRM in der Unternehmenspraxis der Automobil Supply Chain und wie sich dieser auf Grund der Supply Chain Risikoeintritte der letzten Jahre verändert hat. Insbesondere werden hierbei die Ausrichtungsarten des reaktiven und proaktiven SCRM näher untersucht und herausgearbeitet, ob sich der Fokus der Unternehmen weg vom reaktiven hin zum proaktiven SCRM verändert hat.	A1, A2, A4
1b	**Welches Vorgehen bzw. welche Prozesse haben sich bewährt? Stellt die Ressourcenknappheit nach wie vor eine große Herausforderung bei der Umsetzung des SCRM dar?**	Diese Frage zielt darauf ab, Erkenntnisse aus bisherigen Supply Chain Risikoeintritten für die Unternehmenspraxis abzuleiten. Damit liefert sie einen Anknüpfungspunkt zur Verbesserung der Umsetzung des SCRM in der Unternehmenspraxis. Hierzu werden ein bewährtes Vorgehen sowie bewährte Prozesse identifiziert und bewertet. Zudem wird überprüft, ob die von verschiedenen Autoren (z. B. Fiege 2006; Jüttner 2003; Kersten et al. 2009a; Kersten et al. 2009b) herausgearbeiteten Herausforderungen bei der Umsetzung des SCRM sowie die Herausforderung der Ressourcenknappheit noch aktuell sind. Auf den Umgang mit der Ressourcenknappheit wird anschließend in der zweiten Forschungsfrage eingegangen.	A3, A5, A6
2a	**Wie sind Produktpriorisierungslogiken für das SCRM in der Automobilindustrie ausgestaltet?**	Diese Forschungsfrage beschäftigt sich damit, was in der Unternehmenspraxis unternommen wird, um der in der identifizierten Herausforderung der Ressourcenknappheit im SCRM zu begegnen. Da einer Ressourcenknappheit oftmals mit der Einführung einer Priorisierungslogik begegnet wird (Bauer et al. 2008, S. 99), wird insbesondere untersucht, ob und wie Produkte beim SCRM priorisiert werden. Hierzu wird der in der Praxis verwendete Ansatz dargestellt und hinsichtlich seiner Eignung untersucht.	A6, B1
2b	**Wie können die bislang verwendeten Produktpriorisierungslogiken verbessert werden?**	Diese Frage baut auf den in Forschungsfrage 2.a. identifizierten Defiziten zur Pro-duktpriorisierung beim SCRM auf und zielt darauf ab, die identifizierten Defizite zu schließen.	B1
3	**Welche Handlungsempfehlungen lassen sich daraus für die Unternehmenspraxis ableiten?**	Diese Frage zielt darauf ab, die gewonnenen Erkenntnisse zu den ersten beiden Forschungsfragen für die Unternehmenspraxis nutzbar zu machen. Es werden nicht nur allgemeine Handlungsempfehlungen erarbeitet, sondern auch Prozesse und Tools entwickelt.	-

4. Forschungsdesign

Für die vorliegende Arbeit wurde ein methodenintegrierender Ansatz gewählt. Dieser basiert auf einer Kombination der qualitativen Forschungsmethode der Grounded Theory mit den quantitativen Methoden der deskriptiven Statistik und der explorativen Faktorenanalyse. Als primäre Datenquellen wurden Experteninterviews sowie eine schriftliche Befragung durchgeführt. Ziel des Kapitels ist es, das Forschungsdesign und die gewählten Forschungsmethoden vorzustellen. Hierzu wird zunächst ein Überblick über das gewählte Forschungsdesign gegeben und begründet, warum der methodenintegrierende Ansatz geeignet ist, um das Forschungsziel zu erreichen. Anschließend wird die erste Forschungsphase dargestellt. Es werden die Grundlagen der Grounded Theory erläutert sowie das Vorgehen zur Datenerhebung und Datenanalyse beschrieben. Zur Datenerhebung wurden Experteninterviews (Meuser und Nagel 2009b) als primäre Datenquelle gewählt. Diese wurden mit Entscheidungsträgern aus der Automobil Supply Chain, die Bezug zum SCRM haben, durchgeführt. Gemäß den Grundsätzen der Grounded Theory erfolgten dabei Datenerhebung und Datenanalyse parallel (Glaser et al. 2005, S. 53). Abschließend wird die zweite Forschungsphase erläutert. Es werden die Grundlagen der explorativen Faktorenanalyse dargestellt. Zudem wird das Vorgehen zur Datenerhebung und Datenanalyse der schriftlichen Befragung, die als primäre Datenquelle gewählt wurde, beschrieben.

4.1 Überblick und Begründung

Laut Creswell (2009, S. 3) handelt es sich beim Forschungsdesign um die Festlegung der Forschungspläne und -prozesse. Diese umfassen Entscheidungen über grobe Annahmen bis hin zu detaillierten Methoden der Datenerhebung und Analyse. Die Entscheidung über das Forschungsdesign hängt von der Art des Forschungsphänomens, der persönlichen Erfahrung des Wissenschaftlers und der Zielgruppe des Forschungsvorhabens ab. In der vorliegenden Arbeit ist das zu erkundende Forschungsphänomen die Herausforderung knapper Ressourcen bei der Umsetzung und Ausrichtung des SCRM am Beispiel der Automobilindustrie. Es geht folglich um Exploration und Theoriegenerierung. Hierzu bietet sich ein methodenintegrierender bzw. sogenannter Mixed-Methods-Ansatz an (Shah und Corley 2006, S. 1822). Laut Johnson et al. (2007, S. 123) handelt es sich beim Mixed-Methods-Ansatz um Forschung, bei der die Elemente der qualitativen und quantitativen Forschung kombiniert werden um zum einen ein tieferes bzw. umfassenderes Verständnis des Phänomens zu bekommen und zum anderen durch Datentriangulation quantitativer und qualitativer Daten erste Erkenntnisse zu bekräftigen. Weitere Gründe, die für ein Mixed-Methods-Design sprechen, lassen sich auf Weick (2009, S. 40) zurückführen. Er fordert, dass eine Theorie folgende drei Dimensionen erfüllt:

1. Einfachheit („simplicity"), d. h. die Theorie ist leicht zu verstehen und anzuwenden.
2. Genauigkeit („accuracy"), d. h. die Theorie stimmt mit der Wirklichkeit überein.
3. Generalisierbarkeit („generalizability"), d. h. die Theorie kann auf andere Bereiche ausgeweitet werden.

Qualitative Forschung erfüllt meist die Kriterien der Genauigkeit und Generalisierbarkeit. Oftmals ist sie jedoch auch sehr komplex (Eisenhardt 1989, S. 547). Quantitative Forschung hingegen ist meist einfach und generalisierbar. Da sie jedoch häufig auf Schätzer zurückgreift, ist sie oftmals nicht genau (Shah und Corley 2006, S. 1831). Dementsprechend führt die Verwendung rein qualitativer oder rein quantitativer Methoden immer zu einem Kompromiss zwischen den drei Dimensionen. Weick (2009) empfiehlt aus diesem Grund die Verwendung eines Mixed-Methods-Designs. Mixed-Methods-Designs unterscheiden sich durch die zwei Dimensionen „Sequenz" und „Dominanz" (Wrona und Fandel 2010, S. 4). Hinsichtlich des Kriteriums „Sequenz" können quantitative und qualitative Phasen hintereinander, also sequentiell, oder integrativ erfolgen. Das Kriterium „Dominanz" zeigt, ob quantitative und qualitative Methoden gleichwertig kombiniert werden oder ob eine der beiden Methoden dominiert. Für die vorliegende Arbeit wurde ein sequentielles Vorgehen mit gleichwertiger Kombination qualitativer und quantitativer Methoden gewählt. Es wird ganz traditionell (Shah und Corley 2006, S. 1831) in der ersten Forschungsphase auf eine qualitative Methodik zurückgegriffen, um ein erstes Theoriegerüst zu bilden. Dieses wird durch Anwendung quantitativer Methoden in der zweiten Forschungsphase erweitert und verfeinert. Abbildung 13 verdeutlicht die Forschungsphasen des Forschungsdesigns sowie dessen Art, das Ziel, die genutzte primäre Datenquelle, den Erhebungszeitraum und die gewählte Methodik.

Phase 1: Qualitative Analyse	
Ziel:	Basisanalyse und Theoriegenerierung
Primäre Datenquelle:	Experteninterviews (N=18)
Erhebungszeitraum:	August bis Dezember 2011
Methode:	Grounded Theory

Phase 2: Quantitative Analyse	
Ziel:	Detailanalyse und Theorieverfeinerung
Primäre Datenquelle:	Schriftliche Befragung (N=104)
Erhebungszeitraum:	Januar bis April 2012
Methoden:	Deskriptive Statistik, explorative Faktorenanalyse

Abbildung 13: Forschungsdesign

Im Folgenden werden die beiden Forschungsphasen detailliert beschrieben.

4.2 Erste Forschungsphase: Experteninterviews und Grounded Theory

4.2.1 Begründung

Wenn es darum geht Eigenschaften und Strukturen von Phänomenen zu erkunden bzw. Theorie zu generieren, eignen sich qualitative Methoden (Jonker und Pennink 2010, S. 77). Demzufolge startet das Forschungsdesign mit einer qualitativen Phase. Hierbei wird auf die von Glaser und Strauss (Glaser et al. 2005) entwickelte Methode der Grounded Theory zurückgegriffen. Laut Glaser (1992, S. 16) handelt es sich bei der Grounded Theory um eine Analysemethode, die mit der Datenerhebung verknüpft wird und ein Set an verschiedenen systematischen Methoden verwendet, um induktiv eine Theorie über einen bestimmten Bereich zu entwickeln. Ziel der Grounded Theory ist folglich die Entwicklung einer empirisch fundierten Theorie (Truschkat et al. 2011, S. 353). Sie ist als Methodik besonders geeignet, wenn wenig theoretisches Wissen über ein Thema vorhanden ist (Mello und Flint 2009, S. 114). Das Themengebiet SCRM steckt an sich noch in den „Kinderschuhen“ (Sodhi et al. 2012). Zudem hat der Literaturüberblick in Kapitel 3 gezeigt, dass sowohl zum Status Quo der Umsetzung und Ausrichtung des SCRM als auch zur Priorisierung im SCRM Forschungsdefizite bestehen. Dementsprechend ist die Methodik der Grounded Theory für die erste Forschungsphase besonders geeignet.

4.2.2 Grundlagen der Grounded Theory

4.2.2.1 *Entstehung und Entwicklung*

In ihrer Veröffentlichung „The Discovery of Grounded Theory“ stellen Glaser und Strauss (1967) zum ersten Mal die Idee der Grounded Theory vor. Es handelt sich hierbei um eine qualitative Methode, die in einer Zeit entstand, in der quantitative Methoden dominierten (Charmaz 2008, S. 4). Glaser und Strauss (1967) befürworten mit der Grounded Theory die Entwicklung von Theorie basierend auf empirisch gewonnenen Daten, anstatt diese aus bestehenden Hypothesen abzuleiten. Theorie zu generieren ist somit ein induktiver Prozess (Glaser et al. 2005, S. 15). Theorie lässt sich in materiale und formale Theorie unterscheiden. Materiale Theorien beschränken sich auf ein bestimmtes Sachgebiet oder empirisches Feld der Forschung (Glaser et al. 2005, S. 20), wohingegen formale Theorien für ein breiteres Forschungsfeld entwickelt werden (Strauss und Corbin 1990, S. 174f.). Bei der Grounded Theory werden meistens materiale Theorien entwickelt (Charmaz 2008, S. 8). In der vorliegenden Arbeit wird als Industriefokus die Automobil Supply Chain gewählt. Dementsprechend wird ein eingeschränktes Sachgebiet untersucht und somit eine materiale Theorie entwickelt.

Grounded Theory wurde zu Beginn in der medizinischen Soziologie verwendet. Mittlerweile erstreckt sich die Verwendung der Grounded Theory über diverse Forschungsgebiete, wie Psychologie, Erziehung, Wirtschaft etc. (Tan 2010, S. 94). Obwohl sich die Methode laut Mello und Flint (2009, S. 114) auch sehr gut für das Forschungsgebiet der Logistik bzw. des SCM eignet, wird Grounded Theory hier bislang eher selten angewendet. Nicht nur der Anwendungsbereich der Grounded Theory hat sich erweitert, auch die Methodik an sich wurde bis heute sowohl von den Autoren selbst (z. B. Glaser 1992, Strauss und Corbin 1990) als auch von anderen Autoren (z. B. Charmaz 2008, Goulding 2002) weiterentwickelt. Hierbei entstanden verschiedene Strömungen der Grounded Theory. Glaser und Strauss selbst haben im Laufe der Zeit sehr unterschiedliche Herangehensweisen an die Grounded Theory entwickelt (Mello und Flint 2009, S. 116f.). Wie sich diese unterscheiden wird im folgenden Kapitel näher erläutert.

4.2.2.2 *Vorgehen*

Das Vorgehen der Grounded Theory beschreiben Fendt und Sachs (2008, S. 431) als ständiges Vergleichen, Teilen, Kodieren und Analysieren von Beobachtungen und Interviewdaten, bis Sättigung erreicht wird. Aus dieser Beschreibung gehen die drei Hauptelemente der Grounded Theory hervor:

1. Ständiges Vergleichen („constant comparison“)
2. Theoretisches Sampling („theoretical sampling“)
3. Kodieren („coding“)

Nachfolgend werden die Elemente näher erläutert. Eine detailliertere Beschreibung der Anwendung der Elemente im Rahmen der empirischen Erhebung der vorliegenden Arbeit wird in den Kapiteln 4.3 und 4.4 vorgenommen.

Ständiges Vergleichen („constant comparison“)

Bei der Grounded Theory handelt es sich um einen Forschungsprozess, der nicht linear von einer Stufe zur nächsten durchgeführt wird. D. h. es werden nicht strikt nacheinander die Phasen der Hypothesengenerierung, der Methodenprüfung, der Datenerhebung, der Datenauswertung und der Verifikation der Hypothesen durchlaufen. Stattdessen findet bereits während des Forschungsprozesses ein stetiger Austausch zwischen theoretischen Vorannahmen und den gewonnenen Erkenntnissen statt (Mey und Mruck 2011, S. 23). Die Datensammlung und Datenanalyse erfolgen somit simultan und iterativ (Fendt und Sachs 2008, S. 431). Zusätzlich werden laufend die Ergebnisse der Datenanalyse mit neu erhobenen und bereits analysierten Daten verglichen. Dies wird als ständiges Vergleichen („constant comparison“) bezeichnet (Corbin und Strauss 2008, S. 77). Das Vergleichen zielt darauf ab Ähnlichkeiten und Unterschiede zwischen verschiedenen Kontexten zu erkennen und zu analysieren. Dabei findet der Vergleich nicht nur zwischen verschiedenen Datenquellen, sondern auch innerhalb der gleichen Datenquelle statt. Neben den erhobenen Daten wird als weitere Datenquelle auch die bestehende Literatur zum Vergleichen herangezogen. Das Heranziehen von bestehender Literatur erfolgt allerdings erst in späteren Schritten der Datenanalyse (Fendt und Sachs 2008, S. 431). Durch das späte Einbeziehen der Literatur sowie die zirkuläre Abfolge von Datenerhebung und Datenauswertung wird dem Forscher eine gewisse Offenheit verliehen. Diese ist für die Entwicklung einer gegenstandsbezogenen Theorie aus der Empirie nötig (Truschkat et al. 2011, S. 372).

Theoretisches Sampling („theoretical sampling“)

Durch die besondere Verknüpfung von Datenerhebung und Datenanalyse kommt dem Sampling bei der Grounded Theory eine zentrale Bedeutung zu (Morse 2011, S. 229). Zum einen entscheidet das Sampling über die Daten, die für die Analyse herangezogen werden. Zum anderen leitet sich das Sampling von der sich entwickelnden Theorie ab. Aus diesem Grund sprechen Glaser und Strauss von einem theoretischen Sampling. Unter theoretischem Sampling wird der Prozess der Datenerhebung verstanden, der darauf zielt, Theorie zu generieren. Parallel zur Datenerhebung kodiert und analysiert der Forscher seine Daten und entscheidet darüber, welche

Daten er im nächsten Schritt erhebt und wo diese zu finden sind (Glaser et al. 2005, S. 53). Das Sampling bzw. die Auswahl der Datenquellen zielt somit nicht darauf ab Repräsentativität zu erreichen (Muckel 2007, S. 214), sondern die Vervollständigung und Detaillierung der Theorie zu unterstützen. Infolgedessen gibt es für das Sampling keine Vorgaben für die Größe der Stichprobe. Vielmehr geht es darum so lange Daten zu erheben und auszuwerten, bis durch weitere Daten keine neuen grundlegenden Erkenntnisse in Bezug auf die zu entwickelnde Theorie entstehen (Muckel 2007, S. 214). Ist dieser Punkt erreicht, so spricht man von theoretischer Sättigung (Glaser et al. 2005, S. 69). Sobald theoretische Sättigung vorliegt, wird das Sampling beendet.

Kodieren („coding“)

Die Datenanalyse erfolgt in der Grounded Theory entlang eines systematischen Kodierprozesses. Dieser grenzt sich durch seinen hohen Entwicklungsgrad und seine Spezifizität deutlich von anderen qualitativen Methoden ab (Walker 2006, S. 549). Das Kodieren ist somit nicht nur Teil der Datenanalyse, sondern stellt den fundamentalen Analyseprozess dar. Durch ihn gelangt der Forscher von den Rohdaten zur Theorie (Charmaz 2008, S. 46). Wie bereits in Kapitel 4.2.1.1 dargestellt wurde, haben Glaser und Strauss im Laufe der Zeit sehr unterschiedliche Herangehensweisen an die Grounded Theory entwickelt (Mello und Flint 2009, S. 116f.). Der Hauptunterschied liegt in der Art und Weise des Kodierprozesses (Walker 2006, S. 550). Beide Vorgehensweisen werden im Folgenden dargestellt.

Das Kodiervorgehen von Strauss (und Corbin)

Strauss und Corbin (1990) sprechen sich für einen dreiphasigen Kodierprozess aus. Dieser besteht aus dem offenen, dem axialen und dem selektiven Kodieren. Beim offenen Kodieren werden die Daten zunächst aufgebrochen (Böhm 2004, S. 271). D. h. die Daten, z. B. Interviewtranskripte, werden Zeile für Zeile durchgearbeitet und jeder entdeckten Idee wird ein „Lable“ bzw. ein sogenanntes Konzept zugeordnet (Moghaddam 2006, S. 56). Bei der Erstellung von Konzepten unterscheidet man in in-vivo Codes und theoretische Codes (Böhm 2004, S. 271). In-vivo Codes sind Bezeichnungen für Konzepte, die aus den Daten selbst kommen. Hingegen stellen theoretische Codes Bezeichnungen dar, die aus theoretischen Überlegungen stammen. Die so entstandenen Konzepte werden miteinander verglichen und auf Ähnlichkeiten und Unterschiede untersucht. Inhaltlich ähnliche Konzepte werden zu Kategorien und Subkategorien zusammengefasst (Corbin und Strauss 1990, S. 423). Anschließend werden den Kategorien Eigenschaften und Dimensionen zugeordnet. Unter den Eigenschaften versteht man hierbei Merkmale, die alle Konzepte einer Kategorie aufweisen. Die Dimension wird definiert als die Spanne möglicher Ausprägungen, die ein Merkmal aufweisen kann (Mello und Flint 2009, S. 111). Im nächsten Schritt, dem axialen Kodieren, werden die Kategorien zueinander und zu den Subkategorien in Beziehung gesetzt (Walker 2006, S. 553). Hierbei werden die Beziehungen durch die Erhebung neuer Daten ständig neu überprüft (Corbin und Strauss 1990, S. 423). Zusätzlich zum In-Beziehung-Setzen werden sowohl die Kategorien als auch die Subkategorien weiter verdichtet (Muckel 2007, S. 224). Unterstützt wird dieses Vorgehen durch das sogenannte Kodierparadigma von Corbin und Strauss (2008, S. 88ff.). Dies besagt, dass eine Kategorie auf Bedingungen, Aktionen/Interaktionen und Konsequenzen befragt wird. Die Verwendung des Kodierparadigmas ermöglicht somit die empirisch vielfältige Verwurzelung von Kategorien (Muckel 2007, S. 224). Im Zentrum des Kodierparadigmas steht das sogenannte Phänomen („phenomenon"). Dieses stellt die zentrale Idee bzw. das zentrale Ereignis dar, auf das sich das Handeln der Akteure bezieht. Das Handeln der Akteure ist durch Aktionen/Interaktionen („action strategies") gekennzeichnet, die zu Konsequenzen („consequences") führen. Das Phänomen entsteht bzw. wird durch kausale Bedingungen („causal conditions") beeinflusst. Die Bedingungen gelten meist nur unter bestimmten Konditionen. Diese werden wiederum in Kontext („contextual conditions") und einschränkende oder fördernde Konditionen („intervening conditions") unterschieden. Letztere beziehen sich nicht direkt auf das Phänomen, sondern auf dessen Umwelt und können so auch als Rahmenbedingungen bezeichnet werden. Der letzte Schritt, das selektive Kodieren, dient dazu, eine Kernkategorie auszuwählen. Diese stellt ein zentrales Phänomen dar, das aus den Daten entstanden ist und eventuell bereits als Forschungsfrage vorliegt (Böhm 2004, S. 273). Alle anderen Kategorien sollten sich direkt oder indirekt auf die Kernkategorie beziehen lassen. Zusätzlich zur Auswahl der Kernkategorie sind Kategorien, die weiterer Erklärung bedürfen, soweit zu verfeinern, dass letztendlich alle Lücken geschlossen sind (Corbin und Strauss 1990, S. 424). Man geht hierbei ähnlich wie beim axialen Kodieren vor.

Beim Durchführen der Datenanalyse stellen die drei Kodierarten eigenständige Analyseschritte dar. Da diese stark miteinander verknüpft sind, werden die Kodierarten nicht sequentiell durchlaufen. Stattdessen springt der Forscher zwischen den Kodierschritten hin und her. Dies erfolgt in einem iterativen Prozess. Mit zunehmender Anzahl der Analysegänge steigt hierbei das Abstraktionsniveau (Corbin und Strauss 1990, S. 424). Dadurch arbeitet der Forscher nach und nach hauptsächlich mit Konzepten und nicht mit den Daten selbst.

Das Kodiervorgehen von Glaser

Glaser kritisiert das Kodiervorgehen von Corbin und Strauss, da der Forscher insbesondere durch das Kodierparadigma zu sehr in vorgefestigten Strukturen denke und theoretische Konzepte nicht frei emergieren können (Mello und Flint 2009, S. 117). Im Gegensatz zu dem von Corbin und Strauss (2008) vorgestellten dreiphasigen Kodierprozess schlägt Glaser deswegen ein zweiphasiges Vorgehen vor. Dieses besteht aus dem gegenstandsbezogenen Kodieren („substantive coding") und dem theoretischen Kodieren („theoretical coding") (Mey und Mruck 2010, S. 620). Das gegenstandsbezogene Kodieren zielt darauf ab, die empirische Substanz zu bilden. Ziel des theoretischen Kodierens ist es, theoretische Beziehungen zwischen den gegenstandsbezogenen Codes herzustellen (Glaser und Holton 2004). Das gegenstandsbezogene Kodieren besteht aus den zwei Phasen des offenen und selektiven Kodierens. Beim offenen Kodieren werden wie bei dem Verfahren von Strauss und Corbin zunächst erste Konzepte entwickelt und zu Kategorien verdichtet. Das darauf folgende selektive Kodieren dient der Sättigung des Kategoriesystems und der Entwicklung einer vorläufigen Leitidee. Hierzu sollen die entwickelten Kategorien miteinander verglichen werden.

Das anschließende theoretische Kodieren findet auf einem konzeptionellen Niveau statt und verfolgt das Ziel, die gegenstandsbezogenen Codes miteinander zu verknüpfen und zu Hypothesen und Theorien weiterzuentwickeln (Walker 2006, S. 550). Zur Unterstützung des theoretischen Kodierens hat Glaser sogenannte Kodierfamilien entwickelt (Kelle 2007, S. 40f.). Bei diesen Kodierfamilien handelt es sich um eine Sammlung von weitgehend unverbundenen theoretischen Konzepten, die zur Prüfung der entwickelten Kategorien herangezogen werden können (Mey und Mruck 2010, S. 621). Beim Durchführen der Kodierung werden wie bei Strauss und Corbin die Kodierphasen nicht sequentiell durchlaufen, sondern erfolgen in einem iterativen Prozess.

Die vorgestellten Kodierverfahren von Strauss und Corbin (1990) und Glaser (1992) unterscheiden sich somit hinsichtlich der Vorgaben/Einschränkungen des Forschers, wie die Kodierung durchzuführen ist. Beide Vorgehen werden einander in Tabelle 11 gegenübergestellt.

Tabelle 11: Kodierung nach Strauss und Corbin versus Kodierung nach Glaser

	Kodierung nach Strauss und Corbin	**Kodierung nach Glaser**
Kodierphasen	1. Offenes Kodieren	1. Gegenstandsbezogenes Kodieren
		a. Offenes Kodieren
		b. Selektives Kodieren
	2. Axiales Kodieren	2. Theoretisches Kodieren
	3. Selektives Kodieren	
Durchführung	iterativ	iterativ
Vorgaben	Kodierparadigma	Kodierfamilien (optional)

Die vorliegende Arbeit orientiert sich an dem Kodierprozess von Glaser, da das Vorgehen von Glaser der ursprünglichen Emergenz-Idee der Grounded Theory entspricht.

Neben den drei dargestellten Hauptelementen der Grounded Theory, werden bei diversen Beiträgen zur Grounded Theory auch die Begriffe „Theoretische Memos“ und „Theoretische Sensitivität“ hervorgehoben (z. B. Charmaz 2008; Mello und Flint 2009). Beide werden nachfolgend kurz erläutert.

Bei **theoretischen Memos** handelt es sich um die aufgeschriebenen Ideen eines Forschers zu den einzelnen Kodierungen und dazu, wie die Kodierungen untereinander und mit dem Phänomen zusammenhängen (Mello und Flint 2009, S. 112). Theoretische Memos werden beim Kodierprozess ergänzend hinzugezogen. Das Schreiben von theoretischen Memos zwingt den Forscher die Daten und Codes schon früh im Forschungsprozess zu analysieren und so auf ein höheres Abstraktionsniveau zu gelangen (Charmaz 2008, S. 72). Hierdurch wird das Potenzial der Datensammel- und Datenanalysephase ausgeschöpft.

Die **theoretische Sensitivität** des Forschers beeinflusst die Qualität der Durchführung einer Grounded Theory Studie. Hierunter ist die Fähigkeit des Forschers zu verstehen, Daten zu analysieren, Relevantes von weniger Relevantem zu unterscheiden, feine Unterschiede in den Daten zu erkennen und diesen dann die richtige Bedeutung zuzuschreiben um letztendlich daraus die Theorie zu entwickeln (Mello und Flint 2009, S. 112).

4.2.3 Experteninterviews als primäre Datenquelle

4.2.3.1 *Datenerhebung*

Die Datenerhebung gliedert sich in die zwei Schritte des Samplings sowie der Durchführung der Experteninterviews.

Sampling

Im Vordergrund der Grounded Theory steht nicht die Repräsentativität, sondern die Theoriebildung (Muckel 2007, S. 337). Dementsprechend wurde zunächst ein initiales Sample aus einer geringen Zahl an Unternehmen und Gesprächspartnern gebildet. Dieses bestand aus Entscheidungsträgern aus der Automobil Supply Chain, die Bezug zum SCRM haben. Zudem wurde darauf geachtet, dass das initiale Sample aus Vertretern unterschiedlicher Supply Chain Tierstufen bestand. Basierend auf den Ergebnissen der ersten Expertengespräche, erfolgte das weitere Sampling. Das Ziel des weiteren Samplings war es, die Theorie zu vervollständigen bzw. zu vertiefen (Corbin und Strauss 2008, S. 153f.). Passende Unternehmen wurden anhand folgender Kriterien identifiziert:

- **Branche:** Es wurden ausschließlich produzierende Unternehmen aus der Automobil Supply Chain ausgewählt. Dies ermöglichte es, gezielt auf Spezifika der Automobilbranche einzugehen.
- **Supply Chain Stufe:** Es wurden Unternehmen verschiedener Supply Chain Stufen ausgewählt, d. h. sowohl OEMs, als auch Tier-1- und Tier-2-Zulieferer. Hierdurch wurde sichergestellt, dass verschiedene Sichtweisen in der Supply Chain berücksichtigt wurden.
- **Größe des Unternehmens:** Es wurde Unternehmen verschiedener Größen ausgewählt, so dass die Interviews die Perspektive verschiedenster Unternehmensgrößen widerspiegeln.

Bezüglich der Gesprächspartner war es wichtig, dass diese bereits erste Berührungspunkte mit SCRM hatten. Die Berührungspunkte konnten in Form der allgemeinen strategischen und operativen Arbeit erfolgt sein oder durch die Mitarbeit in einem Taskforceteam, dass nach dem Eintritt eines Supply Chain Risikos eingesetzt wurde. Des Weiteren wurde bei der Auswahl der Gesprächspartner darauf geachtet, dass Entscheidungsträger aus unterschiedlichen Funktionen interviewt wurden. Hierdurch wurde sichergestellt, dass verschiedene funktionale Perspektiven, wie z. B. Supply Chain Management, Einkauf, Risikomanagement etc. berücksichtigt wurden. Die Expertengespräche wurden entweder als Einzel- oder als Gruppengespräch geführt. Um unterschiedliche Perspektiven des gleichen Unternehmens widerzuspiegeln, wurden in manchen Unternehmen Entscheidungsträger verschiedener Verantwortungsbereiche unabhängig voneinander interviewt.

Die Anzahl der durchzuführenden Interviews wird bei der Grounded Theory durch die theoretische Sättigung bestimmt (Muckel 2007, S. 214). Dementsprechend wurden so lange Experteninterviews durchgeführt, bis keine neuen oder relevanten Daten bezüglich der zu entwickelnden Theorie mehr auftauchten, die Kategorien dicht waren und die Zusammenhänge der Kategorien untereinander geklärt waren. Nach 18 durchgeführten Interviews wurden alle drei Kriterien erfüllt. Somit wurde theoretische Sättigung erreicht und daraufhin die Interviewphase beendet. Tabelle 12 gibt einen Überblick über das Experteninterview-Sample.

Tabelle 12: Experteninterview-Sample

Nr.	Position des Experten	Supply Chain Stufe
1	Senior Manager Operatives Management	OEM
2	Leiter Einkauf (Automotive)	Tier-1
3	Leiter Einkauf	Tier-1
4	• Vice-President Logistik (Automotive) • Leiter Produktion	Tier-1
5	Leiter Logistik	Tier-1
6	Leiter Einkauf	Tier-1&Tier-2
7	• General Manager Automobil • Vice-President Supply Chain Management	Tier-2
8	Leiter Produktionsplanung/Logistik	OEM
9	Leiter Einkauf	Tier-2
10	Leiter Einkauf	Tier-1
11	Leiter Einkauf und Risikomanagement	OEM
12	Vice-President Supply Chain Management	OEM
13	Leiter Einkauf	Tier-1
14	Leiter Programmplanung	OEM
15	Leiter Einkauf	OEM
16	Leiter Einkauf	Tier-1
17	Senior Manager strategischer Einkauf und Vertrieb	Tier-1&Tier-2
18	Leiter Produktionslogistik	Tier-1&Tier-2

Durchführung der Experteninterviews

Die Experteninterviews wurden im Zeitraum von August 2011 bis Dezember 2011 durchgeführt. Sie wurden persönlich bzw. in den Fällen, in denen dies nicht möglich war, telefonisch durchgeführt. Die Länge der Experteninterviews variierte zwischen 30 und 90 Minuten und dauerte durchschnittlich ca. 50 Minuten. Allen Experten wurde zu Beginn des Gesprächs Anonymität zugesichert. Zudem wurden die Gespräche nach erfolgter Erlaubnis der Experten digital aufgezeichnet und anschließend transkribiert. Insgesamt lagen so nach Beendigung aller Experteninterviews Transkripte mit rund 265 DIN-A4-Seiten Gesprächstext vor. Um sicherzustellen, dass die Experteninterviews möglichst ertragreich waren, wurde ein semi-strukturierter Interviewleitfaden erstellt (Meuser und Nagel 2009b, S. 52). Dieser wurde den Gesprächspartnern im Vorfeld zugeschickt. Bei den Gesprächen wurde der Leitfaden als Orientierung benutzt. Je nach Interviewpartner und Gesprächsverlauf wurden die Reihenfolge der Fragen verändert und die Fragen erweitert oder gekürzt. Somit ermöglichte der Leitfaden die benötigte Flexibilität bei gleichzeitiger Gesprächsfokussierung. Der Leitfaden wurde mit Hilfe des Literaturüberblicks erstellt. Zudem wurde er vorab mit drei weiteren Wissenschaftlern diskutiert und verbessert. Während der Interview- und Auswertungsphase wurde der Leitfaden basierend auf den Ergebnissen bereits durchgeführter Experteninterviews angepasst und erweitert. Der komplette Interviewleitfaden ist in Anhang A dargestellt. Abbildung 14 gibt einen Überblick über die Grobstruktur des Interviewleitfadens.

Wie zu erkennen ist, gliederten sich die Experteninterviews in fünf Phasen. Ziel der ersten Phase war das gegenseitige Kennenlernen, die Erläuterung des Forschungsvorhabens sowie die Erlangung eines besseren Verständnisses über das Unternehmen und den Arbeitsbereich des Interviewpartners. In der zweiten Phase ging es darum ein gemeinsames Verständnis von SCRM zu erlangen sowie den Status Quo des Unternehmens bezüglich SCRM, dessen Herausforderungen und bewährten Vorgehen bzw. bewährten Prozessen zu erforschen. In der dritten Phase wurde die Herausforderung der Ressourcenknappheit kombiniert mit der großen Teilevielfalt aufgegriffen. Das Ziel war es, den aktuellen Umgang der Unternehmen mit dieser Herausforderung zu verstehen. Hierbei wurden neben aktuellen Produktpriorisierungskriterien auch weitere Supply Chain Risikotreiber diskutiert. Die vierte Phase diente dazu, die Herausforderung der Intransparenz in der Supply Chain zu diskutieren. Abschließend wurde den Gesprächspartnern die Möglichkeit gegeben, weitere Punkte zu thematisieren und Fragen zu stellen.

Phase	Inhalte
Einführung	• Begrüßung • Vorstellung des Forschungsvorhabens • Vorstellung des Unternehmens und des Interviewpartners
Supply Chain Risikomanagement	• Verständnis von Supply Chain Risikomanagement • Abgrenzung proaktives versus reaktives Supply Chain Risikomanagement • Status Quo und Entwicklung des Supply Chain Risikomanagements • Herausforderungen und bewährte Elemente des Supply Chain Risikomanagements
Priorisierung von kritischen Teilen/ Supply Chains	• Status Quo der Teilepriorisierung beim Supply Chain Risikomanagement • Verständnis einer wirkungsbezogenen Priorisierungslogik • Risikotreiber und Faktoren zur Teileipriorisierung
Durchdringen der Supply Chain	• Status Quo der Transparenz in der Supply Chain • Diskussion und Bewertung der "Schneeballsystem-Idee" • Weitere Transparenzideen
Weitere Aspekte	• Offene Punkte • Verabschiedung

Abbildung 14: Grobstruktur des Experteninterviewleitfadens

4.2.3.2 *Datenanalyse*

Die Daten wurden gemäß dem in Kapitel 4.2.1.2 dargestellten Vorgehen der Grounded Theory ausgewertet. Es wurden zunächst die Interviewtranskripte sowie weitere vorhandene Materialien analysiert und nach dem Verfahren der gegenstandsbezogenen Kodierung kodiert. Je nach Inhalt der kodierten Textfragmente wurde Absatz für Absatz bzw. Satz für Satz kodiert. Daten, die direkt mit der Forschungsfrage zusammenhängen, d. h. die, die Umsetzung und Ausrichtung des SCRM oder die Produktpriorisierung im SCRM betrafen, wurden Satz für Satz kodiert. Die anderen Textfragmente, d. h. beispielsweise die, in denen es um allgemeine Unternehmensinformationen und Definitionen ging, wurden Absatz für Absatz kodiert. Hierbei wurden die Interviewtranskripte nacheinander durchgearbeitet. Im nächsten Schritt wurden ausgewählte Textfragmente weiter analysiert und Kategorien verdichtet. Hierzu wurden alle Interviewtranskripte parallel betrachtet, so dass thematisch zusammenhängende Textfragmente, d. h. solche, die mit einem ähnlichen oder gleichen Code kodiert wurden, miteinander verglichen und analysiert wurden. Ein Beispiel für das gegenstandsbezogene Kodieren wird in Abbildung 15 anhand eines Auszugs aus einem Interviewtranskript (Interview 16, Tier-1-Zulieferer) dargestellt.

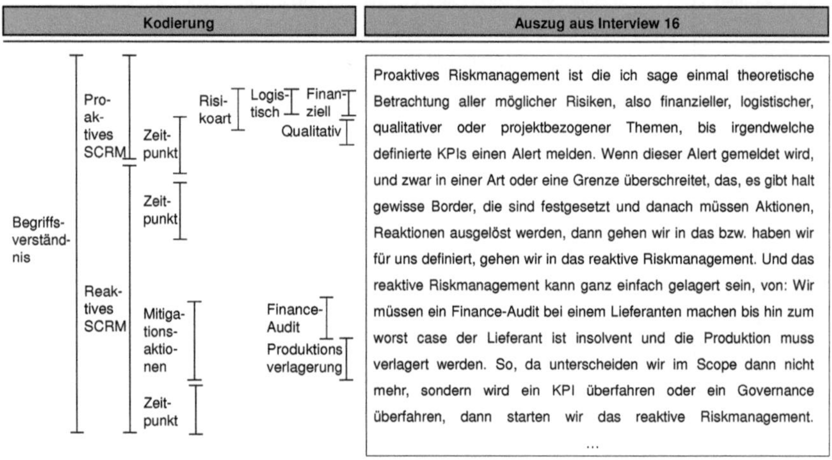

Abbildung 15: Gegenstandsbezogenes Kodieren am Beispiel eines Interviewtranskripts

Gemäß dem Grundsatz des ständigen Vergleichens (Fendt und Sachs 2008, S. 431) erfolgte laufend Rückkopplung. Einige Kategorien gingen so erst aus späteren Experteninterviews als vielversprechende Analyseeinheit hervor. Für diese Kategorien wurden detaillierte Unterkategorien angelegt. Bereits kodierte Interviews, bei denen diese Kategorien noch nicht im Detail betrachtet wurden, wurden daraufhin erneut kodiert. Beim anschließenden theoretischen Kodieren wurden die gegenstandsbezogenen Codes miteinander verknüpft und zu Hypothesen und Theorien weiterentwickelt.

Zur Unterstützung des Kodierprozesses wurde auf das Softwarepaket MAXQDA in der Version 9 zurückgegriffen. Hierbei handelt es sich um eine sogenannte Computer-Assisted Qualitative Data Analysis Software (CAQDAS). Diese unterstützt die Organisation des Datenmaterials sowie die Datenkodierung (Wickham und Woods M. 2005, S. 688). Insbesondere bei einer großen Datenmenge vereinfachen CAQDAS die Durchführung und erhöhen die Effizienz und Systematik der Auswertung (Lu und Shulman 2008, S. 105). Deswegen werden diese vermehrt in der qualitativen Forschung eingesetzt (Kuckartz 2007, S. 12). Die auf dem Markt verfügbaren Softwarepakete unterscheiden sich kaum in ihren Grundfunktionen (Kelle et al. 2008, S. 486f.). In der vorliegenden Arbeit wurde nach einem Vergleich verschiedener Programme aus Gründen der Benutzerfreundlichkeit auf das Softwarepaket MAXQDA in der Version 9 zurückgegriffen. Dieses wurde insbesondere zum Kodieren des Datenmaterials, zur Organisation und Sortierung der Codes, zum „Text Retrieval", d. h. zur Ausgabe von Textstellen, die mit einem bestimmten Code kodiert wurden, zum Erstellen von Memos und zur Visualisierung von Beziehungen zwischen Codes verwendet.

4.3 Zweite Forschungsphase: Schriftliche Befragung und explorative Faktorenanalyse

4.3.1 Begründung

Nachdem in der ersten Forschungsphase Theorie generiert wurde, zielte die zweite Forschungsphase darauf ab, diese zu verfeinern, zu festigen und zu vereinfachen. Um diese Zielsetzungen zu erreichen, wurden für die zweite Forschungsphase quantitative Methoden gewählt. Quantitative Methoden eignen sich, wenn es darum geht das Vertrauen in die Generalisierbarkeit der Erkenntnisse zu festigen (Firestone 1987, S. 20). Zudem ermöglichen quantitative Methoden, Theorie zu verfeinern und zu vereinfachen (Shah und Corley 2006, S. 1831). Als Methoden wurden die deskriptive Statistik (z. B. Bortz und Schuster 2010) und die explorative Faktorenanalyse (z. B. Kim und Mueller 2004) gewählt. Die deskriptive Statistik ermöglicht, Informationen übersichtlich und anschaulich aufzubereiten und erste Schlüsse hieraus abzuleiten (Bortz und Schuster 2010, S. 3). Die explorative Faktorenanalyse eignet sich, wenn es darum geht, eine Vielzahl von Variablen zu reduzieren, indem die Variablen zu Faktoren gebündelt werden (Backhaus et al. 2006, S. 12). Beispielsweise lassen sich eine Vielzahl von Priorisierungskriterien zu einigen wenigen Priorisierungsklassen zusammenfassen. Als Datenquelle für die quantitative Phase diente eine schriftliche Befragung mit 104 Experten.

4.3.2 Grundlagen der explorativen Faktorenanalyse

4.3.2.1 *Einordnung und Grundgedanke*

Die explorative Faktorenanalyse (EFA) versucht "einen Beitrag zur Entdeckung von untereinander unabhängigen Beschreibungs- und Erklärungsvariablen zu finden." (Backhaus et al. 2006, S. 260). Bei der Methode handelt es sich um ein quantitatives Verfahren. Quantitative Verfahren können nach der Anzahl der in die Auswertung einbezogenen Variablen differenziert werden (Schwaiger und Zimmermann 2011, S. 423). Man unterscheidet in univariate Verfahren (Untersuchung einer Variablen), bivariate Verfahren (Untersuchung von zwei Variablen) und multivariate Verfahren (Untersuchung mehrerer Variablen). Die EFA zählt zu den multivariaten Analysemethoden, da mit ihr mehrere Variablen analysiert werden. Multivariate Verfahren lassen sich in strukturen-prüfende und strukturen-entdeckende Verfahren unterteilen (Backhaus et al. 2006, S. 7). Strukturen-prüfende Verfahren haben das Ziel, Zusammenhänge zwischen Variablen zu überprüfen. Hierzu zählen beispielsweise die Methoden der Regressionsanalyse und Strukturgleichungsmodelle. Strukturen-entdeckende Verfahren hingegen zielen darauf ab, Zusammenhänge zwischen Variablen zu entdecken. Hierzu gehören beispielsweise die EFA und die Clusteranalyse. Die EFA zählt somit zu den multivariaten strukturen-entdeckenden Verfahren. Die ihr verwandte konfirmatorische Faktorenanalyse (Kim und Mueller 2004, S. 9) wird den struktur-prüfenden Verfahren zugeordnet (Schwaiger und Zimmermann 2011, S. 428). Da mit der vorliegenden Arbeit ein theoriegenerierendes Ziel verfolgt wird, wird im weiteren Verlauf die EFA verwendet. Das Ziel der EFA ist es, eine Vielzahl möglicher Variablen auf wenige wichtige Einflussfaktoren zu reduzieren. Bei der Datenreduktion wird davon ausgegangen, dass es Zusammenhänge zwischen den Variablen gibt. Der Grundgedanke hierbei ist, dass für den Zusammenhang der Variablen eine hinter den Variablen stehende Größe kausal verantwortlich ist (Backhaus et al. 2006, S. 264). Diese sogenannte latente (unbeobachtete) Variable wird als Faktor bezeichnet. Abbildung 16 verdeutlicht den Grundgedanken der EFA.

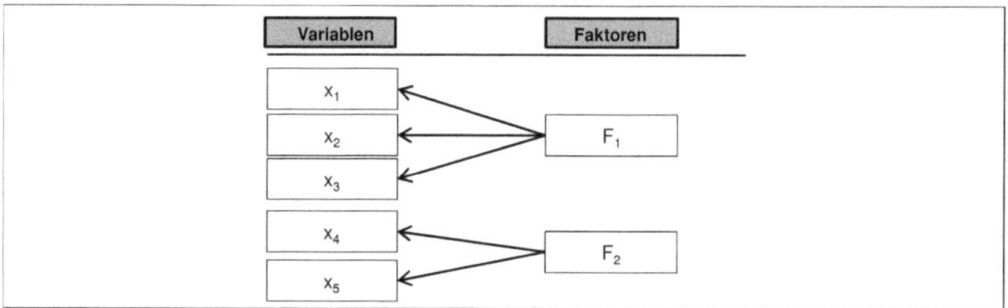

Abbildung 16: Grundgedanke der explorativen Faktorenanalyse
Quelle: Backhaus et al. 2006, S. 265

Gelingt die Reduktion der Variablen auf wenige wichtige Einflussfaktoren, so führt dies zu erheblichen Vorteilen für die empirische Untersuchung (Backhaus et al. 2006, S. 260). Zum einen können diverse Einflussfaktoren getestet werden, ohne dass im Vorfeld festgelegt werden muss, welche Variablen tatsächlich erklärungsrelevant sind. Zum anderen führt die Datenreduktion zu einer Erleichterung der weiterführenden empirischen Arbeit.

4.3.2.2 *Vorgehen*

Das Vorgehen der EFA basiert auf der Anwendung diverser statistischer Methoden (Kim und Mueller 2004, S. 9). Es lässt sich in folgende vier Schritte gliedern:

1. Variablenauswahl, Berechnung der Korrelationsmatrix und Bestimmung der Eignung des Ausgangsvariablensets
2. Bestimmung der Extraktionsmethode

3. Bestimmung der Anzahl der Faktoren
4. Faktoreninterpretation und Bestimmung der Faktorwerte

Die einzelnen Schritte werden nachfolgend näher erläutert.

Variablenauswahl, Berechnung der Korrelationsmatrix und Bestimmung der Eignung des Ausgangsvariablensets

Die Güte der Ergebnisse einer EFA ist von der Zuverlässigkeit der Ausgangsdaten abhängig. Daher ist eine sorgfältige Auswahl der Untersuchungsmerkmale notwendig (Backhaus et al. 2006, S. 269). Es werden zunächst irrelevante Merkmale aussortiert und ähnliche Merkmale zusammengefasst. Daraufhin werden mit Hilfe einer Korrelationsmatrix die Zusammenhänge zwischen den Ausgangsvariablen messbar gemacht. Bestehen Zusammenhänge, so werden die Variablen als „bündelungsfähig“ angesehen. Die Prüfung der Korrelationsmatrix dient einer Eignungsbeurteilung des Ausgangsvariablensatzes für die EFA. Zur genaueren Beurteilung der Korrelationsmatrix gibt es diverse statistische Verfahren. Hierzu gehören z. B.

- die Prüfung der Korrelationsmatrix auf Signifikanz
- der Test, ob die Inverse der Korrelationsmatrix eine Diagonalmatrix darstellt
- der Bartlett-Test
- die Anti-Image-Korrelations-Matrix
- das Kaiser-Meyer-Olkin-Kriterium

(vgl. Backhaus et al. 2006, S. 273ff.).

Als das Beste zur Verfügung stehende Verfahren wird das Kaiser-Meyer-Olkin-Kriterium angesehen (Stewart 1981, S. 57). Die von Kaiser, Meyer und Olkin entwickelte Prüfgröße, die sogenannte „measure of sampling adequacy“ (MSA), basiert auf der Anti-Image-Korrelationsmatrix. Ihr Wertebereich liegt zwischen 0 und 1. Mit der MSA können sowohl die Korrelationsmatrix als auch einzelne Variablen hinsichtlich ihrer Eignung für eine EFA beurteilt werden. Die Güte der Eignung für eine EFA kann der von Kaiser und Rice (1974, S. 112) festgelegten Tabelle (s. Tabelle 13) entnommen werden.

Tabelle 13: Beurteilung des MSA-Wertes
Quelle: Kaiser und Rice (1974), Übersetzung gemäß Backhaus et al. (2006)

MSA-Wert	Bewertung
MSA ≥ 0,9	erstaunlich („marvelous“)
MSA ≥ 0,8	verdienstvoll („meritorious“)
MSA ≥ 0,7	ziemlich gut („middling“)
MSA ≥ 0,6	mittelmäßig („mediocre“)
MSA ≥ 0,5	kläglich („miserable“)
MSA < 0,5	untragbar („unacceptable“)

Bestimmung der Extraktionsmethode

Wurde gezeigt, dass sich das Ausgangsvariablenset für eine EFA eignet, so geht es im nächsten Schritt darum, die Faktoren rein rechnerisch aus den Variablen zu ermitteln. Hierbei wird von folgender grundlegender Annahme ausgegangen: "Jeder Beobachtungswert einer Ausgangsvariablen x_j oder der standardisierten Variablen z_j läßt sich als eine Linearkombination mehrerer (hypothetischer) Faktoren beschreiben" (Backhaus et al. 2006, S. 278). Basierend hierauf ergibt sich das Fundamentaltheorem der explorativen Faktorenanalyse. Dieses besagt, dass sich die Korrelationsmatrix durch die Faktorladungen und die Korrelationen zwischen den Faktoren reproduzieren lässt. Zur Extraktion der Faktoren existieren diverse Faktorextraktionsmethoden. Insbesondere haben sich die Hauptkomponentenanalyse und die Hauptachsenanalyse durchgesetzt (Backhaus et al. 2006, S. 291ff.). Beide Verfahren unterscheiden sich zwar nicht hinsichtlich ihrer Rechentechnik, jedoch gehen sie von unterschiedlichen theoretischen Modellen aus. Dies hat eine Auswirkung auf die Interpretation der Faktoren. Bei der Hauptkomponentenanalyse werden die Faktoren hinsichtlich der Fragestellung: „Wie lassen sich die auf einen Faktor hoch ladenden Variablen durch einen Sammelbegriff (Komponente) zusammenfassen?“ (Backhaus et al. 2006, S. 293) interpretiert. Im Gegensatz hierzu steht bei der Hauptachsenanalyse die Frage: „Wie läßt sich die Ursache bezeichnen, die für die hohen Ladungen der Variablen auf diesen Faktor verantwortlich ist?“ (Backhaus et al. 2006, S. 293) im

Vordergrund. Welches Verfahren gewählt wird, hängt folglich von der Fragestellung ab.

Bestimmung der Anzahl der Faktoren

Nachdem die Extraktionsmethode festgelegt wurde, geht es im nächsten Schritt darum, die Anzahl der Faktoren zu bestimmen. Hierzu existieren keine eindeutigen Vorschriften, so dass die Anzahl subjektiv bestimmt werden kann. Es gibt jedoch diverse statistische Kriterien, die zur Entscheidungsunterstützung herangezogen werde können (Backhaus et al. 2006, S. 295ff.). Oftmals werden das Kaiser-Kriterium und der Screetest eingesetzt. Beim Kaiser-Kriterium wird die Anzahl zu extrahierenden Faktoren mit der Anzahl der Faktoren, deren Eigenwerte größer als eins sind gleichgesetzt (Backhaus et al. 2006, S. 295). Beim Screetest werden die Eigenwerte der Faktoren in absteigender Reihenfolge sortiert und in einem Koordinatensystem veranschaulicht. Die Anzahl der zu extrahierenden Faktoren wird anschließend graphisch ermittelt, indem die Stelle, an der ein Knick („elbow") zu sehen ist, d. h. an dieser Stelle ist die Differenz zweier aufeinander folgender Eigenwerte am größten, ermittelt wird. Der Punkt links vom Knick bestimmt die Anzahl der Faktoren. Für welches Verfahren sich der Forscher entscheidet, ist ihm freigestellt.

Faktoreninterpretation und Bestimmung der Faktorwerte

Um die Faktoreninterpretation zu erleichtern, kann eine Faktorenrotation durchgeführt werden (Backhaus et al. 2006, S. 299). Hierbei wird in orthogonale und oblique Rotationen unterschieden. Sehr häufig wird die rechtwinklige Varimax-Rotation angewendet. Neben den Faktoren ist es oft auch interessant zu erfahren, welche Werte bestimmte Objekte bzw. Subgruppen hinsichtlich der extrahierten Faktoren annehmen. Hierzu müssen die sogenannten Faktorwerte bestimmt werden. Zur Schätzung wird oftmals auf die Regressionsanalyse zurückgegriffen.

4.3.3 Schriftliche Befragung als primäre Datenquelle

4.3.3.1 *Datenerhebung*

Bei einer schriftlichen Befragung werden die Teilnehmer ausgewählt, ihnen wird ein Fragebogen ausgehändigt bzw. zugeschickt und die Teilnehmer füllen den Fragebogen selber aus (Scholl 2009, S. 43). Die der vorliegenden Arbeit zu Grunde liegende schriftliche Befragung fand im Zeitraum von Januar 2012 bis April 2012 statt. Der verwendete Fragebogen wurde basierend auf den Ergebnissen der ersten Forschungsphase erstellt. Die Konzeptionierung, die Auswahl des Samples sowie die Verteilung des Fragebogens werden nachfolgend erläutert.

Fragebogenkonzeption

Die Fragebogenkonzeption hat eine hohe Bedeutung. Zum einen geht es laut Porst (2011, S. 11) nicht darum „irgendwie irgendwelche Fragen zu stellen", sondern darum, diese sowohl inhaltlich als auch methodisch richtig zu stellen. Zum anderen muss der Fragebogen klar und verständlich formuliert sein. Ausschlaggebend hierfür ist, dass es laut Kirchhoff (2010, S.7) bei einem Fragebogen für den Teilnehmer der Befragung nicht möglich ist

- bei Unklarheiten nachzuhaken.
- bei missverständlicher Formulierungen diese klarzustellen.
- bei offensichtlichen Versprechern Rückfragen zu stellen.

Deswegen sollte immer ein Pretest des Fragebogens stattfinden, bevor dieser für die Befragung freigegeben wird (Kirchhoff 2010, S. 24). Der der Arbeit zu Grunde liegende Fragebogen wurde hinsichtlich der genannten Kriterien konzipiert. Zudem wurde er von vier weiteren Wissenschaftlern einem Pretest unterzogen. Hieraus resultierende Verbesserungsvorschläge wurden in einem überarbeiteten Fragebogen umgesetzt. Der grobe Aufbau des Fragebogens kann Abbildung 17 entnommen werden. Der vollständige Fragebogen kann in Anhang B eingesehen werden.

Block	Inhalte
Begrüßung	• Begrüßung • Vorstellung des Forschungsvorhabens • Zusicherung vertraulicher Datenbehandlung und anonymisierter Auswertung
Allgemeine Angaben	• Verständnis der Unternehmensperspektive, d.h. Mitarbeiteranzahl, Umsatz, Supply Chain Stufe, Branchen, Produkte • Verständnis der funktionalen Perspektive, d.h. SCM, Einkauf, etc.
Auswirkung von Supply Chain Risiken	• Verständnis des Wissens über Supply Chain Risikokritische Teile • Bewertung der Anwendung verschiedener Produktpriorisierungskriterien • Einschätzung der Auswirkung verschiedener Faktoren auf die Höhe des gesamthaften Schadensausmaßes
Transparenz in der Supply Chain	• Verständnis des Status Quo der Transparenz in der Supply Chain • Bewertung von Transparenzideen
Reaktives und proaktives SCRM	• Verständnis des Status Quo des SCRM, d.h. Bewertung der Fähigkeit des Unternehmens, der Relevanz sowie wichtiger SCRM Voraussetzungen • Bewertung von bewährten Elementen des reaktiven SCRM
Danksagung und Kontakt-angabe	• Danksagung • Möglichkeit der Kontaktangabe für die Zusendung der Umfrageergebnisse

Abbildung 17: Grobstruktur des Fragebogens

Insgesamt wurden 18 Fragen gestellt. Es handelte sich größtenteils um geschlossene Fragen (11 Fragen). Zudem beinhaltete der Fragebogen vier halboffene und zwei offene Fragen. Bis auf die Fragen im „Allgemeine Angaben"-Teil und drei weitere Fragen wurden bei den geschlossenen Fragen 5-Punkt-Likertskalen verwendet (vgl. Bortz und Schuster 2010, S. 221ff.). Die Antwortmöglichkeiten der Fragen wurden basierend auf den Erkenntnissen der ersten Forschungsphase hergeleitet. So wurden beispielsweise bei der Frage nach bisherigen Produktpriorisierungskriterien im SCRM als Antwortmöglichkeiten neun Kriterien vorgegeben. Diese hatten sich als Hauptkategorien aktueller Produktpriorisierungskriterien am Ende der Grounded Theory Analyse herausgestellt. Zusätzlich zu den neun vorgegebenen Kriterien wurde den Teilnehmern der Befragung ermöglicht weitere Kriterien anzugeben und zu bewerten. Wie Abbildung 17 entnommen werden kann, bestand der Fragebogen aus sechs Blöcken. Der erste Block diente einer kurzen Begrüßung, der Vorstellung des Forschungsvorhabens, der Zusicherung der vertraulichen Datenbehandlung sowie der anonymisierten Datenauswertung. Danach wurden allgemeine Angaben zum Unternehmen und Position des Teilnehmers der Umfrage gestellt. Diese waren wichtig, um bei der späteren Datenanalyse verschiedene Gruppen miteinander vergleichen zu können. Anschließend folgte der eigentliche Frageteil. Dieser war in die drei Blöcke „Auswirkung von Supply Chain Risiken“, „Transparenz in der Supply Chain“ und „Reaktives versus proaktives SCRM“ unterteilt. Abgeschlossen wurde der Fragebogen mit einer Danksagung sowie der Möglichkeit Kontaktdaten zur Zusendung der Ergebnisse anzugeben.

Sampling und Fragebogenverteilung

Die Experten für die schriftliche Befragung wurden analog zur Auswahl der Experten für die Interviews entlang der folgend aufgeführten Selektionskriterien ausgewählt:

- **Branche:** Es wurden ausschließlich produzierende Unternehmen aus der Automobil Supply Chain ausgewählt. Dies ermöglichte es gezielt auf Spezifika der Automobilbranche einzugehen.
- **Supply Chain Stufe:** Es wurden Unternehmen verschiedener Supply Chain Stufen ausgewählt, d. h. sowohl OEMs, als auch Zulieferer verschiedener Stufen. Hierdurch wurde sichergestellt, dass verschiedene Sichtweisen in der Supply Chain berücksichtigt wurden.
- **Größe des Unternehmens:** Es wurden Unternehmen verschiedener Größen ausgewählt, so dass die Befragung, die Perspektive verschiedenster Unternehmensgrößen widerspiegelt.
- **Position des Experten im Unternehmen:** Es wurden Experten mit leitender Position und mit Bezug zum SCRM, d. h. aus dem Bereich SCM, Einkauf, Verkauf etc. ausgewählt. Hierdurch wurde sichergestellt, dass die Befragung verschiedene funktionale Sichtweisen widerspiegelt.

Ihnen wurde der Fragebogen sowohl im pdf-Format als auch als Online-Fragebogen (Scholl 2009, S. 53ff.) bereitgestellt. Die Erstellung des Online-Fragebogens erfolgte mit Limesurvey (Perera und Dias 2010).

Zur Verteilung der schriftlichen Befragung wurden drei verschiedene Wege gewählt:

1. Ca. 150 Fragebögen wurden beim 10. Branchenforum Automobillogistik der Bundesvereinigung Logistik (BVL) am 26. Januar 2012 in München persönlich verteilt.
2. Ca. 900 weitere identifizierte Experten wurden per personalisierter Email bzw. Xing[20]-Nachricht kontaktiert und gebeten den Online-Fragebogen auszufüllen.
3. In den Xing-Gruppen der Bundesvereinigung Logistik (BVL) und des Bundesverbands Materialwirtschaft, Einkauf und Logistik (BME) und auf der Internetseite des Instituts für Logistik und Unternehmensführung (LogU) der technischen Universität Hamburg-Harburg (TUHH) wurde auf den Online-Fragebogen aufmerksam gemacht.

Insgesamt wurden ca. 1050 Experten direkt kontaktiert. Hiervon haben sich 104 in relevantem Umfang an der Umfrage beteiligt. Dies entspricht einer Rücklaufquote von 9,9%. Abbildung 18 veranschaulicht die Verteilung der Teilnehmer der schriftlichen Befragung bzw. des Samples auf unterschiedliche Unternehmensgrößen. Als Indikator für die Unternehmensgröße wurde die Mitarbeiterzahl gewählt.

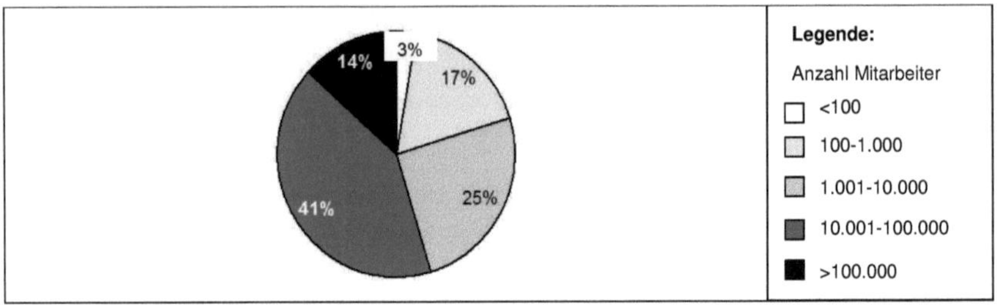

Abbildung 18: Verteilung des Samples nach Unternehmensgröße auf Basis der Mitarbeiterzahl

Abbildung 18 zeigt, dass die Experten der schriftlichen Befragungen Unternehmen verschiedenster Größen angehören. Ein Großteil der Experten (41%) arbeitet in einem Unternehmen mit 10.001 bis 100.000 Mitarbeitern. Abbildung 19 zeigt, dass die Teilnehmer der schriftlichen Befragung zudem verschiedene Supply Chain Tier Perspektiven widerspiegeln.

[20] Xing ist eine Online-Plattform zum Austausch beruflicher Kontaktdaten und der Diskussion verschiedenster (beruflicher) Themen.

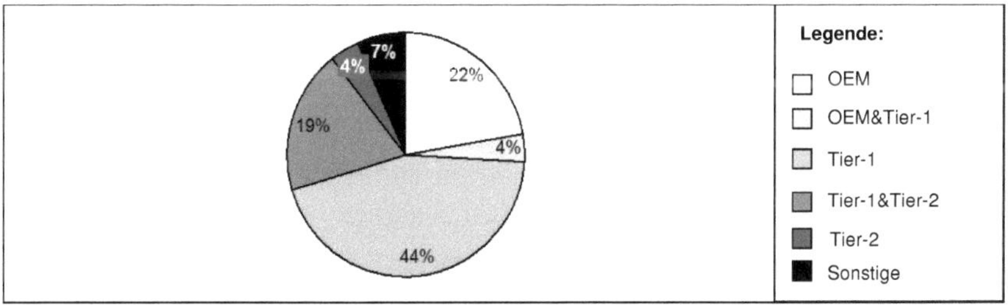

Abbildung 19: Verteilung des Samples nach Supply Chain Stufe

Wie zu erkennen ist, arbeitet ein Großteil der Experten (44%) in einem Tier-1-Zulieferer Unternehmen. OEMs sind mit 22% vertreten und reine Tier-2-Zulieferer mit 4%. Aus funktionaler Perspektive stellen die Bereiche Supply Chain Management (41%) und Einkauf (36%) mit insgesamt 77% der Experten den größten Anteil. Reine Risikomanagement- und Vertriebspositionen sind mit jeweils 3% vertreten. Die restlichen 17% verteilen sich auf Experten aus dem General Management oder mit multiplen Positionen. Wie gezeigt wurde, spiegelt das Sample somit die Perspektive verschiedener Unternehmensgrößen, verschiedener Supply Chain Stufen und verschiedener funktionaler Perspektiven wider. Aus den Ergebnissen der schriftlichen Befragung können dementsprechend unternehmensgrößenübergreifende und Supply Chain umfassende Aussagen für das SCRM geschlossen werden. Deswegen eignet sich das Sample für die weiterführenden Analysen. Die Vorgehensweise wird im folgenden Abschnitt erläutert.

4.3.3.2 *Datenanalyse*

Nachdem die Daten erhoben wurden, mussten sie zunächst aufbereitet werden (Holland und Scharnbacher 2010, S. 16). Hierzu erfolgte im ersten Schritt eine Plausibilitätsüberprüfung (Kirchhoff 2010, S. 45). So wurde z. B. die Mitarbeiterzahl mit den Umsatzangaben in ein Verhältnis gesetzt. Wich dieses zu stark von dem normalen Verhältnis ab, so wurden beide Werte überprüft. Nach der Plausibilitätsprüfung wurden die Fragen kodiert (Holland und Scharnbacher 2010, S. 16f). Hierzu wurde jede

Antwortmöglichkeit sowie jede mögliche Antwortkombination eines Items mit einer festen Codenummer versehen. Numerische Antworten mit einer großen Antwortspannbreite, wie z. B. die Anzahl der Mitarbeiter oder der Umsatz, wurden zu sinnvollen Klassen zusammengefasst. Als finaler Schritt der Datenaufbereitung wurden fehlende Werte bzw. sogenannte Missing Values betrachtet. Pro Item fehlten maximal 7,7% der Daten. Da sich der Richtwert für zu viele Missing Values auf 10% beläuft (Bryman und Cramer 2005, S. 55), ist die Anzahl an fehlenden Werten akzeptabel. Folglich können fehlende Werte imputiert werden. Hierunter wird der Ersatz der fehlenden Werte mit errechneten Werten verstanden (Brick und Kalton 1996, S. 216). Als Datenimputationsmethode wurde der Median der Nachbarpunkte gewählt (Brosius 2011, S. 285). Nach der Datenaufbereitung folgten die deskriptive Analyse und anschließend die Auswertung nach EFA gemäß Kapitel 4.3.1.2. Details hierzu sind in Kapitel 5 zu finden. Zur rechnerischen Durchführung der Datenanalyse eignen sich Programmsysteme. Da insbesondere das Programmsystem SPSS eine große Verbreitung in Wissenschaft und Praxis gefunden hat (Backhaus et al. 2006, S. 15), wurde dieses in der Version „SPSS Statistics 17.0“ in der vorliegenden Arbeit herangezogen.

5. Ergebnisse und Handlungsempfehlungen

Ziel des Kapitels ist es, die Ergebnisse der empirischen Erhebungen auszuwerten, darzustellen und Handlungsempfehlungen abzuleiten. Hierzu wird nach allgemeinen Vorbemerkungen die Codestruktur der Grounded Theory Studie erläutert und in ein Zusammenhangsmodell der Codes überführt. Aus diesem werden die beiden Unterkapitel „Umsetzung und Ausrichtung des SCRM“ und „Produktpriorisierungsansätze im SCRM“ abgeleitet. Zu beiden Unterkapiteln werden anschließend die Ergebnisse der Grounded Theory Studie sowie die Erkenntnisse der schriftlichen Befragung dargestellt. Die hergeleiteten Beobachtungen werden mit Originalzitaten aus den Experteninterviews verdeutlicht. Hierbei wird auf die jeweilige Interviewnummer[21] verwiesen. Zudem werden die Beobachtungen mit den Ergebnissen der schriftlichen Befragung quantitativ gestützt. Auch werden in beiden Unterkapiteln Handlungsempfehlungen abgeleitet und erläutert. Im Unterkapitel „Umsetzung und Ausrichtung des SCRM“ werden zunächst allgemeine Erkenntnisse zum Begriffsverständnis, zur Relevanz und Motivation sowie zu den Fähigkeiten von Unternehmen im proaktiven und reaktiven SCRM diskutiert. Daraufhin werden detaillierte Erkenntnisse zum reaktiven SCRM dargestellt. Diese beinhalten eine Übersicht über den Status Quo, eine Diskussion der Lessons Learned bzw. bewährter Prozesse und davon abgeleitete Handlungsempfehlungen für das Vorgehen des reaktiven SCRM. Anschließend werden detaillierte Erkenntnisse zum proaktiven SCRM erläutert. Es wird auf den Status Quo, Mitigationsaktionen und Herausforderungen eingegangen. Zum Abschluss dieses Unterkapitels erfolgt eine zusammenfassende Würdigung der Ergebnisse. Ziel des zweiten Unterkapitels ist es, einen Produktpriorisierungsansatz zu entwickeln, um der identifizierten Herausforderung der Ressourcenknappheit vor dem Hintergrund der großen Teilevielfalt, diverser möglicher Risiken und mangelnder Transparenz zu begegnen. Hierzu werden zunächst der Status Quo der Produktpriorisierung im SCRM aufgezeigt und derzeitig verwendete Priorisierungskriterien identifiziert. Da diese bislang nicht alle relevanten Supply Chain Risiken berücksichtigen, werden zusätzliche Priorisierungskriterien hergeleitet. Diese werden anschließend mittels

[21] Eine Übersicht der geführten Experteninterviews ist in Kapitel 4.2.2.1 zu finden.

einer explorativen Faktorenanalyse (EFA) zu Kategorien zusammengefasst. Hieraus wird ein Vorgehen zur Produktpriorisierung abgeleitet. Auch wird auf die Rahmenbedingung der mangelnden Transparenz in der Supply Chain eingegangen. Hier wird insbesondere diskutiert, wie diese verbessert werden kann, wie diese die Produktpriorisierung beeinflusst, aber auch welchen Beitrag die Produktpriorisierung zum Umgang mit der Herausforderung der mangelnden Transparenz in der Supply Chain leistet. Den Abschluss des Unterkapitels bildet eine zusammenfassende Würdigung der wichtigsten Erkenntnisse. Schließlich erfolgt ein Überblick über das Gesamtmodell zum Supply Chain Risikomanagement.

5.1 Allgemeine Vorbemerkungen

Bevor ein Überblick über das Codesystem gegeben wird und die Erkenntnisse der empirischen Erhebungen dargestellt werden, werden zwei allgemeine Vorbemerkungen gemacht. Diese betreffen die Relevanz des Forschungsthemas für die Unternehmenspraxis und die Vergleichbarkeit der Erkenntnisse der Literaturauswertung mit den Erkenntnissen der empirischen Befragungen.

Relevanz

Das Forschungsthema der vorliegenden Arbeit wird in der Unternehmenspraxis als sehr relevant eingestuft. Dies lässt sich daraus schließen, dass insgesamt eine hohe Bereitschaft bzw. ein großes Interesse zur Teilnahme an den Experteninterviews vorlag. Beispielsweise bemerkte einer der Interviewpartner (Interview 7, Tier-2-Zulieferer):

> *„Ich habe das [die Teilnahme am Experteninterview] sofort positiv entschieden, denn für uns ist das ein wichtiges Thema."*

Dass das Thema insbesondere auch für das Top-Management eine hohe Relevanz hat, verdeutlichte ein weiterer Interviewpartner (Interview 8, OEM) mit folgender Aussage:

> *„Sie behandeln ein Thema, das bei uns im Vorstand auch gerade ziemlich penetriert wird."*

Folglich wird auf allen Ebenen, inklusive dem Top-Management, und auf allen Stufen der Supply Chain das Forschungsthema der vorliegenden Arbeit als sehr wichtiger Forschungsgegenstand eingestuft. Mit dem Forschungsthema der vorliegenden Arbeit wird somit ein Forschungsfeld beschrieben, für das eine Forschungslücke besteht[22] und dem auch in der Unternehmenspraxis eine wesentliche Bedeutung zukommt. Die Erforschung der Umsetzung und Ausrichtung sowie der Produktpriorisierung im SCRM ist somit sehr vielversprechend.

Vergleichbarkeit

Nachdem sichergestellt wurde, dass das Thema nicht nur in der Literatur, sondern auch in der Unternehmenspraxis als relevant eingestuft wird, musste zudem auf die Vergleichbarkeit der Ergebnisse der Literaturauswertung, der Experteninterviews und der schriftlichen Befragung geachtet werden. Um dieses Ziel zu erreichen, wurden in allen Experteninterviews die Begriffe SCRM, proaktives SCRM und reaktives SCRM diskutiert und ein einheitliches Verständnis der jeweiligen Begriffe herausgearbeitet. Das gemeinsame Verständnis deckt sich mit den Definitionen, die in der Literatur zu finden sind.[23] Das in den Experteninterviews herausgearbeitete und mit der Literatur abgeglichene Begriffsverständnis wurde im Fragebogen explizit dargestellt. Damit ist die Vergleichbarkeit der Ergebnisse gegeben.

5.2 Übersicht über das Codesystem

Die während der Phase des gegenstandsbezogenen Kodierens entstandenen Kodierungen wurden Kategorien und Unterkategorien zugeordnet. Diese wurden wiederum in einem Codesystem angeordnet. Abbildung 20 veranschaulicht dieses Codesystem. Wie der Darstellung entnommen werden kann, entstanden auf der höchsten Ebene drei Kategorien. Es handelt sich um die Kategorien „Demographie", „Supply Chain Risikomanagement" und „Sonstiges".

[22] Die Forschungslücke wurde in Kapitel 3.4 aufgezeigt.
[23] Eine Gegenüberstellung erfolgt in Kapitel 5.3.1.

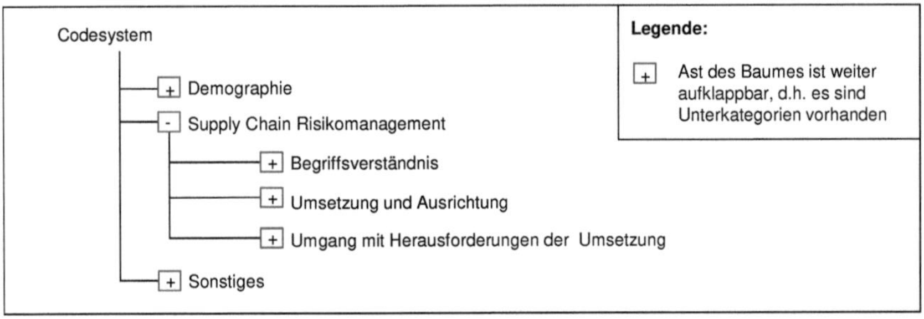

Abbildung 20: Übersicht über das Codesystem

Die zweite Ebene wird aus Gründen der Übersichtlichkeit lediglich für die Kategorie „Supply Chain Risikomanagement“ dargestellt. Auf die weiteren Unterebenen wird im Verlauf des Kapitels eingegangen. Die Kategorie **„Demographie“** umfasst zum einen Daten zum Interviewpartner selbst. Hierunter fallen beispielsweise Informationen zur Funktion, zur Position sowie zur Berufserfahrung. Zum anderen umfasst die Kategorie Daten zum Unternehmen des Interviewpartners. Hierzu gehören Informationen zu den hergestellten Produkten, dem Umsatz bzw. der Mitarbeiterzahl, der regionalen Aufstellung des Unternehmens, der Zuliefererstruktur etc. Die Kategorie **„Supply Chain Risikomanagement“** enthält Informationen zum Begriffsverständnis des SCRM, zur Umsetzung und Ausrichtung des SCRM und zum Umgang mit Herausforderungen der Umsetzung des SCRM. Die Kategorie **„Sonstiges“** erfasst alle Codes als wichtig eingestufter Textstellen, die sich jedoch keiner der anderen Kategorien zuordnen lassen.

Um die Forschungsfragen zu beantworten, konzentriert sich die Arbeit auf die Unterkategorien „Umsetzung und Ausrichtung des SCRM“ sowie „Umgang mit Herausforderungen der Umsetzung des SCRM“. Entsprechend Abbildung 21, umfasst die Unterkategorie „Umsetzung und Ausrichtung des SCRM“ die vier weiteren Unterkategorien „Begriffsverständnis“, „Relevanz und Motivation“, „Status Quo“ und „Lessons Learned/bewährte Elemente und Herausforderungen“.

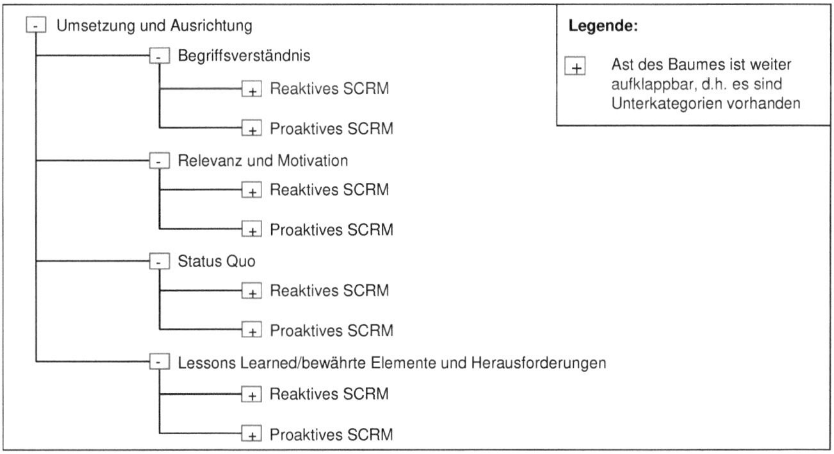

Abbildung 21: Codeast „Umsetzung und Ausrichtung“

Jede der Unterkategorien lässt sich wiederum in reaktives und proaktives SCRM unterteilen. Somit entspricht die Unterkategorisierung den Anforderungen der Literatur. Diese besagt, dass bei detaillierteren Analysen des SCRM zwischen reaktivem und proaktivem SCRM unterschieden werden sollte (Dani 2008, S. 58).

Wie Abbildung 22 zeigt, umfasst die Unterkategorie „Umgang mit Herausforderungen der Umsetzung“ die Unterkategorien „Produktpriorisierung“ und „Transparenzverbesserung“.

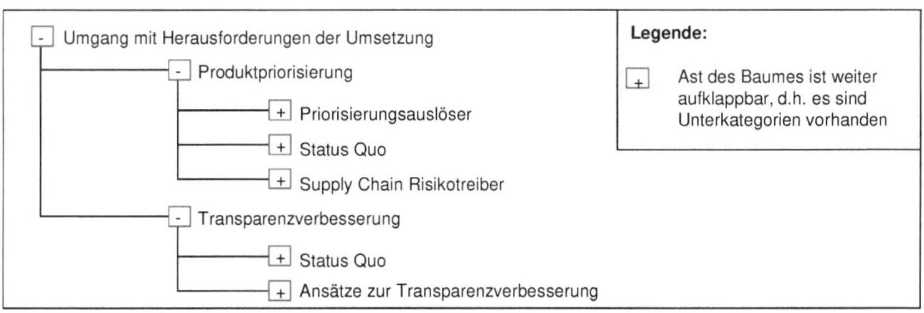

Abbildung 22: Codeast „Umgang mit Herausforderungen der Umsetzung“

Beide Unterkategorien adressieren die zwei größten Herausforderungen bei der Umsetzung von SCRM: Fehlende Managementkapazitäten bzw. knappe Ressourcen für das SCRM sowie mangelnde Transparenz in der Supply Chain (vgl. Kersten et al. 2009a, S. 148).

Die Herausforderung der knappen Ressourcen für das SCRM wird durch die Unterkategorie „Produktpriorisierung" angesprochen. Der Grund hierfür ist, dass durch Priorisierung Ressourcen effizienter eingesetzt werden können.
Die Unterkategorie „Transparenzverbesserung" befasst sich mit der Herausforderung der mangelnden Transparenz in der Supply Chain. Die mangelnde Transparenz beeinflusst nicht nur die Güte des SCRM-Prozesses an sich, sondern auch die der Produktpriorisierung. Gleichzeitig trägt eine Produktpriorisierung zur Verbesserung der Transparenz bei. Somit kann die Transparenz in der Supply Chain auch im Zusammenhang mit Produktpriorisierungsansätzen im SCRM diskutiert werden.

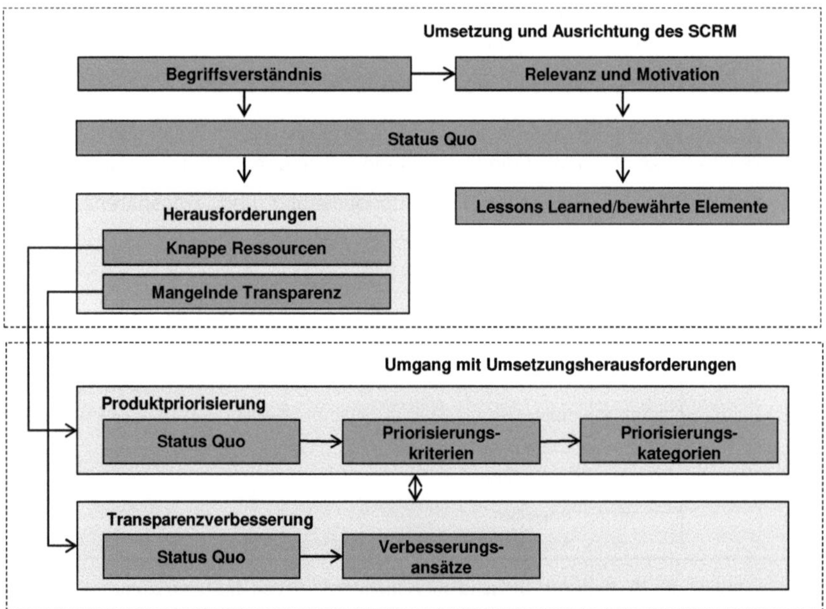

Abbildung 23: Zusammenhangsmodell der Codeäste und Codes

Im Anschluss an die Phase des gegenstandsbezogenen Kodierens wurden in der Phase des theoretischen Kodierens die dargestellten Codeäste und Codes miteinander in Verbindung gebracht. Die Zusammenhänge werden in Abbildung 23 dargestellt.

Die verschiedenen Elemente des Zusammenhangsmodells der Codeäste und Codes werden in den nachfolgenden Unterkapiteln diskutiert.

5.3 Umsetzung und Ausrichtung des Supply Chain Risikomanagements

5.3.1 Allgemeine Erkenntnisse und Handlungsempfehlungen

5.3.1.1 *Begriffsverständnis*

Zunächst werden die Erkenntnisse zum Begriffsverständnis des reaktiven und proaktiven SCRM dargestellt. Danach werden Handlungsempfehlungen abgeleitet.

Erkenntnisse

Wie auch in der Literatur (Dani 2008, S. 58) unterscheiden alle Befragten eindeutig zwischen reaktivem und proaktivem SCRM.

Unter **reaktivem SCRM** fassen die Experten alle Aktivitäten zusammen, die nach einem Supply Chain Risikoeintritt, wie z. B. einer Naturkatastrophe, durchgeführt werden. Ein Experte (Interview 3, Tier-1-Zulieferer) beschreibt dies folgendermaßen:

> *„And reactive means that the risk happened already."*

Oftmals assoziieren die Experten auch die Begriffe „Troubleshooting" (Interview 5, Tier-1-Zulieferer sowie Interview 14, OEM), „Firefighting" (Interview 10, Tier-1-Zulieferer) und „Krisenmanagement" (Interview 6, Tier-1- und Tier-2-Zulieferer) mit reaktivem SCRM.

Reaktives SCRM wird mit einer Taskforce bzw. mit einem reaktiven SCRM-Team durchgeführt. Es reicht von Krisengesprächen bis hin zur Produktionsverlagerungen. Die reaktive SCRM-Definition der Experten ist somit identisch mit der Definition aus der Literaturauswertung.

Diese besagt, dass unter reaktivem SCRM alle Aktivitäten verstanden werden, die nach dem Eintritt eines Supply Chain Risikos durchgeführt werden, um das Schadensausmaß so gering wie möglich zu halten (Dani 2008, S. 58).

In der vorliegenden Arbeit wird auf diese Definition des reaktiven SCRM zurückgegriffen.

Bezüglich des **proaktiven SCRM** herrscht unter den Experten Einigkeit darüber, dass dieses alle Aktivitäten umfasst, die im Vorfeld eines Supply Chain Risikoeintritts durchgeführt werden. Einer der Experten (Interview 8, OEM) beschreibt proaktives SCRM als:

> *„...ein rechtzeitiges Erkennen eines möglichen eintretenden Schadenfalls und dessen Vermeidung."*

Ein weiterer Experte (Interview 6, Tier-1- und Tier-2-Zulieferer) gibt folgende Definition an:

> *„Unter proaktiv verstehen wir Risiken zu erkennen, ohne dass die Risiken schon eingetreten sind und uns abzusichern, so dass wir, falls sie eintreten, nicht mehr betroffen sind."*

Somit entspricht das Verständnis der Experten der Definition von proaktivem SCRM in der Literatur. Laut dieser umfasst proaktives SCRM alle Aktivitäten, die vor einem Risikoeintritt ausgeführt werden, um das Unternehmen proaktiv vor Supply Chain Risiken zu schützen (Norrman und Jansson 2004, S. 438). Trotz der Einigkeit über den Zeitpunkt des Einsetzens von proaktivem SCRM, gibt es Uneinigkeiten über den Umfang des proaktiven SCRM. Beispielsweise legt ein Großteil der Experten beim proaktiven SCRM den Fokus auf versorgungsseitige Risiken und vernachlässigt dabei die nachfrageseitigen Risiken. Zudem werden nicht alle verschiedene Supply Chain Risikoarten, wie z. B. projektbezogene, qualitative, logistische, finanzielle oder materielle Risiken, von allen Unternehmen gleichermaßen in das SCRM integriert. Auch in der Literatur herrscht Uneinigkeit über den Umfang des proaktiven SCRM. Somit deckt sich zwar die Sicht der Experten mit den Erkenntnissen der Literaturauswertung, gleichzeitig bedeutet dies jedoch, dass weitere Forschung bezüglich des Umfangs des proaktiven SCRM nötig ist. Für die vorliegende Arbeit wird proaktives SCRM wie folgt definiert:

Proaktives SCRM umfasst alle Aktivitäten, die vor dem Risikoeintritt bzw. dessen Auswirkungen ausgeführt werden, um das Unternehmen proaktiv vor Supply Chain Risiken zu schützen.

Reaktives und proaktives SCRM lassen sich somit durch den Zeitpunkt der SCRM-Aktivitäten voneinander abgrenzen. Die Abgrenzung der beiden Definitionen wird in Abbildung 24 veranschaulicht. Zusätzlich wird in der Abbildung ein Auszug an reaktiven und proaktiven SCRM-Aktivitäten aufgezählt und beispielhaft mit jeweils einem Zitat aus den Experteninterviews belegt.

Die hergeleiteten Definitionen von reaktivem und proaktivem SCRM lassen sich auf den ersten Blick eindeutig durch den Zeitpunkt der SCRM-Aktivitäten voneinander abgrenzen. Dennoch existiert eine „Grauzone" zwischen den beiden Definitionen. Diese wurde bereits in der Literaturauswertung aufgezeigt. Die Grauzone betrifft beispielsweise Aktivitäten wie die Schulung von Mitarbeitern für den Krisenfall. Da die Aktivität vor dem Risikoeintritt stattfindet, würde diese Aktivität laut Definition dem proaktiven SCRM zugeordnet werden. Allerdings sorgt die Aktivität dafür, dass die reaktiven Fähigkeiten des Unternehmens erhöht werden. Somit ist es fraglich, ob die Schulung von Mitarbeitern dem proaktiven oder dem reaktiven SCRM zuzuordnen ist. Für die vorliegende Arbeit wird folgende Regelung festgelegt: Eine SCRM-Aktivität wird dem reaktiven SCRM zugeordnet, wenn die Aktivität der Verbesserung der allgemeinen reaktiven SCRM-Fähigkeiten des Unternehmens dient, auch wenn die Aktivität vor dem Risikoeintritt stattfindet. D. h. es werden beispielsweise Mitarbeiter generell im reaktiven SCRM geschult oder Reaktionsprozesse verbessert.

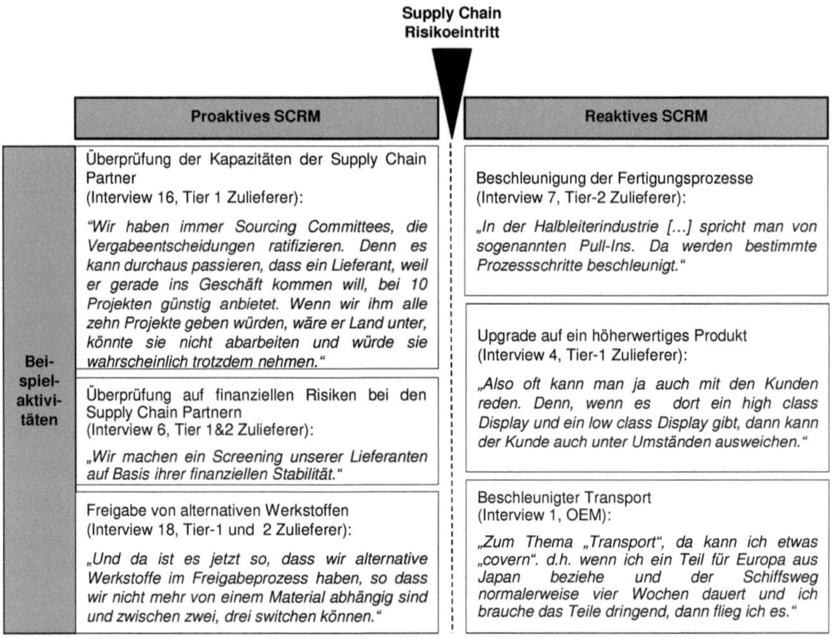

Abbildung 24: Begriffsverständnis von reaktivem und proaktivem SCRM

.Für Analysen ist es von Bedeutung zwischen reaktivem und proaktivem SCRM zu unterscheiden. Unternehmen müssen jedoch sowohl reaktives als auch proaktives SCRM beherrschen (Henke et al. 2010, S. 36). Der Grund hierfür ist, dass sich zum einen durch ein rein proaktives SCRM nicht alle Risiken im Vorfeld vermeiden lassen (Interview 3, Tier-1-Zulieferer):

> *„I think at the end of the day you need to have both. You will never have your entire supply chain controlled by 100%. So it's obvious that the goal is to be as proactive as possible. [...]. Nevertheless, you will always run into problems."*

Zum anderen führt ein rein reaktives SCRM wie in Kapitel 2.3.2.2 aufgezeigt wurde zu Wettbewerbsnachteilen gegenüber Unternehmen mit proaktivem SCRM.

Deswegen müssen Unternehmen bei der Festlegung ihrer SCRM-Strategie entscheiden, ob sie einen stärkeren Fokus auf proaktives SCRM legen wollen oder ob sie reaktives SCRM mit Priorität belegen. Mit ersterem nehmen sie bewusst höhere Kosten für präventive Maßnahmen in Kauf, mit letzterem gehen sie bewusst größere Risiken ein.

Handlungsempfehlungen

Wie gezeigt wurde, ist das Begriffsverständnis von proaktivem SCRM in Bezug auf den Umfang sowohl in der Unternehmenspraxis als auch in der Literatur unklar. Für einige Manager beinhaltet proaktives SCRM nur versorgungsseitige Supply Chain Risiken, für andere liegt der Fokus auf nachfrageseitigen Risiken. Wiederum andere Manager betrachten nur direkte Supply Chain Partner und vernachlässigen dabei Supply Chain Partner, die tiefer in der Supply Chain liegen. Oftmals wird zudem der Fokus auf häufig auftretende Risiken mit meist geringem Schadensausmaß gelegt und dabei selten auftretende Risiken mit hohem Schadensausmaß vernachlässigt. Da ein unterschiedliches Verständnis des SCRM zu Missverständnissen in der internen Unternehmenskommunikation, aber auch bei der Kommunikation mit Supply Chain Partnern führen kann, ist es wichtig, eine einheitliche Definition für den beim proaktiven SCRM berücksichtigten Umfang herauszuarbeiten. Laut Sodhi et al. (2012, S. 8) dauert die wissenschaftliche Herleitung bzw. die Einigung auf eine solche Definition oftmals sehr lange. Aus diesem Grund wird empfohlen, dass Unternehmen handeln. Zunächst muss unternehmensintern eindeutig definiert werden, welcher Umfang beim proaktiven SCRM betrachtet wird. Hierdurch können Unternehmen eine bewusste Entscheidung treffen, welche Risiken sie akzeptieren, ohne ihnen proaktiv entgegen zu wirken. Das unternehmensintern festgelegte SCRM-Verständnis muss zudem an die Supply Chain Partner kommuniziert werden. Dabei werden auch die Erwartungen an die Supply Chain Partner diskutiert bzw. Verantwortlichkeiten festgelegt. Die unternehmensinterne und -externe Kommunikation und Diskussion kann zudem für Mitarbeiterschulungen zum SCRM bzw. für die Erhöhung des Supply Chain Risikobewusstseins genutzt werden. Ein höheres Supply Chain Risikobewusstsein bzw. ein größeres SCRM-Wissen seitens der Mitarbeiter versetzt diese in die Lage, Supply Chain Risiken schneller zu erkennen und ihnen gezielter zu begegnen (Zsidisin et al. 2004, S. 179). Auch kann die unternehmensinterne Diskussion des SCRM helfen, dass z. B. Einkäufer bei ihren Entscheidungen über neue Zulieferer stärker verschiedene Supply Chain Risikoaspekte berücksichtigen. Letzteres ist oftmals nicht der Fall, wie dem folgendem Zitat entnommen werden kann (Interview 2, Tier-1-Zulieferer):

> *„Und wir sind momentan eher risikofreudig und zwar in vielen Fällen nicht aus einer bewussten Entscheidung heraus. [...] Es ist einfach nicht auf der Agenda."*

Folglich können Unternehmen bereits durch eine klare Definition des SCRM sowie durch dessen Kommunikation und Diskussion sowohl unternehmensintern als auch mit Supply Chain Partnern das SCRM des Unternehmens verbessern.

5.3.1.2 *Relevanz und Motivation*

Wie bereits in der Literaturauswertung gezeigt wurde, hat SCRM nicht zuletzt wegen der in den letzten Jahren häufig eingetretenen Supply Chain Risiken an Bedeutung gewonnen (Manuj und Mentzer 2008, S. 193; Sodhi et al. 2012; Wagner und Bode 2006, S. 79). Dies wurde auch in den Interviews von allen Experten bestätigt.

Im Rahmen der schriftlichen Befragung wurde untersucht, ob die **Relevanz** gleichermaßen für proaktives und reaktives SCRM gestiegen ist. Hierzu wurden die Experten gebeten, die Relevanz von proaktivem und reaktivem SCRM für die Jahre 2008, 2012 und 2016 auf einer 5-Punkt-Likert-Skala (1 = sehr gering; 5 = sehr hoch) zu bestimmen. Das Ergebnis kann der Abbildung 25 entnommen werden.

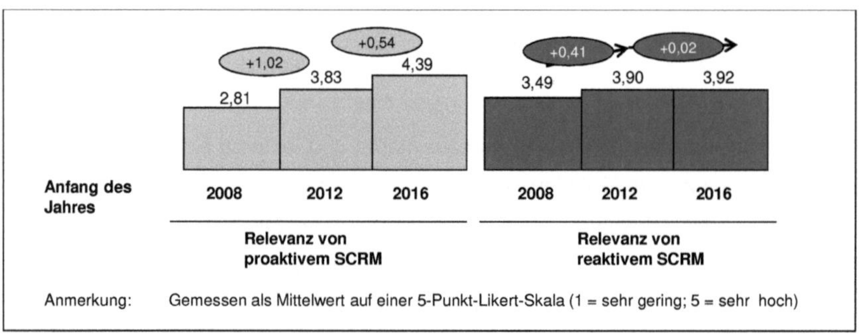

Abbildung 25: Relevanz von SCRM

Wie aus der Abbildung hervorgeht, haben sowohl reaktives als auch proaktives SCRM im Laufe der Jahre an Bedeutung gewonnen. Die Relevanz von proaktivem und reaktivem SCRM wird auch zukünftig weiter steigen. Darüber hinaus werden reaktives und proaktives SCRM zwar momentan als in etwas gleich wichtig eingestuft, zukünftig wird proaktives SCRM jedoch als deutlich relevanter als reaktives SCRM eingeschätzt.

Auch die **Motivation** der Manager, das SCRM ihres Unternehmens voranzutreiben, ist gestiegen.[24] Der Grund hierfür ist, dass durch ein effektives und effizientes SCRM Wettbewerbsvorteile erzielt werden können. Verschiedene Beispiele von den Experten belegen, dass die Unternehmen bereits von Supply Chain Risikoeintritten profitiert haben. Ein Experte schildert beispielsweise folgende Situation nach einem Supply Chain Risikoeintritt (Interview 18, Tier-1- und Tier-2-Zulieferer):

> *„Wir hatten Alternativmaterial und die Kunden sind dann auf uns ausgewichen."*

Ein weiterer Experte beschreibt ähnlich positive Effekte, die durch einen Supply Chain Risikoeintritt hervorgerufen wurden (Interview 7, Tier-2-Zulieferer):

> *„Ich sage ganz klar ja, wir haben da auch ein Geschäft gewonnen [...] auf Produktlevel [...], wir waren aber auch auf dem Level von fertigen Applikationen erfolgreich."*

In beiden Beispielen haben die Unternehmen somit von den Problemen anderer Unternehmen nach einem Supply Chain Risikoeintritt profitiert. Dass dies kein Einzelfall ist, verdeutlicht Sheffi (Sheffi 2007, S. 71) mit der Auflistung weiterer Unternehmen, die von Supply Chain Risikoeintritten profitiert haben.

5.3.1.3 *Fähigkeiten*

Nachdem gezeigt wurde, dass die Relevanz von SCRM gestiegen ist, wird nachfolgend untersucht, ob dies gleichermaßen für die Fähigkeiten der Unternehmen im

[24] Der Motivationsanstieg wurde bereits in Kapitel 5.1 mit verschiedenen Zitaten belegt.

SCRM gilt. Aus den Erkenntnissen werden im Anschluss Handlungsempfehlungen abgeleitet.

Erkenntnisse

Laut der Einschätzung der Experten haben sich die SCRM-Fähigkeiten der Unternehmen im Laufe der Jahre verbessert. Dieser Eindruck wird durch die Ergebnisse der schriftlichen Befragung bestätigt. In dieser wurden die Experten gebeten, die Fähigkeiten ihres Unternehmens im proaktiven und reaktiven SCRM für die Jahre 2008 und 2012 auf einer 5-Punkt-Likert-Skala (1 = sehr gering; 5 = sehr hoch) zu bestimmen. Wie in Abbildung 26 zu erkennen ist, haben sich sowohl die Fähigkeiten der Unternehmen auf Supply Chain Risiken zu reagieren als auch die Fähigkeiten der Unternehmen diesen proaktiv zu begegnen seit 2008 verbessert.

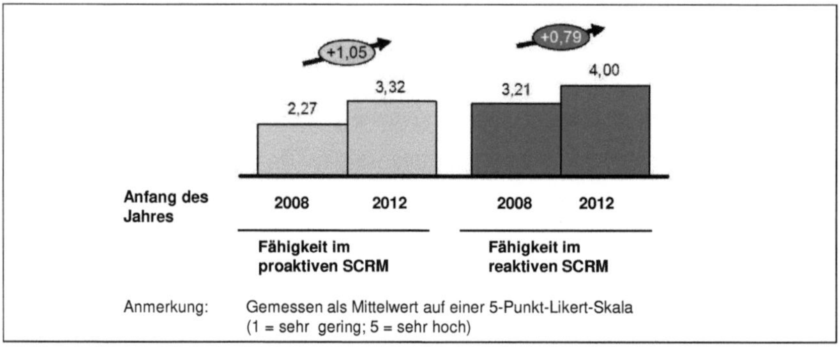

Abbildung 26: Fähigkeit der Unternehmen im SCRM

Der aktuelle Status Quo des reaktiven SCRM wird als bereits gut eingeschätzt. Vor vier Jahren wurde er lediglich als mittelmäßig bewertet. Zum aktuellen Status Quo des proaktiven SCRM wird angegeben, dass dieser nur durchschnittlich im Unternehmen etabliert ist. Im Jahr 2008 wurde er noch als schlecht eingestuft. Wie sich die Fähigkeiten der Unternehmen im SCRM im Einzelnen entwickelt haben, wird in den sich anschließenden Kapiteln 5.3.2 und 5.3.3 detailliert analysiert. Zunächst werden jedoch allgemeine Handlungsempfehlungen abgeleitet.

Handlungsempfehlungen

Wie aufgezeigt, bestehen momentan günstige Voraussetzungen für Unternehmen ihre SCRM-Fähigkeiten zu erhöhen. Dies kann auf die große Medienaufmerksamkeit zum Thema SCRM und die hohe Relevanz, die dem Thema seitens der Unternehmenspraxis beigemessen wird, zurückgeführt werden. Die günstigen Voraussetzungen bestehen zum einen darin, dass unternehmensintern eine höhere Motivation besteht sich mit dem Thema SCRM auseinanderzusetzen und zum anderen auch Supply Chain Partner ein großes Interesse haben das Thema SCRM voranzutreiben. Jedoch ist anzunehmen, dass diese günstigen Voraussetzungen nicht lange anhalten werden. Grund hierfür ist, dass das Thema Risiko allgemein sehr schnell nach einem Risikoeintritt wieder in Vergessenheit gerät. Dies wird durch folgendes Zitat eines Experten verdeutlicht (Interview 2, Tier-1-Zulieferer):

> *„Risiko im Allgemeinen hat eine relativ kurze Halbwertszeit, denn ein Risiko wird immer in den fünf Minuten, in denen gerade etwas passiert ist, stark betrachtet und dann verschwindet es wieder. [...] Risiken sehen wir nirgends. [...] Sie stehen in keiner Bilanz."*

Dementsprechend besteht Grund zur Annahme, dass auch Supply Chain Risiken schnell in Vergessenheit geraten. Deswegen ist es wichtig, dass Unternehmen jede Gelegenheit nutzen, um die Weichen für eine erfolgreiche Umsetzung des SCRM zu stellen. Bei der Verbesserung des SCRM im Unternehmen sollten Manager berücksichtigen, dass sowohl die Fähigkeiten im reaktiven SCRM als auch im proaktiven SCRM auszubauen bzw. zu festigen sind. Empfehlungen für das reaktive SCRM werden in Kapitel 5.3.2 diskutiert. Allgemeine Empfehlungen für das proaktive SCRM werden in Kapitel 5.3.3 hervorgehoben. Weiterführende Empfehlungen für das proaktive SCRM insbesondere hinsichtlich der Einführung einer Produktpriorisierungslogik werden in Kapitel 5.4 entwickelt.

5.3.2 Reaktives Supply Chain Risikomanagement

5.3.2.1 *Status Quo*

Wie im vorangehenden Unterkapitel aufgezeigt, wird die Fähigkeit der Unternehmen auf Supply Chain Risiken zu reagieren bereits als gut eingeschätzt. Hingegen hat die Literaturauswertung ergeben, dass das reaktive SCRM in den Unternehmen bislang noch wenig standardisiert ist und unvorbereitet abläuft. Diese unterschiedlichen Beobachtungen können mit der zeitlichen Differenz der Untersuchungen erklärt werden. So basiert die Literaturauswertung auf Beiträgen, die aus einer Zeit vor der empirischen Untersuchung dieser Arbeit stammen. Dies bestätigt somit den Trend, dass sich das reaktive SCRM im Laufe der Jahre verbessert hat. Der Grund für diesen positiven Trend und das Vorgehen des reaktiven SCRM werden im Folgenden näher untersucht. Die **positive Entwicklung der reaktiven SCRM-Fähigkeiten** von Unternehmen kann darauf zurückgeführt werden, dass Unternehmen in den letzten Jahren von diversen Supply Chain Risikoeintritten getroffen wurden und aktiv werden mussten. Alle Experten bestätigen, dass ihr Unternehmen in den letzten Jahren von Supply Chain Risikoeintritten betroffen wurde. Sie waren gezwungen zu reagieren, um den Schaden abzuwenden bzw. zu reduzieren.
Als größte Supply Chain Risikoeintritte der letzten Jahre wurden hierbei folgende Ereignisse genannt:

- Herbst 2011: Flut in Thailand
- Frühjahr 2011: Arabischer Frühling
- März 2011: Erdbeben, Tsunami und Nukleare Katastrophe in Japan
- Sommer 2010: Hochwasser in Polen
- Frühjahr 2010: Aschewolke in Europa
- 2009: Halbleiterkrise
- 2008: Finanzkrise
- November 2008: Streik am Flughafen in Bangkok

Die Auflistung zeigt, dass die Unternehmen von einer Vielzahl von unterschiedlichen Supply Chain Risikoeintritten betroffen waren. Obwohl die Auflistung nur einen kleinen Teil der Supply Chain Risiken darstellt, mit denen sich Supply Chain Manager, Risikomanager, Einkäufer etc. auseinandersetzen mussten, verdeutlicht sie bereits, dass das Reagieren auf durchaus sehr große Supply Chain Risikoeintritte schon fast zur Tagesordnung der Unternehmen gehört. Die eingetretenen Supply Chain Risiken betreffen hierbei nicht nur immer ein und dasselbe Produkt, sondern decken eine große Bandbreite von Produkten und Anwendungen ab. Dies wird aus Tabelle 14 ersichtlich. Erklärungen zur Ursache werden anhand beispielhafter Zitate der Experteninterviews verdeutlicht.

Tabelle 14: Von Supply Chain Risikoeintritten betroffene Produkte (Auszug)

Betroffenes Produkt	Beispielzitate zur Verdeutlichung der Ursache	Interviewnummer
Verbundstoff	*„Wir waren betroffen in Japan. [...] Wir kaufen [...] ein Metallteil, das gummiert ist. Das Metallteil wird in Europa gefertigt, das Gummi wird in Europa gefertigt, es gibt aber eine Komponente um das zu verbinden, und die ist aus Japan gekommen."*	Interview 17, Tier-1- und Tier-2-Zulieferer
Kunststoffe	*„Da geht es um Kunststoffe, die explizit für die Produktion von Schläuchen benötigt wurden. Da gibt es nur ein paar Lieferanten auf der Welt und einer davon wurde betroffen."*	Interview 18, Tier-1- und Tier-2-Zulieferer
Lacke	*„Bei Lacken waren wir stark betroffen. Die stammen aus einer Fabrik 10 km von Fukushima. [...]. Deswegen gibt es gewisse Farbtöne bei den OEMs jetzt nicht mehr."*	Interview 16, Tier-1-Zulieferer
Chip/Halbleiter	*„Da hat es auch eine Chipfabrik getroffen und da war das so, dass ein kleiner billiger Chip bei uns in fast allen Komponenten drin war und zwar nicht nur in denen, die wir selber bauen, sondern auch z. B. in Commandsystemen, also Navigationssystemen, die von einem Lieferanten kamen."*	Interview 1, OEM

Aus den diversen Supply Chain Risikoeintritten haben die Unternehmen gelernt. Hierdurch konnten sie ihr reaktives SCRM verbessern (Interview 6, Tier-1- und Tier-2-Zulieferer):

> *„Und dann lernt man eben aus so einer Situation tatsächlich heraus und wir werden auch besser."*

Auch in der Literatur wird hervorgehoben, dass das Lernen aus vergangenen Supply Chain Risikoeintritten sehr wichtig ist (Zsidisin et al. 2004, S. 186). Nachfolgend wird erläutert, welche unterstützende Prozesse und Instrumente des reaktiven SCRM sich bewährt haben sowie welches Vorgehen empfohlen wird.

5.3.2.2 *Unterstützende Prozesse und Instrumente*

Wie gezeigt wurde, ist reaktives SCRM bereits gut im Unternehmen etabliert. Dementsprechend werden nachfolgend unterstützende Prozesse und Instrumente des reaktiven SCRM hergeleitet, die sich im Rahmen der letzten Supply Chain Risikoeintritte bewährt haben. Bevor diese erläutert werden, wird die Bedeutung von „gutem" reaktiven SCRM erklärt. Aus den Interviews mit den Experten ging hervor, dass ein gutes reaktives SCRM durch eine schnelle Reaktion der Unternehmen auf einen Supply Chain Risikoeintritt charakterisiert werden kann. Diese Beobachtung wird durch folgende Aussage beispielhaft verdeutlicht (Interview 6, Tier-1- und Tier-2-Zulieferer):

> *„[...] und dann muss man einfach sehr sehr schnell sein."*

Für die vorliegende Arbeit wird demzufolge angenommen, dass die Güte des reaktiven SCRM durch die Geschwindigkeit der Reaktion auf einen Supply Chain Risikoeintritt festgelegt wird. Dementsprechend wurden unterstützende Prozesse und Instrumente des reaktiven SCRM identifiziert, die Unternehmen besser und schneller auf Supply Chain Risikoeintritte reagieren lassen. Nachfolgend werden zunächst die Erkenntnisse dargestellt und anschließend Implikationen für das Management abgeleitet.

Erkenntnisse

Für eine schnelle Reaktion auf einen Supply Chain Risikoeintritt ist es nötig, dass reaktive SCRM-Prozesse und -Instrumente im Unternehmen etabliert sind (Henke et al. 2010, S. 36). Aus Sicht der Experten sind die Unternehmen diesbezüglich schon gut aufgestellt, wie aus folgender Aussage hervorgeht (Interview 4, Tier-1-Zulieferer):

> *„Prozesse, die wir bei Aufschwung, Abschwung, Japan oder der Aschewolke hatten, die sind jetzt schon fest etabliert. Das ist bereits in den letzten drei Jahren entstanden.“*

Ein weiterer Experte hebt hervor, dass das Unternehmen auch dafür sorgen wird, dass die reaktiven SCRM-Prozesse und Instrumente weiterhin etabliert bleiben (Interview 3, Tier-1-Zulieferer):

> *„We have processes and we have – let's say – some of the tools already in place and they are established. So we will not just simply take them out just because the Japanese crisis is over."*

Zu den wichtigsten reaktiven SCRM-Prozessen gehören ein beschleunigter Freigabeprozess für Alternativmaterialien o. ä., ein Eskalationsprozess mit flachen Hierarchien und standardisierte Allokationsprozesse. Als relevante reaktive SCRM-Instrumente wurden Listen mit Alternativlieferanten, Karten, die die Supply Chains visualisieren und ein Online-Taskforce-Tool für eine effiziente Kommunikation genannt.

Ein beschleunigter Freigabeprozess für Alternativmaterialien ist nötig, da verschiedene Mitigationsaktionen den Wechsel zu Alternativprodukten, Alternativlieferanten, Alternativstandorten etc. vorsehen. Um in einer Notsituation keine Zeit zu verlieren, ist es dementsprechend wichtig, die schnelle und reibungslose Durchführung des Freigabeprozesses zu ermöglichen. **Ein Eskalationsprozess** mit flachen Hierarchien ist essentiell, damit potenzielle Supply Chain Risiken oder Störungen schnell und rechtzeitig erkannt werden, so dass schnell reagiert werden kann. Einer der Experten beschreibt dies folgendermaßen (Interview 12, OEM):

> *"If you have different [hierarchy] levels, those levels will challenge your reaction. Because many levels take time."*

Wird z. B. ein Supply Chain Risiko von jemandem auf einer sehr niedrigen Hierarchiestufe entdeckt und an seinen direkten Vorgesetzten eskaliert, der es wiederum an seinen Vorgesetzten eskaliert etc., kann es zu zeitlichen Verzögerungen kommen. Diese können sogar noch verlängert werden, wenn einer oder mehrere Personen in der Hierarchiekette nicht erreichbar sind oder der Eskalation keine große Bedeutung beigemessen wird. Ein direkter, kurzer Weg ist wichtig (Interview 12, OEM):

> *"I authorize any person even the sourcing assistant to call me immediately to discuss risk issues."*

Neben den genannten Prozessen hat sich als weiterer Prozess ein **standardisierter Allokationsprozess** bewährt. Dieser ist wichtig, damit die Allokation nicht erst im Supply Chain Risikofall beschlossen werden muss und zu Diskussionen mit den Supply Chain Partnern führt.

Die reaktiven SCRM-Prozesse und -Instrumente wurden im Rahmen der schriftlichen Befragung hinsichtlich ihrer Relevanz für ein erfolgreiches reaktives SCRM und hinsichtlich der Etablierung im Unternehmen auf einer 5-Punkt-Likert-Skala (1 = sehr gering; 5 = sehr hoch) bewertet. Abbildung 27 veranschaulicht das Ergebnis.
Wie zu erkennen ist, werden die reaktiven SCRM-Prozesse und -Instrumente weitestgehend als relevant bzw. sehr relevant eingeschätzt (Mittelwerte größer gleich 3,84). Als besonders wichtig wird der beschleunigte Freigabeprozess für Alternativmaterialien betrachtet.

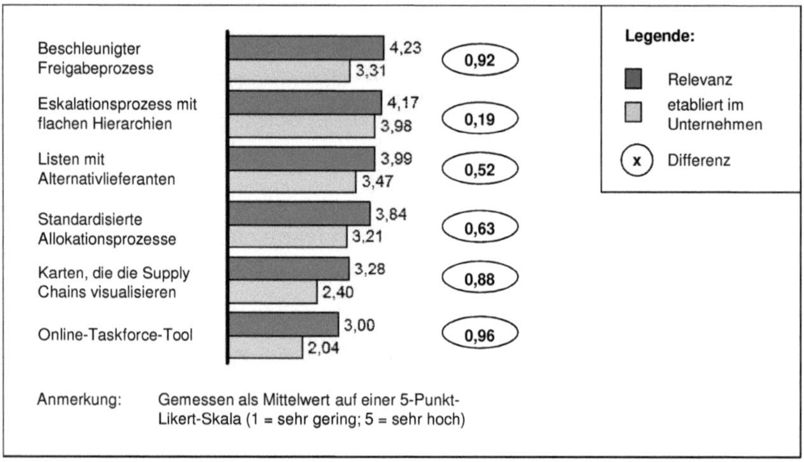

Abbildung 27: Bewährte reaktive SCRM-Prozesse und -Instrumente

Der Vergleich der Relevanzeinschätzung mit der Etablierung im Unternehmen zeigt nur geringe Differenzen. Daraus kann geschlossen werden, dass Unternehmen bezüglich reaktiver SCRM-Prozesse und reaktiver SCRM-Instrumente bereits gut aufgestellt sind. Interessanterweise besteht jedoch gerade bei dem als wichtigsten bewerteten Prozess „beschleunigter Freigabeprozess" eine der größten Diskrepanzen.

Implikationen für das Management

Unternehmen sind sehr daran interessiert zu erfahren, wie das Unternehmen im Vergleich zum Wettbewerb dasteht. Dieses Interesse wurde im Rahmen der Experteninterviews bestätigt (Interview 16, Tier-1-Zulieferer):

„Mich hätte jetzt mehr interessiert, was die anderen haben [...].“

Deswegen wird nachfolgend dargestellt, wie sich Unternehmen hinsichtlich der herausgearbeiteten bewährten reaktiven SCRM-Prozesse und reaktiven SCRM-Instrumente mit anderen Unternehmen vergleichen können.

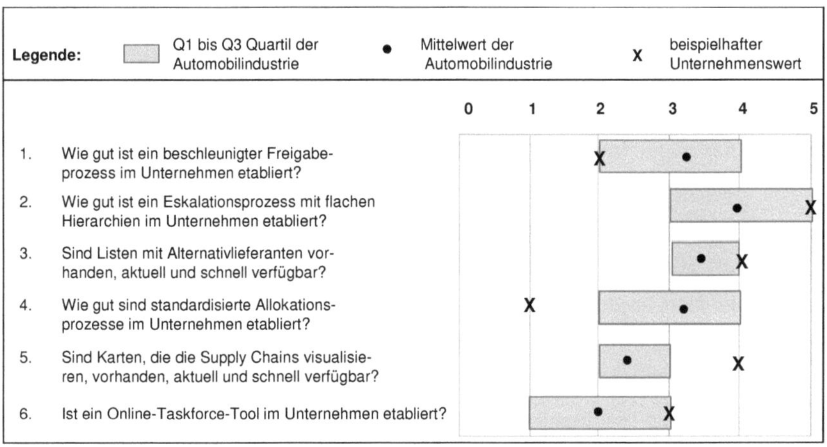

Abbildung 28: Industrievergleich reaktiver SCRM-Prozesse und -Instrumente

Manager können die vorn dargestellten reaktiven SCRM-Prozesse und reaktiven SCRM-Instrumente auf einer 5-Punkt-Likert-Skala dahingehend überprüfen, wie gut diese bereits im Unternehmen etabliert sind. Anschließend können sie das Ergebnis mit der in Abbildung 28 dargestellten Bewertungsgraphik vergleichen. Der Vergleich ermöglicht den Unternehmen die Identifikation der größten Schwachstellen und somit die Definition von Verbesserungsmaßnahmen. In der Bewertungsgraphik sind für jeden reaktiven SCRM-Prozess bzw. für jedes reaktive SCRM-Instrument das Q1-

bis Q3-Quartil sowie der Mittelwert der Automobilindustrie ersichtlich. Die Quartile sowie der Mittelwert basieren auf den Ergebnissen der schriftlichen Befragung. In Abbildung 28 wurde zudem beispielhaft die mögliche Bewertung eines Unternehmens vermerkt. Diese wird im Folgenden interpretiert.

Aus der Abbildung geht hervor, dass das Beispielunternehmen bereits gut hinsichtlich des Eskalationsprozesses, der Liste mit Alternativlieferanten, der Karten zur Visualisierung der Supply Chains und des Online-Taskforce-Tools aufgestellt ist. In allen vier Fällen sind die Prozesse bzw. Instrumente bereits besser als der Industriemittelwert. In einem dieser Fälle sind die Prozesse bzw. Instrumente sogar besser als das Q3-Quartil der Automobilindustrie, d. h. mehr als 75% der anderen Unternehmen stehen schlechter da als das Beispielunternehmen. Hinsichtlich des beschleunigten Freigabeprozesses für Alternativmaterialien o. ä. sowie hinsichtlich eines standardisierten Allokationsprozesses liegen die Fähigkeiten des Beispielunternehmens jedoch unter dem Industriemittelwert. Der standardisierte Allokationsprozess ist dabei sogar schlechter etabliert als das Q1-Quartil der Industrie. D. h. mindestens 75% der anderen Unternehmen haben einen besseren Allokationsprozess als das Beispielunternehmen. Um die Lücke zum Industriestatus zu schließen und die reaktiven SCRM-Fähigkeiten des Unternehmens zu verbessern, muss das Beispielunternehmen an einem beschleunigten Freigabeprozess für Alternativmaterialien o. ä. sowie an der Etablierung eines standardisierten Allokationsprozesses arbeiten. Anhand des Beispielunternehmens wurde gezeigt, wie Unternehmen der Automobil Supply Chain ihre reaktiven SCRM-Fähigkeiten bewerten, mit anderen Unternehmen vergleichen und daraus Schlüsse für die Verbesserung ihrer reaktiven SCRM-Fähigkeiten ziehen können.

5.3.2.3 *Vorgehen*

Nachdem gezeigt wurde, welche unterstützenden reaktiven SCRM-Prozesse und reaktiven SCRM-Instrumente sich bewährt haben, wird nachfolgend ein Vorgehen entwickelt, welches eine schnelle Reaktion auf mögliche Supply Chain Risikoeintritte ermöglicht. Parallel zur Darstellung des Vorgehens werden Handlungsempfehlungen in Form von Checklisten, Berechnungsvorgehen etc. entwickelt und veranschaulicht. Auf einen Supply Chain Risikoeintritt wird gemäß der Beschreibungen der Experten mit einem vierstufigen Vorgehen reagiert:

1. Zusammenstellung eines reaktiven SCRM-Teams bzw. einer Taskforce
2. Transparenzherstellung über betroffene Teile, Komponenten und Produkte sowie die verbleibende Zeit, bevor das Unternehmen den Supply Chain Risikoeintritt zu spüren bekommt
3. Identifizieren und Verfügbarmachen des verbleibenden Bestandes
4. Durchführung von Mitigationsaktionen

Dabei werden die Schritte so lange kontrolliert und angepasst, bis die Folgen des Supply Chain Risikoeintritts behoben und das operative Geschäft wieder stabil verläuft. Alle vier Schritte müssen zudem stets sowohl intern als auch extern kommuniziert werden. Abbildung 29 veranschaulicht das Vorgehen zum reaktiven SCRM.

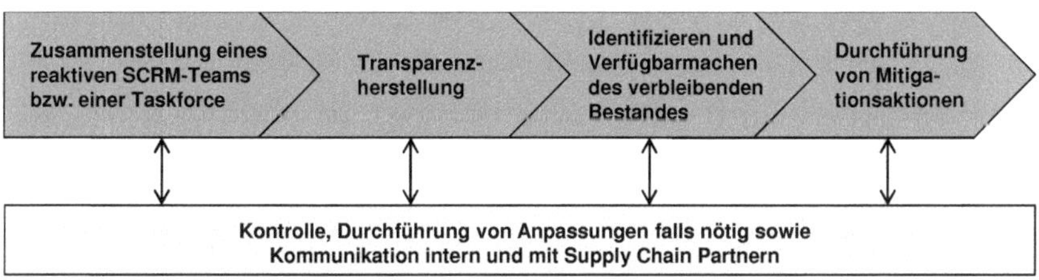

Abbildung 29: Vorgehen des reaktiven Supply Chain Risikomanagements

Nachfolgend werden die einzelnen Schritte des Vorgehens erläutert.

Zusammenstellung eines reaktiven SCRM-Teams

Tritt ein Supply Chain Risiko ein, so wird zunächst ein reaktives SCRM-Team zusammengestellt. Als Synonym für das reaktive SCRM-Team werden oftmals auch die Begriffe „Taskforce“ oder „Krisenteam“ verwendet (Carter und Rogers 2008, S. 366; Norrman und Jansson 2004, S. 453). Bei der Zusammenstellung des reaktiven SCRM-Teams wird nicht immer auf das gleiche Team zurückgegriffen. Vielmehr sind die Größe des Teams und der funktionale Hintergrund der Teammitglieder von der Supply Chain Risikoart abhängig (Interview 15, OEM):

> *„The team could include people from product development, from supplier quality etc. This depends on the issue. It can be a sole team driven by the purchasing function or it can be an extended team from 12 different departments."*

Ein weiterer Experte (Interview 6, Tier-1- und Tier-2-Zulieferer) beschreibt dies folgendermaßen:

> *„Es sind nicht immer die gleichen Personen. Dafür sind die Fälle auch zu unterschiedlich. Aber gewisse Dinge hat man dann festgelegt. Und man ist dann sehr schnell in der Lage die richtigen zu identifizieren und auch entsprechend abzustellen."*

Obwohl die reaktiven SCRM-Teams erst je nach Supply Chain Risikosituation zusammengestellt werden, sollten potentielle Teammitglieder im Vorfeld geschult, Verantwortlichkeiten festgelegt und Prozesse standardisiert werden (Norrman und Jansson 2004, S. 453). Dies ist wichtig, da die schnelle Zusammenstellung eines reaktiven SCRM-Teams ausschlaggebend für eine schnelle Reaktion auf den Supply Chain Risikoeintritt ist (Lam 2003, S. 223). Hinsichtlich der Zusammensetzung des reaktiven SCRM-Teams haben sich aus den Interviews mit den Experten folgende sechs Kriterien herausgebildet:

- Das reaktive SCRM-Team hat kurze Wege zur Geschäftsleitung.
- Das reaktive SCRM-Team hat gute interne Beziehungen.
- Das reaktive SCRM-Team hat gute Beziehungen zu Zulieferern/Kunden.
- Das reaktive SCRM-Team hat Erfahrung aus früheren Supply Chain Risikoeintritten
- Das reaktive SCRM-Team hat Autorität (Entscheidungen zu fällen).
- Das reaktive SCRM-Team kann lokal (am Katastrophenort) aktiv werden.

Zusätzlich sollten die Mitarbeiter des reaktiven SCRM-Teams „kompetent" sein. Hierzu zählen neben fachlichem Wissen auch effektive Kommunikations- und Managementfähigkeiten (King 2002, S. 236). Dies wurde von allen Experten jedoch als so

selbstverständlich betrachtet, dass sie es nicht als eigenständiges Kriterium herausstellen würden. Dementsprechend werden nachfolgend lediglich die oben genannten Kriterien beschrieben. Unter dem Kriterium „**das reaktive SCRM-Team hat kurze Wege zur Geschäftsleitung**" ist zu verstehen, dass das reaktive SCRM-Team schnell mit der Geschäftsleitung in Kontakt treten kann und für den Zeitraum der notwendigen Reaktion auf den Supply Chain Risikoeintritt Priorität bekommt. Das Kriterium „**das reaktiven SCRM-Team hat gute interne Beziehungen**" ist wichtig, da einerseits in der Transparenzherstellungsphase Informationen aus diversen Abteilungen einzuholen sind und andererseits bei diversen Mitigationsaktionen, wie z. B. der Herstellung eines Alternativproduktes, unterschiedliche Bereiche in die Planung miteinbezogen werden müssen. Ähnliches gilt für das Kriterium „**das reaktive SCRM-Team hat gute Beziehungen zu den Zulieferern/Kunden**". Der Grund hierfür ist, dass sowohl bei der Transparenzherstellungsphase als auch bei der Planung von Mitigationsaktionen die Supply Chain Partner miteinbezogen werden müssen.
Hilfreich ist es auch, wenn die Mitglieder des SCRM-Teams bereits über **Erfahrungen** aus früheren Supply Chain Risikoeintritten verfügen (King 2002, S. 241). Zudem sollte das reaktive SCRM-Team mit der nötigen **Autorität** ausgestattet sein, Entscheidungen zu fällen. Hierzu gehören auch relativ simple Entscheidungen, wie das folgende Beispiel verdeutlicht (Interview 10, Tier-1-Zulieferer):

> *„Also mal ganz ehrlich. Jetzt müssen sie irgendwo hinfliegen und dann gibt es so einen blöden Reiseantrag. So etwas kann nicht sein. Da muss jemand eingesetzt werden, der auch mit Geld und Autorität ausgestattet ist [...] So etwas ist wichtig."*

Für einige Experten war es zudem wichtig, dass zumindest Teile des SCRM-Teams am Supply Chain Risikoeintrittsort aktiv werden können.
Die sechs Kriterien wurden im Rahmen der schriftlichen Befragung auf einer 5-Punkt-Likert-Skala (1 = sehr gering; 5 = sehr hoch) hinsichtlich ihrer Relevanz sowie hinsichtlich der Fähigkeit des Unternehmens, diese Kriterien zu erfüllen, bewertet. Das Ergebnis wird in Abbildung 30 veranschaulicht. Wie zu erkennen ist, wird die Relevanz aller sechs Kriterien als hoch bis sehr hoch eingeschätzt (alle Mittelwerte sind größer gleich 3,71). Insbesondere wird der kurze Weg zur Geschäftsleitung, d. h. flache Hierarchien, als besonders wichtig erachtet. Danach folgen gute Beziehungen:

sowohl intern als auch extern. Da für alle Kriterien kaum Differenzen zwischen der Relevanz und der Fähigkeit zu erkennen sind, kann geschlossen werden, dass Unternehmen bereits gut in der Zusammenstellung ihrer reaktiven SCRM-Teams sind.

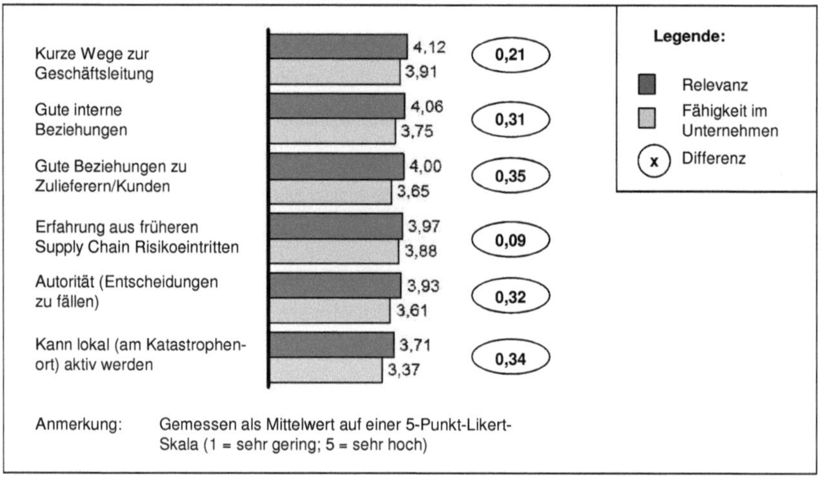

Abbildung 30: Kriterien für die Zusammenstellung des reaktiven SCRM-Teams

Aus den Erkenntnissen zum ersten Schritt des Vorgehens zum reaktiven SCRM lässt sich ableiten, dass Unternehmen bei der Zusammenstellung ihrer reaktiven SCRM-Teams die sechs aufgezeigten Kriterien berücksichtigen sollten. Die Unternehmen sollten zudem alle Kriterien mit mindestens einer „vier" auf einer 5-Punkt-Likert-Skala bewerten können. Der Grund hierfür ist, dass gemäß der schriftlichen Befragung die durchschnittlichen Fähigkeiten der Automobilindustrie hinsichtlich der verschiedenen Kriterien mit 3,37 bis 3,91 bewertet wurden. Liegen Unternehmen bei einzelnen Kriterien unter einem Wert von vier, so bedeutet dies, dass sie im Vergleich zum durchschnittlichen Wettbewerb schlechter abschneiden und somit Nachteile gegenüber dem Wettbewerb durch eine langsamere Reaktion in Kauf nehmen müssen.

Transparenzherstellung

Nachdem ein reaktives SCRM-Team zusammengestellt wurde, muss dieses schnell Transparenz schaffen. Entsprechend der Aussagen der Experten gehört hierzu Klar-

heit über betroffene Produkte, betroffene Zulieferer/Kunden, betroffene Regionen, betroffenes Volumen in der eigenen Produktion, vorhandene Bestände, voraussichtliche zeitliche Dauer der Supply Chain Risikowirkung, Alternativszenarien etc.
Die Vielfalt der zu beantwortenden Fragen zur Erlangung von Transparenz wird aus folgender Aussage ersichtlich (Interview 5, Tier-1-Zulieferer):

> *„[...] dass wir schnell Transparenz haben mussten: Wo könnte es Engpässe geben? Wo müssen wir evtl. neue Materialfreigaben erwirken, weil bestimmte Zulieferungen uns einfach wegbrechen (insbesondere aus Japan)? Wo müssen wir versuchen mit den Kunden eine zweite oder dritte Quelle aufzumachen? Und wann tritt überhaupt der Versorgungs- oder Engpassfall ein und in welchen Versorgungsstufen?“*

Ein anderer Experte zieht noch weitere Aspekte in Betracht (Interview 1, OEM):

> *„Und dann gilt es natürlich innerhalb einer relativ kurzen Zeit die Visibilität zu bekommen a) wo wird das Teil in welcher Menge verbaut? (Teilweise sind ja zwei oder drei Chips in so einem elektronischen Gerät drin. [...]) b) Wie viele Bestände sind noch in der Supply Chain vorhanden?“*

Das reaktive SCRM-Team muss bei der Transparenzherstellung zudem nicht nur die Transparenz über die Herausforderungen für das eigene Unternehmen herstellen, sondern auch die Situation der Supply Chain Partner mit einbeziehen. Nur so kann die Gesamtsituation richtig eingeschätzt werden.

Zur Transparenzherstellung wird empfohlen zunächst zu ermitteln welche Teile, Komponenten und Produkte von dem Supply Chain Risikoeintritt betroffen wurden.

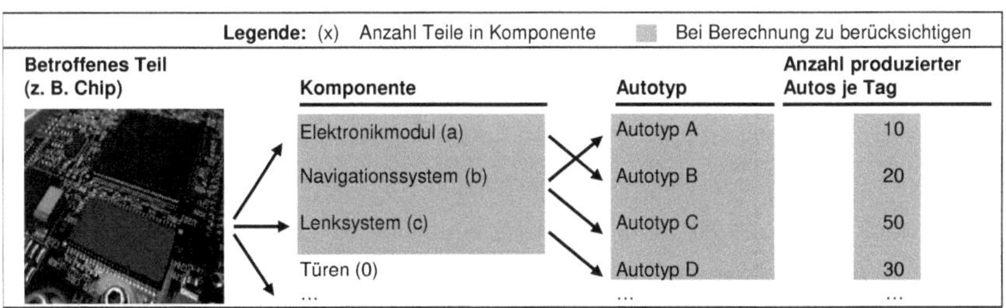

Abbildung 31: Zusammenhang betroffener Teile und betroffener Endprodukte

Dann geht es darum, diese den vom Unternehmen produzierten Endprodukten zuzuordnen, um eine saubere Materialbedarfsermittlung der in der Beschaffung befindlichen Teile sicher zu stellen. Abbildung 31 veranschaulicht beispielhaft die bei den durchzuführenden Berechnungen zu berücksichtigenden Aspekte. Als Beispiel für ein betroffenes Teil wurde ein Chip und als Beispielunternehmen wurde ein OEM gewählt. Für das Beispielunternehmen würde ein Supply Chain Risikoeintritt, welches diesen Chip betrifft, bedeuten, dass der Bedarf an Chips

$$a \times 20 + b \times (10 + 50) + c \times 30$$

Einheiten pro Tag beträgt.

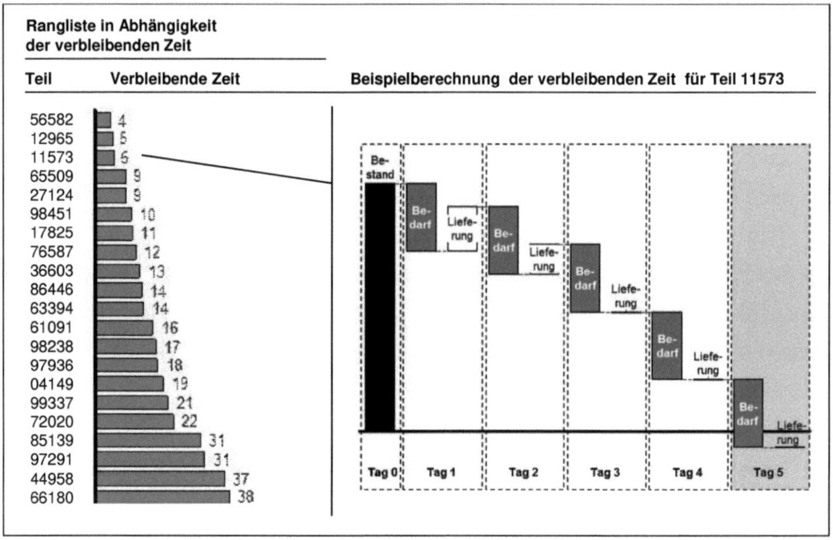

Abbildung 32: Vorgehen zur Erstellung der Rangliste

Dieser Bedarf muss im nächsten Schritt dem eigenen sowie dem Bestand der Zulieferer gegenübergestellt werden. Auch sind noch mögliche Lieferungen zu erfassen. Hierdurch kann zunächst ohne Berücksichtigung möglicher Mitigationsaktionen berechnet werden, wie viel Zeit dem Unternehmen bleibt, bis es wegen des betroffenen Teils bzw. nicht verfügbarer Komponenten nicht mehr produzieren kann. Im Anschluss sollte die Liste betroffener Teile bzw. Komponenten hinsichtlich der verbleibenden Zeit in eine Rangliste gebracht werden. Hierdurch kann sichergestellt werden, dass zunächst die Teile bzw. Komponenten mit Mitigationsaktionen adressiert werden, die am schnellsten zu einem Produktionsengpass des Endproduktes führen würden. Abbildung 32 verdeutlicht dieses Vorgehen.

Sowohl die Berechnung des Bedarfs an Teilen (vgl. Abbildung 31) als auch die Erstellung der Rangliste der Teile (vgl. Abbildung 32) wird beschleunigt, wenn das Unternehmen eine hohe Transparenz in der Supply Chain hat. Wie die Transparenz in der Supply Chain erhöht werden kann, wird in Kapitel 5.4.5 diskutiert.

Identifizieren und Verfügbarmachen des verbleibenden Bestandes

Wird in der Transparenzherstellungsphase erkannt, dass die Auswirkungen des Supply Chain Risikoeintrittes so groß sind, dass Lieferengpässe nicht ohne weitere Aktivitäten überbrückt werden können, so ist das Identifizieren und Verfügbarmachen des verbleibenden Bestandes nötig. Insbesondere in der durch Just-in-Time-Lieferungen gekennzeichneten Automobilindustrie (Thun et al. 2007, S. I.1) ist dies oftmals nicht leicht, da in den Fabriken kaum noch Bestände vorzufinden sind. Dennoch befinden sich teilweise noch Bestände auf dem Transportweg oder können aus anderen bzw. nicht betroffenen Regionen herangezogen werden. Um diese möglichst schnell verfügbar zu machen, helfen Sonderfahrten und gegebenenfalls auch Sonderflüge. Hierdurch kann die Transportkette beschleunigt werden. Jedoch zieht das Reagieren auf Supply Chain Risikoeintritte hohe Kosten nach sich. Der Grund hierfür ist, dass beispielsweise der Einsatz von Sonderflügen bei weitem teurer ist als der normale Bahntransport (Waters 2011, S.174). Deshalb sollten Unternehmen diese Zusatzkosten für Sonderflüge o. ä. sowie weitere Zusatzkosten für beispielsweise erhöhten Mitarbeiteraufwand erfassen. Eine Gesamterfassung der reaktiven SCRM-Kosten hilft, ein angemessenes Budget für das proaktive SCRM zu erstellen. Momentan erfassen Unternehmen oftmals nur die offensichtlichen reaktiven SCRM-Kosten, wie z. B. Kosten für Produktionsausfälle. Dabei vernachlässigen sie diverse weitere Kosten für das reaktive SCRM bzw. ordnen diese nicht eindeutig dem reaktiven SCRM zu. Hierdurch entsteht ein verzerrtes Bild der reaktiven SCRM Kosten. Als Konsequenz fällt es Managern oftmals schwer ein angemessenes Budget für proaktives SCRM zu rechtfertigen.

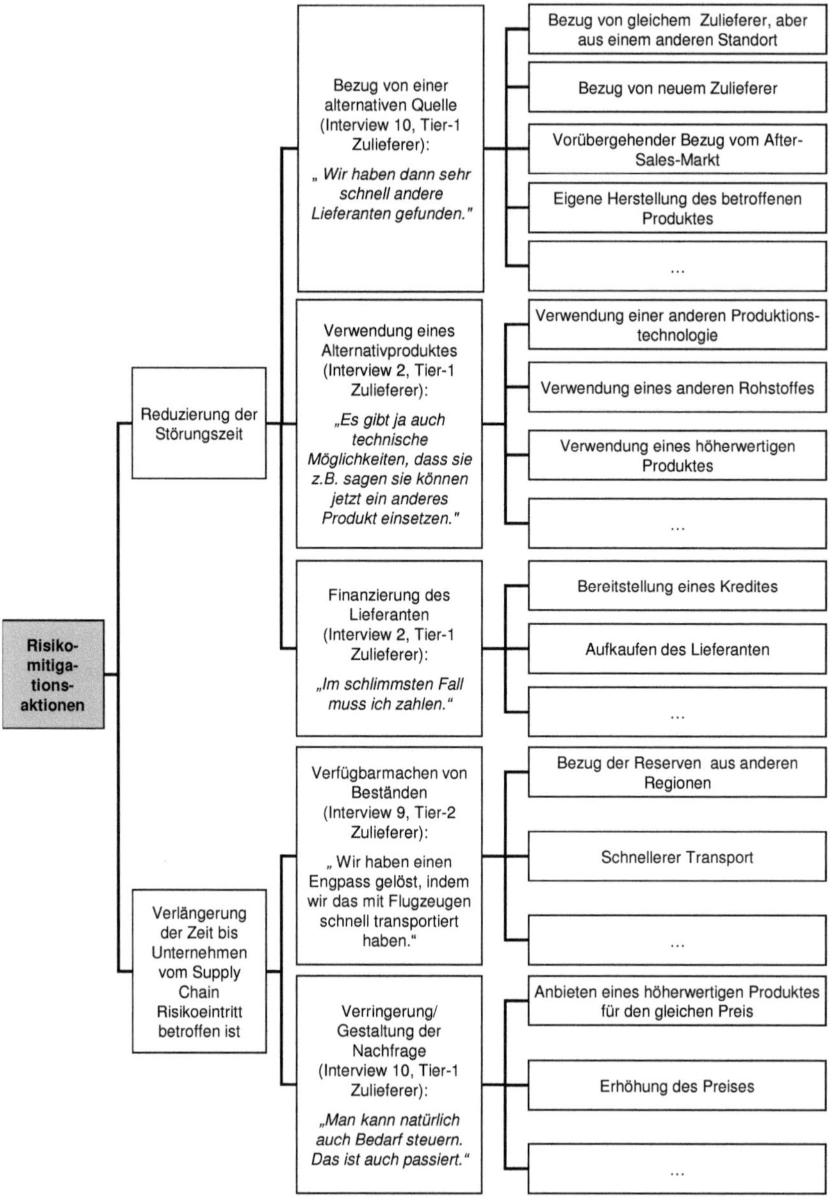

Abbildung 33: Übersicht über Risikomitigationsaktionen im reaktiven SCRM

Durchführung von Mitigationsaktionen

Ist die Auswirkung des Supply Chain Risikoeintritts so groß bzw. lang anhaltend, dass für eine Überbrückung der Situation das Verfügbarmachen von Beständen nicht ausreicht, so sind weitere Mitigationsaktionen nötig. In den Expertengesprächen wurden bereits durchgeführte und mögliche Mitigationsaktionen diskutiert. Diese werden in Abbildung 33 strukturiert dargestellt. Dabei werden die Mitigationsaktionskategorien jeweils beispielhaft mit einem Zitat aus den Expertengesprächen belegt.

Wie zu erkennen ist, gibt es diverse mögliche Aktionen zur Risikomitigation. Diese lassen sich in zwei Gruppen einteilen. Die erste Gruppe umfasst Aktionen mit der Unternehmen versuchen die Störungs- bzw. Ausfallzeit zu verringern. Beispiele für mögliche Aktionen sind das Ausweichen auf alternative Quellen, das Ausweichen auf alternative Produkte oder im Falle von Liquiditätsproblemen des Lieferanten die Finanzierung desselben. Die zweite Gruppe umfasst Aktionen, mit der Unternehmen versuchen, Zeit zu gewinnen. Zu den Aktivitäten zählen das bereits genannte Verfügbarmachen von Beständen oder die Gestaltung der Nachfrage (Tomlin 2006, S. 639). Unternehmen können den in Abbildung 33 dargestellten Baum mit den verschiedenen Mitigationsaktionen nutzen, um mögliche Mitigationsaktionen auszuwählen. Um dabei die geeignetste Mitigationsaktion zu identifizieren, müssen bei der Auswahl die Kriterien Schwierigkeit der Umsetzung, voraussichtliche Dauer bis zur Implementierung, voraussichtliche Zusatzkosten und ermöglichtes Volumen zur Risikoreduzierung berücksichtigt werden.

Es wird empfohlen, zunächst alle Mitigationsaktionen hinsichtlich der Schwierigkeit ihrer Umsetzung zu bewertet. Hierbei bietet es sich an, die Bewertung entlang einer 5-Punkt-Likert Skala (1 = sehr schwierig bis 5 = sehr leicht) durchzuführen. Für alle Mitigationsaktionen, die hinreichend leicht umsetzbar sind, d. h. welche mit einem Wert von drei bis fünf bewertet wurden, sollten die weiteren drei Kriterien grob bestimmt werden. Anschließend können die Mitigationsaktionen miteinander verglichen werden. Die vielversprechendsten sollten weiter ausdetailliert und umgesetzt werden. Das Vorgehen wird in Abbildung 34 beispielhaft an einem Auszug des Mitigationsaktionsbaumes veranschaulicht.

	Mitigationsaktion	Schwierigkeitsgrad der Umsetzung	Voraussichtliche Dauer bis zur Implementierung	Voraussichtliche Zusatzkosten je Teil	Ermöglichtes Volumen
Bezug von einer alternativen Quelle	Bezug von gleichem Zulieferer, aber aus einem anderen Standort	1			
	Bezug von neuem Zulieferer	4	3 Wochen	1,0	100.000
	Vorübergehender Bezug vom After-Sales-Markt	4	0 Wochen	1,5	50.000
	Eigene Herstellung des betroffenen Produktes	2			
	...	...			

Abbildung 34: Vergleich von Mitigationsaktionen

Es ist zu erkennen, dass aus der Mitigationsaktionskategorie „Bezug von einer alternativen Quelle" lediglich die Aktionen „Bezug von neuem Zulieferer" sowie „Vorübergehender Bezug vom After-Sales-Markt" weiter ausdetailliert werden sollten, da beide Aktionen einen geringen Schwierigkeitsgrad der Umsetzung aufweisen.

Die aufgezeigten spezifischen Erkenntnisse zum reaktiven SCRM werden in Kapitel 5.3.4 noch einmal zusammenfassend dargestellt und visualisiert. Nachfolgend werden die spezifischen Erkenntnisse zum proaktiven SCRM diskutiert.

5.3.3 Proaktives Supply Chain Risikomanagement

5.3.3.1 *Status Quo*

In den vorangehenden Kapiteln wurde gezeigt, dass eine Diskrepanz zwischen der zugemessenen Bedeutung und der tatsächlichen Etablierung eines effektiven und umfassenden proaktiven SCRM besteht. Auch wenn der Status Quo des proaktiven SCRM nach wie vor gering ist, kann den Ergebnissen der schriftlichen Befragung entnommen werden, dass sich die Fähigkeiten der Unternehmen im proaktiven SCRM im Laufe der Zeit verbessert haben. Im Folgenden wird ein kurzer Abriss über die Entwicklung des proaktiven SCRM bis hin zum heutigen Status Quo gegeben.

Für einen Großteil der Befragten lag der Fokus des proaktiven SCRM lange Zeit auf den häufig auftretenden Supply Chain Risiken mit geringer Auswirkung. Hierzu gehören z. B. Lieferunregelmäßigkeiten oder Kapazitätsengpässe. Dementsprechend bestand das proaktive SCRM z. B. darin, bei der Bewertung von Zulieferern Qualitäts- und Kapazitätsaspekte zu analysieren.

Ausgelöst durch die Finanzkrise in 2008 haben Unternehmen ihr proaktives SCRM um die Berücksichtigung von finanziellen Risiken erweitert (Interview 8, OEM):

> *„In welchen Bereichen wir viel investiert haben 2008, ist in das finanzielle Risikomanagement der Lieferanten."*

Hierzu haben die Unternehmen ihre Ressourcen, die sich mit finanziellen Supply Chain Risiken auseinandersetzen, ausgebaut und finanzielle SCRM-Kennzahlen eingeführt. Diese Beobachtung wird beispielhaft durch folgende Aussage belegt (Interview 2, Tier-1-Zulieferer):

> *„Wir haben vor zwei Jahren mit zwei oder drei Personen ein eigenes Team aufgebaut, das nichts anderes macht, als sich mit dem Thema Risiko mit Schwerpunkt Insolvenzmanagement [bei den Lieferanten] zu beschäftigen."*

Um die finanziellen Risiken von Zulieferern zu bewerten, greifen Unternehmen unter anderem auf Rating-Agenturen zurück. Hierzu gehören Unternehmen wie Euler Hermes, Coface oder Dun & Bradstreet. Die finanziellen Risiken werden nicht nur einmalig im Laufe des Vergabeprozesses bewertet, sondern permanent überwacht. Zusätzlich hat ein Unternehmen (Interview 2, Tier-1-Zulieferer) eigene Finanzrisikokennzahlen entwickelt, um als mäßig kritisch bewertete Unternehmen besser einschätzen zu können. Diese Finanzrisikokennzahlen können auch zur Bewertung von Mittelständlern, die kein offizielles Rating aufweisen, herangezogen werden. Das große Erdbeben, der Tsunami und die nukleare Katastrophe im März 2011 in Japan haben den Unternehmen vor Augen geführt, dass die bisherigen proaktiven SCRM-Aktivitäten nach wie vor zu eng gefasst sind. Ausgelöst hierdurch, haben diverse Unternehmen angefangen ihr proaktives SCRM zu erweitern. Im Zuge dessen hat z. B.

ein Unternehmen (Interview 2, Tier-1-Zulieferer) bei der Zuliefererbewertung die Kategorie „Länderrisiken“ hinzugefügt. In dieser Kategorie werden sowohl finanzielle Länderrisiken als auch geographische Länderrisiken, wie z. B. Erdbeben, Flut etc. bewertet. Die Bewertung erfolgt mittels Ratings, die auch von Rating-Agenturen bezogen werden können. Zu den Rating-Agenturen, die solche Ratings anbieten, gehören z. B. Münchner Rück und Coface. Die Ratings je Land werden anschließend mit den Zulieferstandorten verglichen und entsprechende Konsequenzen abgeleitet. Auch wenn sich das proaktive SCRM im Laufe der Zeit weiterentwickelt hat, so ist es immer noch nicht umfassend. Ein Beispiel hierfür ist, dass alle beschriebenen proaktiven SCRM-Aktivitäten bislang lediglich für direkte Supply Chain Partner durchgeführt werden und somit tiefer in der Supply Chain liegende Risiken noch vernachlässigt werden (Henke et al. 2010, S. 7). Dies liegt unter anderem an der mangelnden Transparenz in der Supply Chain. Vorschläge, wie diese verbessert werden kann, werden in Kapitel 5.4 erarbeitet und dargestellt. Auf die verschiedenen Gründe und Herausforderungen, warum die Umsetzung des proaktiven SCRM in den Unternehmen nach wie vor so wenig ausgeprägt ist, wird im nachfolgenden Kapitel eingegangen.

5.3.3.2 *Herausforderungen*

Die Literaturauswertung hat ergeben, dass bereits einige Beiträge zu den Herausforderungen des SCRM vorliegen (z. B. Fiege 2006; Jüttner 2003; Kersten et al. 2009a; Kersten et al. 2009b). Demzufolge war das Ziel der empirischen Erhebung die Überprüfung auf Vollständigkeit der in Kapitel 3.2.2.2 hergeleiteten Kategorisierung der Herausforderungen. Zudem wurde die von Kersten et al. (2009) identifizierte größte Herausforderung der fehlenden Managementkapazitäten bzw. knappen Ressourcen näher untersucht.

Rahmenbedingungen

Vielzahl möglicher betroffener Teile (Interview 6, Tier-1 & Tier-2 Zulieferer):
„[Es geht um] tausende Teilenummern. Wenn es dann in die Logistikketten geht zu den Endprodukten, geht es um eine unglaubliche Teilevielfalt.. [...] Also man kann eigentlich nicht so richtig abschätzen, an welcher Stelle wirklich Gefahren lauern."

	Unternehmensinterne Herausforderungen	**Kooperationsherausforderungen**
Monetäre und zeitliche Ressourcen	Hohe Kosten durch SCRM (Interview 2, Tier-1 Zulieferer): *„Wir versuchen eigentlich kostenmäßig alles zu optimieren, da können wir uns keine zwei Lieferanten erlauben."*	Fehlende Bereitschaft zur Investition auf Grund kurzer Kooperationszeiten (Interview 7, Tier-2 Zulieferer): *„Bei vielen Sachen, die so wettbewerbsintensiv sind, dass sie nach zwei, drei Jahren wieder rausgehen, da investiert man nicht übermäßig."*
Technische Ressourcen	Fehlende Systeme (Interview 8, OEM): *„Transparenz [zu bekommen...], dass ist nicht so einfach, weil die Systeme noch nicht wirklich darauf vorbereitet sind."*	Unterschiedliche Unternehmensübergreifende Systeme (Interview 14, OEM): *„[Ich] versetze mich in die Lage eines First-Tiers, [...] der hat zwei drei OEMs zu bedienen und mit jedem kommuniziert er auch anders, über andere Schnittstellen und über andere Systeme"*
Personelle Ressourcen	Fehlendes Wissen (Interview 8, OEM): *„Heute gehen wir diese Risiken oft unbewusst ein."*	Mangelnde Bereitschaft zum Informationsaustausch (Interview 16, Tier-1 Zulieferer): *„Tja, die Schwierigkeit ist, die „wahren" Antworten zu bekommen."*
Organisation und Kultur	Viele interne Schnittstellen (Interview 4, Tier-1 Zulieferer): *„Eine Schwierigkeit ist auch immer, dass man sehr viele Leute hat, die mit sehr vielen Leuten reden."*	Anforderungen von Kunden (Interview 2, Tier-1 Zulieferer): *„Zum Teil kommen unsere Kunden und sagen: Ihr dürft nur diesen einen Lieferanten verwenden."*

Abbildung 35: Beispielhafte Bestätigung der Kategorisierung von Herausforderungen bei der Umsetzung des SCRM

Gemäß der Literaturauswertung können die Herausforderungen bei der Umsetzung des SCRM in die drei Kategorien unternehmensinterne Herausforderungen, Kooperationsherausforderungen und Rahmenbedingungen unterteilt werden. Diese können wiederum jeweils den Kategorien monetäre und zeitliche Ressourcen, technische Ressourcen, personelle Ressourcen und Organisation und Kultur zugeordnet werden. Die aufgezeigten Kategorien sowie die Unterkategorien wurden im Rahmen der Experteninterviews bestätigt. Es konnten alle von den Experten genannten Herausforderungen in die Kategorisierung eingeordnet werden. In Abbildung 35 wird jede Kategorie beispielhaft mit einem Zitat aus den Experteninterviews belegt.

Als besonders große Herausforderungen bei der Umsetzung von SCRM wurden fehlende Managementkapazitäten, komplexe Rahmenbedingungen, Intransparenz und hohe Kosten hervorgehoben. Dies deckt sich weitestgehend mit den Erkenntnissen der Literaturauswertung. Laut einer Studie von Kersten et al. (2009) werden fehlende Managementkapazitäten und mangelnde Transparenz als größte Herausforderungen bei der Umsetzung von SCRM genannt werden. Da die Herausforderung fehlender Managementkapazitäten bzw. knapper Ressourcen im Fokus der zweiten Forschungsfrage steht, wird diese im Folgenden tiefergehend untersucht. Bereits in den Experteninterviews wurde hervorgehoben, dass die Umsetzung des SCRM meist an der Ressourcenknappheit scheitert (Interview 13, Tier-1-Zulieferer):

> *„Um so etwas [proaktives SCRM] vernünftig zu machen, brauchen sie Leute, die „dedicated" sind [...]. Die haben wir nicht. Das ist das Hauptproblem."*

Ob viele Unternehmen der Herausforderung knapper Ressourcen für das SCRM gegenüberstehen, wurde im Rahmen der schriftlichen Befragung untersucht. Im Rahmen dieser haben die Experten angeben, ob in ihrem Unternehmen proaktives SCRM bereits Teil der Jobbeschreibungen ist und ob zudem bereits Mitarbeiter ausschließlich für das proaktive SCRM zuständig sind. Die Antwortkategorien wurden aus den Experteninterviews hergeleitet. Es ist zu erkennen, dass Unternehmen eher begrenzt in Mitarbeiterressourcen für proaktives SCRM investieren. Lediglich 22% der Unternehmen haben mindestens einen Mitarbeiter, dessen Aufgabe ausschließlich proaktives SCRM ist. Bei sogar 37% der Unternehmen ist proaktives SCRM noch nicht einmal Teil der Jobbeschreibung von SCM- bzw. Einkaufsmitarbeitern. Bei 38% der Unternehmen ist proaktives SCRM zwar Teil der Jobbeschreibung von SCM- bzw. Einkaufsmitarbeitern, jedoch ist fraglich, ob die Mitarbeiter neben dem Tagesgeschäft tatsächlich noch Zeit für das proaktive SCRM haben. Daraus lässt sich schließen, dass die Ressourcenknappheit nach wie vor eine der größten Herausforderungen bei der Umsetzung des proaktiven SCRM darstellt.

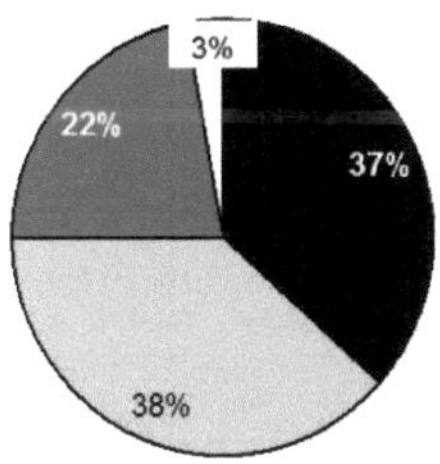

Legende:

- 1: Proaktives SCRM ist nicht Teil der Jobbeschreibung von SCM- bzw. Einkaufsmitarbeitern
- 2: Proaktives SCRM ist Teil der Jobbeschreibung von SCM- bzw. Einkaufsmitarbeitern
- 3: Zusätzlich zu 1&2 haben wir mindestens einen Mitarbeiter, dessen Aufgabe ausschließlich proaktives SCRM ist
- Keine Angabe

Abbildung 36: Verankerung von proaktivem SCRM in der Jobbeschreibung

Die Herausforderung knapper Ressourcen wird durch die mangelnde Transparenz sowie durch die komplexen Rahmenbedingungen weiter verstärkt. Beispielsweise führt laut einem der Experten (Interview 6, Tier-1- und Tier-2-Zulieferer) die Vielzahl von möglichen Risiken dazu, dass es

> *„[...] unmöglich ist, sich wirklich systematisch durch jedes potentielle Risiko durchzuarbeiten."*

Auch die Vielzahl an Produkten, die im SCRM zu bearbeiten sind, kommt erschwerend hinzu. Manche Unternehmen haben beispielsweise mehr als 100.000 Teile (Interview 2, Tier-1-Zulieferer). Bei knappen Managementressourcen ist es schwierig festzulegen, für welche Produkte und für welche Risiken mit dem proaktiven SCRM begonnen werden soll. Deswegen setzt sich Kapitel 5.4 mit dieser Herausforderung auseinander. Auch wird in Kapitel 5.4 die Herausforderung der mangelnden Transparenz aufgegriffen.

5.3.4 Zusammenfassende Würdigung der Ergebnisse zur Umsetzung und Ausrichtung des Supply Chain Risikomanagements

Die Analysen zur Umsetzung und Ausrichtung des SCRM in der Automobil Supply Chain haben ein umfassendes und aktuelles Bild zu allgemeinen Erkenntnissen zum SCRM, wie z. B. zum Begriffsverständnis, zur Relevanz und Motivation und zu den Fähigkeiten der Unternehmen im SCRM, sowie zu spezifischen Erkenntnissen zum reaktiven SCRM und zum proaktiven SCRM ergeben.

Eine Zusammenfassung der allgemeinen Erkenntnisse erfolgt In Abbildung 37.

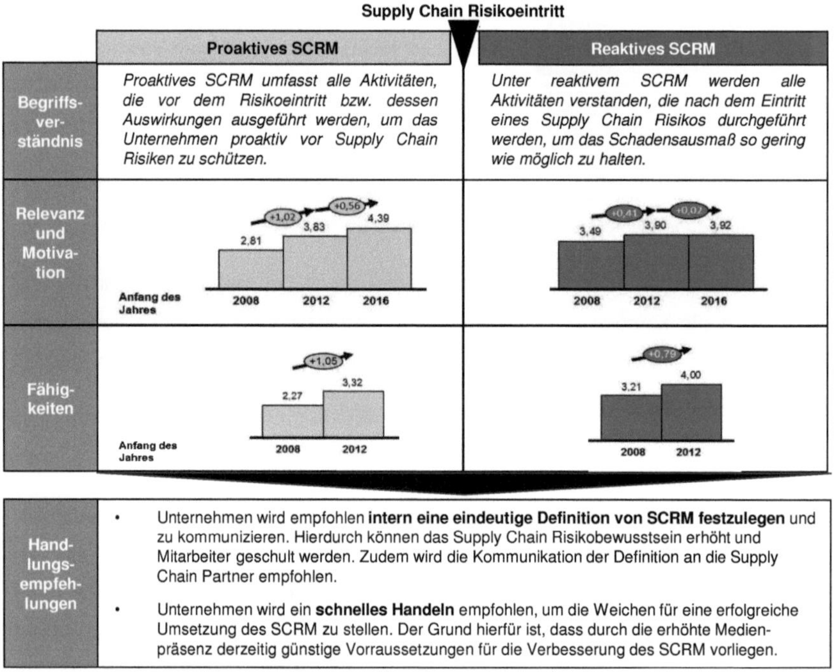

Abbildung 37: Zusammenfassung der allgemeinen Erkenntnisse und Handlungsempfehlungen

Es wurde gezeigt, dass Unternehmen sowohl reaktives als auch proaktives SCRM beherrschen müssen. Auch hat das Thema SCRM in den letzten Jahren an Bedeutung gewonnen (Manuj und Mentzer 2008, S. 193; Sodhi et al. 2012; Wagner und Bode 2006, S. 79). Die Experten gehen zudem davon aus, dass die Relevanz von SCRM weiterhin steigt und proaktives SCRM zukünftig wichtiger wird als reaktives SCRM (vgl. Abbildung 25). Dementsprechend haben sich Unternehmen das Ziel gesetzt, zu mehr proaktivem SCRM zu gelangen (Dani 2008, S. 53; Zsidisin und Ritchie 2008, S. 3). Es wurde gezeigt, dass die reaktiven SCRM-Fähigkeiten der Unternehmen bereits ausgeprägt sind und sie sich im Laufe der letzten Jahre positiv entwickelt haben (vgl. Abbildung 26). Als Grund für den positiven Trend der reaktiven SCRM-Fähigkeiten ist zu nennen, dass Unternehmen in den letzten Jahren häufiger von Supply Chain Risikoeintritten getroffen wurden. Dies hat dazu geführt hat, dass die Unternehmen dazugelernt haben und sich Prozesse und Instrumente etabliert haben. Sowohl die Literaturauswertung (vgl. Enslow 2008; Jüttner 2005) als auch die schriftliche Befragung (vgl. Abbildung 26) haben gezeigt, dass die proaktiven SCRM-Fähigkeiten der Unternehmen nach wie vor allenfalls mittelmäßig sind. Immerhin ist anzumerken, dass sich die proaktiven SCRM-Fähigkeiten im Laufe der Jahre verbessert und weiterentwickelt haben.

Auch wurde ein Vorgehen zum reaktiven SCRM entwickelt. Dieses wird durch Hilfsmittel, wie z. B. eine Checkliste zur Zusammenstellung des reaktiven SCRM-Teams, Beispielberechnungen, Empfehlungen zu Mitigationsaktionen etc. unterstützt. Zudem wurden unterstützende Prozesse und Instrumente für das reaktive SCRM hergeleitet und hinsichtlich Relevanz und Umsetzungsfähigkeit geprüft. In Abbildung 38 wird das empfohlene Vorgehen zum reaktiven SCRM inklusive der Hilfsmittel und unterstützender Prozesse und Instrumente dargestellt.

Des Weiteren haben die Erkenntnisse zum proaktiven SCRM ergeben, dass sich dieses von einem ursprünglichen Fokus auf häufig auftretende Supply Chain Risiken, wie z. B. Lieferunregelmäßigkeiten oder Kapazitätsengpässe, um finanzielle Risiken und teilweise Länderrisiken erweitert hat. Dennoch ist das proaktive SCRM noch nicht umfassend. So werden z. B. häufig nur direkte Supply Chain Partner beim proaktiven SCRM berücksichtigt und damit Supply Chain Risiken, die tiefer in der Supply Chain liegen, vernachlässigt (Henke et al. 2010). Diverse Autoren (z. B. Fiege 2006; Jüttner 2003; Kersten et al. 2009a; Kersten et al. 2009b) haben sich bereits mit den Gründen für den noch mittelmäßigen Umsetzungsstatus des proaktiven SCRM auseinandergesetzt. Im Rahmen der empirischen Erhebungen wurde die in der Literaturauswertung hergeleitete Kategorisierung von Herausforderungen bei der Umsetzung des SCRM bekräftigt. Als größte Herausforderungen wurden fehlende Managementkapazitäten bzw. knappe Ressourcen kombiniert mit mangelnder Transparenz in der Supply Chain (Kersten et al. 2009a, S. 148) sowie einer Vielzahl möglicher Risiken und Produkte, für die ein SCRM auszuführen ist, identifiziert. Als Konsequenz stehen die Unternehmen vor der Herausforderung für eine große Anzahl von Produkten mit knappen Ressourcen ein proaktives SCRM umzusetzen. Die Literatur bietet hierbei keine Hinweise mit welchen Produkten beim proaktiven SCRM begonnen werden sollte. Dementsprechend befasst sich Kapitel 5.4 ausführlich mit Produktpriorisierungsansätzen im SCRM.

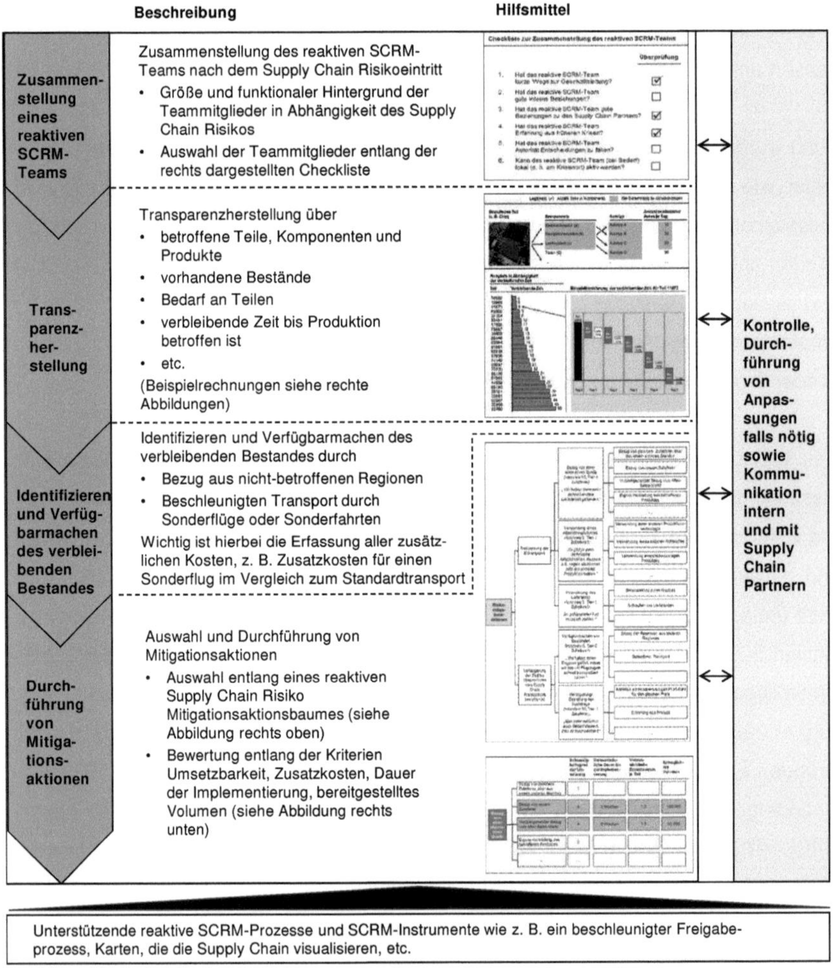

Abbildung 38: Modell zum reaktiven Supply Chain Risikomanagement

5.4 Produktpriorisierungsansätze im Supply Chain Risikomanagement

5.4.1 Status Quo

Eine Produktpriorisierung für das SCRM verfolgt das Ziel, Teile, Komponenten und Produkte in einer Rangfolge hinsichtlich ihrer Supply Chain Risikokritikalität zu ordnen. Die Unternehmenspraxis sieht eine Produktpriorisierung für das SCRM als notwendig an. Dies liegt zum einen an dem großen Teilespektrum (Interview 5, Tier-1-Zulieferer):

> *„Es ist schon so, dass wir bei unserem Teilespektrum nicht eine enge Verfolgung über alle Teilenummern machen können."*

Und zum anderen an fehlenden Ressourcen (Interview 3, Tier-1-Zulieferer):

> *„Obviously what you have to do is to prioritize, so you cannot handle everything at the same time as it's a matter of resources."*

In der SCRM-Literatur sind bislang lediglich systematische Ansätze zur Priorisierung von bekannten und unbekannten Supply Chain Risiken zu finden.[25] Zur Produktpriorisierung fehlen bisher detaillierte und alle Supply Chain Risiken umfassende Ansätze. Auch in der Unternehmenspraxis liegen zur Produktpriorisierung keine systematischen Ansätze vor (Interview 6, Tier-1- und Tier-2-Zulieferer):

> *"Es [bei der Produktpriorisierung] wird einiges auch aus einem Common Sense/Bauchgefühl heraus gemacht, bei dem wir uns nicht wirklich sicher sind: Haben wir die richtige Methodik? Haben wir immer die richtigen Einschätzungen? Machen wir vielleicht unwissend ein paar gravierende Fehler? Um ehrlich zu sein, es fehlt eine Methodik, die wirklich alles abdeckt, damit wir sagen können, wir wissen wirklich, dass wir alle Risiken in irgendeiner Form einkategorisiert/priorisiert haben."*

[25] Die Vorgehensweise von bekannten Risiken wird in Kapitel 3.3.2 und die von unbekannten Risiken in Kapitel 3.3.3 diskutiert.

Obwohl weder in der Literatur noch in der Unternehmenspraxis systematische Ansätze zur Produktpriorisierung zu finden sind, schätzen Unternehmen ihr Wissen über Supply Chain risikokritische Teile bereits als gut ein (vgl. Abbildung 39).

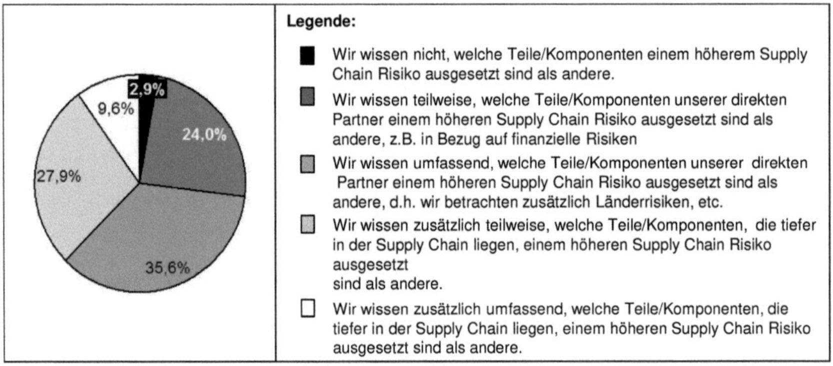

Abbildung 39: Wissen über Supply Chain risikokritische Teile

Im Rahmen der schriftlichen Befragung gaben 35,6% der Befragten an, umfassend zu wissen, welche Teile/Komponenten ihrer direkten Supply Chain Partner einem höheren Supply Chain Risiko ausgesetzt sind als andere. 27,9 % waren der Meinung zumindest teilweise zu wissen, welche Teile/Komponenten, die tiefer in der Supply Chain liegen, einem höheren Supply Chain Risiko ausgesetzt sind als andere. Auf Grund der Abweichung zwischen wahrgenommenem Wissen über Supply Chain risikokritische Teile in der Unternehmenspraxis und fehlenden systematischen Ansätzen zur Produktpriorisierung, wurde näher untersucht, auf welche Kriterien sich die Unternehmen bei der Festlegung, ob ein Teil Supply Chain risikokritisch ist oder nicht, stützen. Aus den Expertengesprächen bildeten sich neun Produktpriorisierungskriterien heraus. Diese werden in Tabelle 15 aufgelistet und beispielhaft mit Originalzitaten belegt.

Tabelle 15: Übersicht über aktuelle Kriterien zur Bestimmung Supply Chain risikokritischer Teile

Kriterium	Beispielhaftes Zitat	Interviewnummer
Historisch kritische Teile	*„Im Moment ist es noch davon geprägt, dass man überprüft, was einem in der Vergangenheit immer vor die Füße gefallen ist. Dann guckt man sich die Teile auch weiter an."*	Interview 14, OEM
Teile, die von Zulieferern mit schlechtem Rating bezogen werden	*„Also was wir tun ist: [...] dass wir von Euler Hermes [...] ein Rating für die Lieferanten beziehen. Dies leitet sich im Wesentlichen aus dem Zahlungsverhalten der Lieferanten ab und zeigt uns klar, welche von unseren Lieferanten kritische Lieferanten sind."*	Interview 2, Tier-1-Zulieferer
Teile von neuen Zulieferern	*„Für die neue Lieferantenaufnahme gibt es eine spezielle Systematik, die heißt New Supplier Introduction (NSI). Die Lieferanten werden auf Qualitäts-, Logistik-, aber auch Finanzenkriterien überprüft."*	Interview 2, Tier-1-Zulieferer
Teile mit hohem Einfluss auf das Gesamtergebnis	*„How critical it would be for the impact of the company result. Not just on your individual purchasing results."*	Interview 3, Tier-1-Zulieferer
Teile mit langer Wiederbeschaffungszeit	*„Kriterien an der Stelle [...] sind auf der einen Seite die Wiederbeschaffungszeiten. Das ist ein Thema, weil es die Reaktionszeit definiert und demzufolge ein wesentliches Kriterium ist."*	Interview 14, OEM
Teile, die single-sourced sind	*„Kritisch sind single-sourced Teile, also Teile, für die wir keine second source haben."*	Interview 5, Tier-1-Zulieferer
Teile mit langer Produktionszeit	*„Der entscheidende Punkt sind die physikalischen Prozess- und Entwicklungszyklen, die sie nicht überwinden können."*	Interview 2, Tier-1-Zulieferer
Bauchgefühl/Erfahrung	*„Einiges wird auch aus einem Common Sense/Bauchgefühl heraus gemacht."*	Interview 6, Tier-1- und Tier-2-Zulieferer
Teile mit hohem monetären Wert	*„Der erste Schritt orientiert sich schon ein Stück weit am Wert der Teile."*	Interview 4, Tier-1-Zulieferer

Im Rahmen der schriftlichen Befragung wurden die Produktpriorisierungskriterien hinsichtlich ihrer Anwendung im Unternehmen bewertet. Hierzu wurden die Experten gebeten, die Häufigkeit der Anwendung der verschiedenen Produktpiorisierungskriterien auf einer 5-Punkt-Likert-Skala (1 = gar nicht; 5 = intensiv) einzuschätzen. Das Ergebnis wird in Abbildung 40 dargestellt.

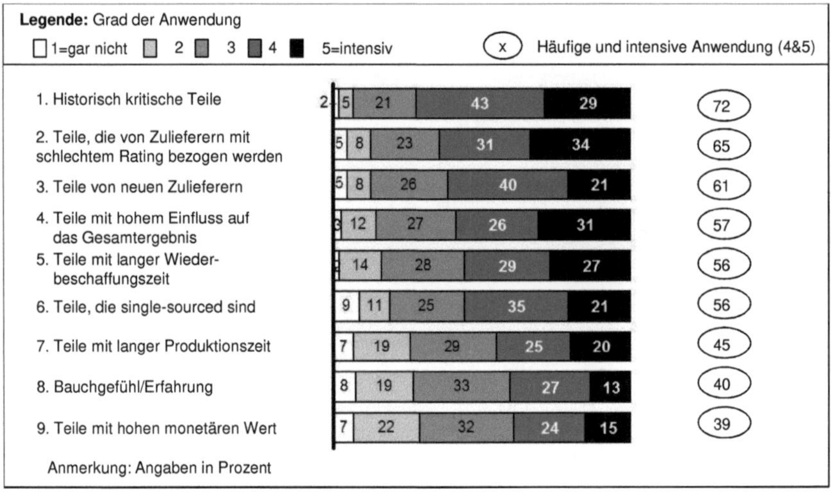

Abbildung 40: Aktuell verwendete Produktpriorisierungskriterien

Zur Bestimmung Supply Chain risikokritischer Teile dienen zumeist die Kriterien „historisch kritische Teile“ (72% der Teilnehmer wenden das Kriterium im Unternehmen häufig bis intensiv an) und „Teile, die von Zulieferern mit schlechtem Rating bezogen werden“ (65% der Teilnehmer wenden das Kriterium im Unternehmen häufig bis intensiv an). Seltener erfolgt eine Produktpriorisierung basierend auf den Kriterien „Bauchgefühl/Erfahrung“ und „Teile mit hohem monetären Wert“. Daraus lässt sich schließen, dass die bisher verwendeten Kriterien auf historischen Werten beruhen. So werden Teile identifiziert, die bereits in der Vergangenheit auffällig waren. Teile, die seltener von Supply Chain Risiken betroffen wurden, jedoch zumeist ein hohes Schadensausmaß aufweisen, werden durch bisher verbreitete Produktpriorisierungskriterien nicht erfasst. Dies wird bei der folgenden Herleitung von Produktpriorisierungskriterien geändert.

5.4.2 Priorisierungskriterien unter Berücksichtigung des Schadensausmaßes

Nachfolgend werden Produktpriorisierungskriterien hergeleitet, die alle Supply Chain Risikoarten berücksichtigen. Die Überprüfung erfolgt im Anschluss. Zudem werden die hergeleiteten Kriterien hinsichtlich ihres Einflusses auf die gesamtheitliche Höhe des Schadensausmaßes bewertet.

Herleitung

Um auch Supply Chain Risiken mit geringer Eintrittswahrscheinlichkeit, aber hoher Schadenswirkung zu berücksichtigen, wurden Faktoren, die generell die Höhe des Schadensausmaßes beeinflussen, identifiziert. Hierzu wurden im Rahmen der Experteninterviews verschiedene Treiber diskutiert und identifiziert. Als besonders kritisch wurden insbesondere sogenannte Knock-out-Teile für die Produktion genannt. Allgemein wird unter einem Knock-out-Kriterium eine notwendige Bedingung verstanden (Bick und Börgmann 2009). Somit handelt es sich bei Knock-out-Teilen für die Produktion um Teile, die ein KO-Kriterium für die Produktion darstellen, d.h. ohne diese Teile kann unter keinen Umständen das Endprodukt hergestellt werden.

In Tabelle 16 werden die Kriterien dargestellt und jeweils beispielhaft mit einem Originalzitat belegt. Die aufgelisteten Kriterien ermöglichen es, ganzheitlich Supply Chain risikokritische Teile zu identifizieren.

Tabelle 16: Übersicht über Kriterien zur Identifizierung Supply Chain risikokritischer Teile

Kriterium	Beispielhaftes Zitat	Interviewnummer
Knock-out-Teil	*„Of course there is a difference, if you have a component which you can easily fill afterwards. If you miss a plastic part in the interior, which you can easily mark or assemble afterwards, it is completely different to a situation where you miss one of the critical parts of the engine. So that you can't build the engine. And if you can't build the engine you have no truck [or car] at the end of the day."*	Interview 15, OEM
Teil mit hoher Komplexität	*„Hat das Teil funktionale Elemente, die weniger komplex oder hochkomplex sind?“*	Interview 16, Tier-1-Zulieferer

Kriterium	Beispielhaftes Zitat	Interviewnummer
Teil mit bekannter Rohstoffknappheit	*„Ein anderer Treiber sind Kapazitätsengpässe bei den Lieferanten. Es ist bekannt, dass es bei bestimmten Rohstoffen Knappheiten gibt. Seltene Erden ist gerade ein sehr aktuelles Thema, weil die schwer zu beschaffen sind.“*	Interview 5, Tier-1-Zulieferer
Teil, das aus Monopol bezogen wird	*„Monopolstellungen bereiten einem immer wieder Bauchschmerzen.“*	Interview 17, Tier-1- und Tier-2-Zulieferer
Teil, das mit innovativer Produktionstechnologie hergestellt wird	*„Eine neue Produktionstechnologie [...] ist immer ein Risiko. Beispielsweise das ganze Thema Abgasregelungen. [...] Da werden teilweise Technologien eingesetzt, die es früher nicht gab.“*	Interview 1, OEM
Teil mit hohem Einfluss auf das Gesamtergebnis	*„Wenn eine kleine Menge an Autos nicht gebaut werden kann (weil wir ein Teil nicht liefern können), dann geht die Welt nicht unter. Aber wenn z. B. VW die Bänder in mehreren Werken stoppen muss, dann sieht es anders aus.“*	Interview 2, Tier-1-Zulieferer
Teil, das single-sourced ist	*„Wenn ich eine Single Source habe, gehe ich immer ein gewisses Risiko ein.“*	Interview 6, Tier-1- und Tier-2-Zulieferer
Teil mit langer Werkzeugerstellungszeit	*„Man nimmt in den allermeisten Fällen keine off-the shelf parts, sondern spezifisch entwickelte. D. h. ich benötige spezifische Werkzeuge.[...] Deswegen ist die Wiederbeschaffungszeit dieser Werkzeuge wichtig.“*	Interview 11, OEM
Teil, das historisch kritisch war	*„Und in der Logistik oder der Supply Chain hängt es natürlich davon ab, wie kritisch ein Lieferant in Bezug auf Kapazitäten und Qualität war. Und welche Erfahrungen wir mit ihm in der Vergangenheit gemacht haben.“*	Interview 1, OEM
Teil mit langer Ramp-up-Zeit für die Produktion	*„Es geht um die Frage, wie lange dauert es, bis die Produktion bereit ist?“*	Interview 4, Tier-1-Zulieferer
Sicherheitsrelevantes Teil	*„Bei sicherheitsrelevanten Teilen gibt es wirklich manchmal kein „drum herum“ [...und da] kann es wirklich unmöglich sein, einen Lieferanten kurzfristig zu wechseln.“*	Interview 6, Tier-1- und Tier-2-Zulieferer
Teil, bei dem das Unternehmen wenig Macht über Zulieferer hat	*„Wenn ein großer Elektronikkonsumgüterhersteller[26] seinen Lieferanten zwingt, 10% mehr Chips zu liefern, dann [...] stehen wir hinten an.“*	Interview 12, OEM

[26] Der Name des Elektronikkonsumgüterherstellers wurde auf Grund von Vertraulichkeitszwecken entfernt.

Kriterium	Beispielhaftes Zitat	Interviewnummer
Teil mit langer Qualifizierungszeit	*Sie haben in der Automobilindustrie das Problem, dass Applikationen im Auto sehr [...] sorgfältig getestet und qualifiziert werden, mit Wintertests und Sommertests."*	Interview 7, Tier-2-Zulieferer
Teil mit langer Produktionszeit	*„Die Prozesszeit zum Herstellen eines Lieferantenteils ist ausschlaggebend. Es ist einfacher [...] irgendein Pressteil aus Blech als z. B. einen Chip oder Leder herzustellen. Da habe ich eine Prozesszeit von 8-10 Wochen [...] und muss längerfristig die Themen angehen."*	Interview 1, OEM
Teil mit langer Entwicklungszeit	*„Der entscheidende Punkt sind [...] Entwicklungszyklen, die sie nicht überwinden können."*	Interview 2, Tier-1-Zulieferer
Transportzeit bzw. Transportmodus	*„Dass man relativ hochwertige Waren auch wirklich per Airshipment reinbringt (z. B. unsere ganzen Lederbezüge). [...] Schwierige Themen waren die „Aschewolke" und das „Flugstreikthema".*	Interview 11, OEM
Teil mit hohem monetären Wert	*„Der erste Schritt orientiert sich schon ein Stück weit am Wert der Teile."*	Interview 4, Tier-1-Zulieferer

Alle Kriterien werden bei der nachfolgenden Zusammenfassung zu verschiedenen Kategorien berücksichtigt. Bevor dies geschieht, werden nachfolgend die Kriterien „Teil mit langer Werkzeugerstellungszeit", „Teil mit langer Qualifizierungszeit" und „sicherheitsrelevantes Teil" detaillierter beschrieben, da sie Besonderheiten der Automobilindustrie ausmachen. Zudem wird das Kriterium Transportmodus bzw. Transportzeit diskutiert, weil bei diesem Kriterium nicht sofort ersichtlich ist, welche Ausprägungen eine positive und welche Ausprägungen eine negative Auswirkung auf die Supply Chain Risikokritikalität haben.

Teile mit langer Werkzeugerstellungszeit

Die meisten Produkte bzw. Teile in der Automobilindustrie werden mit spezifischen Werkzeugen hergestellt. Dementsprechend dauert die Produktion bzw. die Beschaffung der Werkzeuge vergleichsweise lang (Interview 15, OEM):

> *„The lead time of the tool. In some cases, it can be a couple of weeks. But in a lot of cases it is 3 to 4 months, it could be even longer."*

Auf Grund der langen und kostenintensiven Beschaffung von Werkzeugen werden bei einem Supply Chain Risikoeintritt, wenn als Mitigationsaktion auf einen anderen Lieferanten oder an einen anderen Standort gewechselt werden soll, die Werkzeuge, falls sie nicht beschädigt sind, per Luftfracht an einen anderen Produktionsort gebracht. Während der Thailand Flut wurde zudem von einigen Unternehmen berichtet, die Taucher in die Fabriken geschickt haben, um Werkzeuge und Maschinen zu bergen (Burrows 2011).

Wurde das Werkzeug beschädigt, kann auch zunächst auf Prototypenwerkzeug ausgewichen werden (Interview 10, Tier-1-Zulieferer):

> *„Es gibt dann durchaus Möglichkeiten mit Prototypenwerkzeugen zu produzieren."*

Die Beispiele zeigen, dass die Werkzeugerstellungszeit ein nicht zu vernachlässigender Faktor bei der Bestimmung der Supply Chain Risikokritikalität in der Automobilindustrie ist.

Teile mit langer Qualifizierungszeit sowie sicherheitsrelevante Teile

Viele Teile, die im Auto verbaut werden, müssen qualifiziert werden. D. h. sie durchlaufen diverse Prüfungen, bevor sie für die Produktion freigegeben werden. Insbesondere bei sogenannten sicherheitsrelevanten Teilen gelten strenge Vorschriften. Da die Zahl der sicherheitsrelevanten Teile, die im Auto verbaut werden, steigt (Dieringa und Kainer 2007, S. 91), ist die Betrachtung der Qualifizierungszeit bei der Bestimmung der Supply Chain Risikokritikalität sehr wichtig. Für einen Experten (Interview 6, Tier-1- und Tier-2-Zulieferer) ist die Qualifizierungszeit sogar der ausschlaggebende Faktor dafür, wie schnell im Falle eines Supply Chain Risikoeintritts eine Alternative gefunden werden kann:

> *„Es ist die Qualifizierung der Teile und Systeme in der Automobilindustrie. Alles andere bekommt man sehr schnell organisiert [...]. Aber es kann durchaus erforderliche Tests geben, die Monate dauern."*

Ein Grund dafür, dass die Qualifizierung oftmals so viel Zeit in Anspruch nimmt, sind umfangreiche und komplexe Testdurchläufe (Interview 11, OEM):

> *„Die Sachen fallen ja nicht bei 25 ° Celsius und trockenen Straßen aus. Die Sachen werden dann kritisch, wenn sie [...] widrige Konstellationen haben. Das überprüft man normalerweise in unterschiedlichen Prüfzyklen."*

Die „Japankrise" hat jedoch auch gezeigt, dass sich in Krisensituationen die festen Qualifizierungszeiten verkürzen lassen. Hierbei wird die Qualifizierungszeit nicht durch eine schnellere Hintereinanderausführung der durchzuführenden Tests verkürzt, sondern durch parallele Phasen einiger Tests. Verkürzte Qualifizierungszeiten bergen das Risiko einer höheren Fahrzeugausfallquote. Dementsprechend ist eine verkürzte bzw. modifizierte Qualifizierung auch nur für Teile möglich, die nicht sicherheitsrelevant sind (Interview 6, Tier-1- und Tier-2-Zulieferer):

> *„Um das Beispiel Japan aufzugreifen, wenn in so einer kritischen Situation der Lieferant komplett ausfällt, dann [...] vereinbare ich mit unseren Kunden, was akzeptable Risiken sind, die wir auf uns nehmen, um die Lieferversorgung herzustellen. Man übernimmt dann gewisse Ausfallrisiken, jedoch nur, solange es keine sicherheitsrelevanten Teilen sind [...]. Bei sicherheitsrelevanten Teilen kann es wirklich unmöglich sein, einen Lieferanten kurzfristig zu wechseln."*

Dass die Unternehmen oftmals schwer einschätzen können, wie hoch das eingegangene Risiko durch die verkürzten Qualifizierungen ist, wird durch folgende Aussage verdeutlicht (Interview 11, OEM):

> *„Ob die Japankrise die Qualität der Fahrzeuge beeinflusst hat? [...] Das werden wir erst in Zukunft sehen, da es durchaus – das ist jetzt eine Hypothese – langfristig Auswirkungen links und rechts haben kann."*

Dementsprechend ist die Qualifizierungszeit und auch die Qualifizierungsintensität ein entscheidendes Kriterium zur Bestimmung der Supply Chain Risikokritikalität. Dies gilt insbesondere für sicherheitsrelevante Teile.

Transportmodus bzw. Transportzeit

Da sich die verschiedenen Transportmodi hinsichtlich ihrer Wirkung auf die Supply Chain Risikokritikalität eines Produktes unterscheiden, werden diese in die Kriterien „Transport per Flugzeug", „Transport per Bahn/LKW", „Transport per Schiff" und „Spezialtransport nötig" aufgeteilt. Der Transport an sich kann eine Quelle für Supply

Chain Risiken darstellen. Zu vergangenen Transport-Supply Chain Risikoeintritten gehören beispielsweise die Aschewolke in Europa in 2010, die den Flugverkehr für mehrere Wochen lahm gelegt hat, oder der Streik in den 29 amerikanischen Westküstenhäfen in 2002, der zehn Tage lang jegliche Schiffslieferung an und von der Westküste unterbunden hat (Sheffi 2007, S. 61f.). Gleichzeitig kann der Transport jedoch auch als Mitigationsaktion eingesetzt werden. Hierbei haben langsame Transportmodi, wie z. B. der Transport per Schiff, zwei Vorteile. Zum einen stellen sie eine Art Bestandspuffer dar (Interview 11, OEM):

> *„Ich habe immer Seecontainer, die unterwegs sind. Das gibt mir natürlich auch eine gewisse Vorwarnreaktionszeit."*

Zum anderen können langsame Transportmodi durch schnellere ersetzt werden und hierdurch für den Wiederanlauf der Produktion Zeit gewonnen werden. Ein weiterer Aspekt der Teile, die zumeist per Luftfracht transportiert werden, Supply Chain risikokritisch macht, ist, dass diese häufig eine hohe Wertdichte aufweisen. Sie werden oftmals Just-in-Time produziert, so dass keine bzw. kaum Bestände vorgehalten werden. Sind solche Teile folglich von einem Supply Chain Risikoeintritt betroffen, so bekommen Unternehmen die Auswirkungen des Supply Chain Risikoeintritts sehr schnell zu spüren.

Überprüfung

Bei der Erhebung der Kriterien wurde bereits sichergestellt, dass die Kriterien sowohl Supply Chain Risiken mit hoher Eintrittswahrscheinlichkeit als auch solche mit niedriger Eintrittswahrscheinlichkeit berücksichtigen. Um darüber hinaus zu gewährleisten, dass mit den hergeleiteten Kriterien umfassend verschiedene Supply Chain Risikoarten berücksichtigt werden, wurden diese der Supply Chain Risikokategorisierungen von Christopher und Peck (2004, S.5) gegenübergestellt. Die Kategorisierung der Supply Chain Risiken sieht eine Unterteilung in Unternehmensrisiken, Supply Chain Risiken und Umfeldrisiken vor. Mit den hergeleiteten Kriterien werden Supply Chain Risiken beispielsweise supplyseitig durch das Kriterium „Teil, das aus Monopol bezogen wird" und nachfrageseitig durch das Kriterium „Teil mit hohem Einfluss auf das Gesamtergebnis" berücksichtigt. Unternehmensrisiken werden z. B. durch das Kriterium „Teil mit hoher Komplexität" und Umfeldrisiken z. B. durch das Kriterium „Transportmodus“ beachtet. Dementsprechend berücksichtigen die Kriterien umfassend Supply Chain Risiken.

Bewertung

Nach der Herleitung und Überprüfung der Kriterien wurden diese im nächsten Schritt hinsichtlich ihres Einflusses auf die Höhe des ganzheitlichen Schadensausmaßes bewertet.

Hierzu wurden im Rahmen der schriftlichen Befragung die Experten gebeten, den Einfluss der einzelnen Kriterien auf die gesamthafte Höhe des Schadensausmaßes auf einer 5-Punkt-Likert-Skala (1 = sehr gering, 5 = sehr hoch) zu gewichten. Das Ergebnis wird in Abbildung 41 dargestellt.

Wie zu erkennen ist, bewirken insbesondere Knock-out-Teile für die Produktion und Teile, die eine hohe Komplexität aufweisen, ein hohes bis sehr hohes Schadensausmaß (86% bzw. 82%). Der Transportmodus hingegen scheint eher unwichtig zu sein.

Nachdem die wichtigsten Kriterien aufgezeigt und diskutiert wurden, werden diese im nachfolgenden Kapitel zu Priorisierungskategorien zusammengefasst

5.4.3 Herleitung von Priorisierungskategorien

Die Herleitung von Priorisierungskategorien ist nötig, da der Aufwand einer Produktpriorisierung anhand von 21 Kriterien so groß wäre, dass damit der eigentliche Sinn einer Priorisierung (nämlich Zeitersparnis) verfehlt werden würde. Eine Priorisierung anhand weniger und handhabbarer Kategorien anstatt vieler Kriterien ist deswegen erstrebenswert. Die Herleitung von Priorisierungskategorien aus den 21 in Kapitel 5.4.3 aufgezeigten, überprüften und bewerteten Kriterien, erfolgt mittels einer explorativen Faktorenanalyse (EFA)[27] (Backhaus et al. 2006, S. 260ff.).

[27] Eine detaillierte Beschreibung des allgemeinen Vorgehens ist in Kapitel 4.3 zu finden.

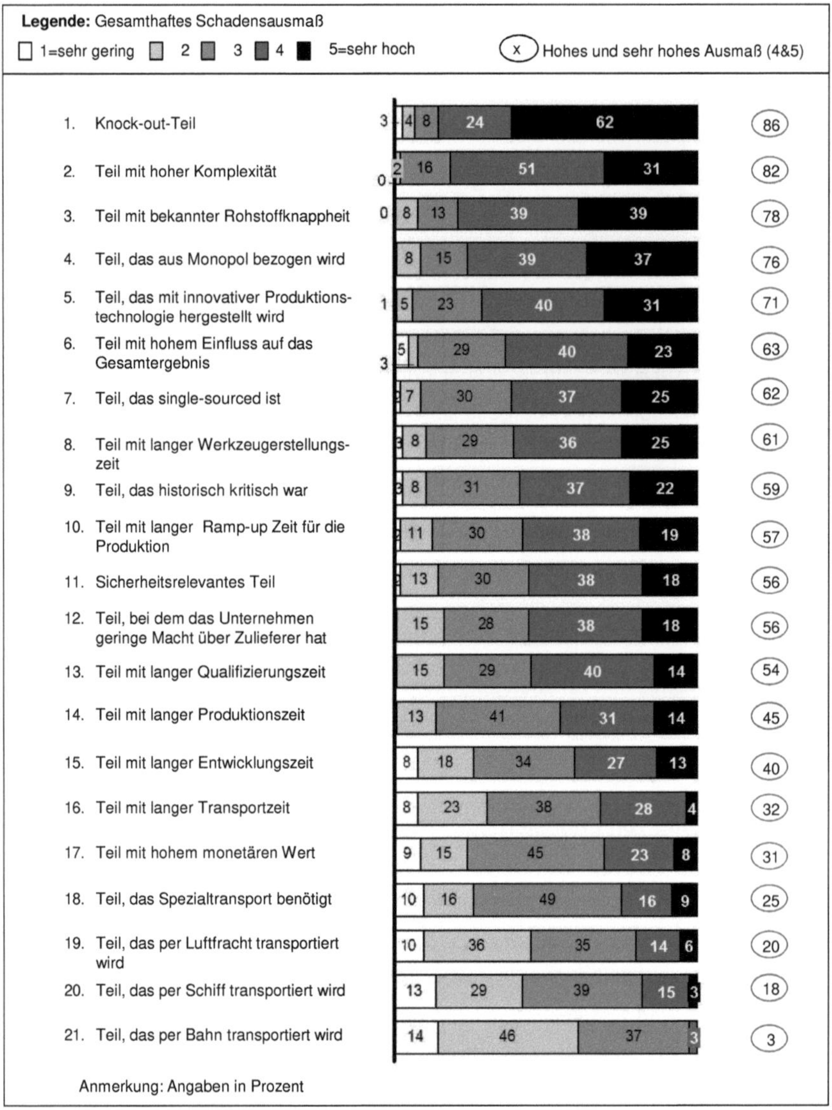

Abbildung 41: Kriterien mit Einfluss auf das ganzheitliche Schadensausmaß eines Supply Chain Risikos

Das Vorgehen der EFA basiert auf der Anwendung diverser statistischer Methoden (Kim und Mueller 2004, S. 9) und wird entlang folgender vier Schritte dargestellt:

1. Variablenauswahl, Berechnung der Korrelationsmatrix und Bestimmung der Eignung des Ausgangsvariablensets
2. Bestimmung der Extraktionsmethode
3. Bestimmung der Anzahl der Faktoren
4. Faktoreninterpretation und Bestimmung der Faktorwerte

Variablenauswahl, Berechnung der Korrelationsmatrix und Bestimmung der Eignung des Ausgangsvariablensets

Zunächst wurde überprüft, ob Variablen aus der EFA auszuschließen sind. Da dies nicht erforderlich schien, wurden alle 21 Kriterien in das Variablenset aufgenommen. Anschließend wurde die Eignung des Variablensets basierend auf der Bestimmung des Kaiser-Meyer-Olkin-Kriteriums überprüft. Das Kaiser-Meyer-Olkin-Kriterium wurde gewählt, da es „als das beste zur Verfügung stehende Verfahren zur Prüfung der Korrelationsmatrix angesehen wird“ (Stewart 1981, S. 57). Abbildung 42 zeigt, dass sich bezogen auf die 21 Variablen ein MSA-Wert von 0,735 ergibt. Laut Kaiser und Rice (1974, S. 112) stellt dies einen „ziemlich guten“ Wert dar, so dass die Eignung der Daten für eine EFA gegeben ist.

KMO- und Bartlett-Test

Maß der Stichprobeneignung nach Kaiser-Meyer-Olkin		0,735
Bartlett-Test auf Sphärizität	Ungefähres Chi-Qadrat	753,546
	df	210
	Signifikanz nach Bartlett	0,000

Abbildung 42: Überprüfung des Kaiser-Meyer-Olkin-Kriteriums

Bestimmung der Extraktionsmethode

Es gibt eine Vielzahl von Faktorenextrationsverfahren. Hierbei sind die Verfahren der Hauptkomponentenanalyse und der Hauptachsenanalyse von besonderer Bedeutung (Backhaus et al. 2006, S. 291ff.). Die Zielsetzung der EFA bezüglich der Priorisierungskriterien ist nicht die Suche nach der Ursache, sondern die Suche nach den entscheidenden Kategorien. Es steht das Finden von Sammelbegriffen im Vordergrund. Folglich wird als Faktorenextraktionsverfahren die Hauptkomponentenanalyse gewählt.

Bestimmung der Anzahl der Faktoren

Nachdem gezeigt wurde, dass die Daten für eine EFA geeignet sind und mit Hilfe der Hauptkomponentenanalyse Faktoren extrahiert wurden, wurde im nächsten Schritt die Anzahl der Faktoren ermittelt. Hierzu wurden das Kaiser-Kriterium und der Screetest verwendet. Laut Kaiser-Kriterium entspricht die Anzahl der zu extrahierenden Faktoren der Anzahl an Faktoren, deren Eigenwerte größer als eins sind (Backhaus et al. 2006, S. 295).

Sechs Faktoren erklären eine Gesamtvarianz von 63,4%. Da keine vergleichbare Bewertung der Güte der Gesamtvarianz, wie die in Tabelle 13 dargestellte und von Kaiser und Rice (1974) entwickelte Einteilung für MSA-Werte existiert, wurden EFA mit Supply Chain Bezug, die von anderen Autoren durchgeführt wurden, hinsichtlich ihrer Gesamtvarianz analysiert. Es ist festzustellen, dass diese einen ähnlichen Gesamtvarianzwert aufweisen. Beispielsweise reduzierten Tan et al. (2002) mit Hilfe einer explorativen Faktorenanalyse 24 verschiedene Supply Chain Management Tätigkeiten auf sechs Faktoren. Auch führten sie zwölf Zuliefererbewertungsmethoden auf drei Faktoren zurück. Bei ersterem erhielten sie eine Gesamtvarianz von 66,7% bei letzterem von 61,6 %. Eine erklärte Gesamtvarianz von 63,4% wird somit als hinreichend gut betrachtet.

Zur weiteren Prüfung und Veranschaulichung wurde der Screetest herangezogen. Beim Screetest (Backhaus et al. 2006, S. 295) werden die Eigenwerte in absteigender Reihenfolge sortiert und in ein Koordinatensystem eingezeichnet. Die Anzahl der zu extrahierenden Faktoren wird anschließend graphisch ermittelt, indem die Stelle, an der ein Knick („elbow“) zu sehen ist, ermittelt wird. Der Punkt links vom Knick bestimmt die Anzahl der Faktoren.

Tabelle 17: Eigenwerte der Hauptkomponentenanalyse

	Anfängliche Eigenwerte		
Komponente	**Gesamt**	**% der Varianz**	**Kumulierte %**
1	5,233	24,921	24,921
2	2,434	11,592	36,513
3	1,894	9,018	45,531
4	1,552	7,391	52,923
5	1,135	5,403	58,326
6	1,072	5,107	63,433
7	0,930	4,428	67,861
8	0,873	4,158	72,019
9	0,743	3,539	75,558
10	0,702	3,341	78,899
11	0,688	3,275	82,174
12	0,614	2,923	85,097
13	0,526	2,504	87,601
14	0,489	2,330	89,931
15	0,437	2,082	92,013
16	0,376	1,790	93,803
17	0,350	1,667	95,470
18	0,284	1,355	96,824
19	0,253	1,205	98,029
20	0,237	1,126	99,155
21	0,177	0,845	100,000

Extraktionsmethode: Hauptkomponentenanalyse

Abbildung 43 kann entnommen werden, dass es mehrere „Knicke“ gibt. Diese liegen bei Faktor 5, Faktor 7, Faktor 9. Demzufolge sollten laut dem Screetest vier, sechs oder acht Faktoren extrahiert werden. Wählt man vier oder sechs Faktoren so ist sowohl das Kaiser-Kriterium als auch der Screetest erfüllt. Werden sechs Faktoren gewählt, so wird eine Gesamtvarianz von 63,4% erklärt, bei vier Faktoren werden nur 49% erklärt. Acht Faktoren sind auf Grund des Kaiser-Kriteriums auszuschließen. Deswegen wird die Anzahl der zu extrahierenden Faktoren auf sechs festgelegt.

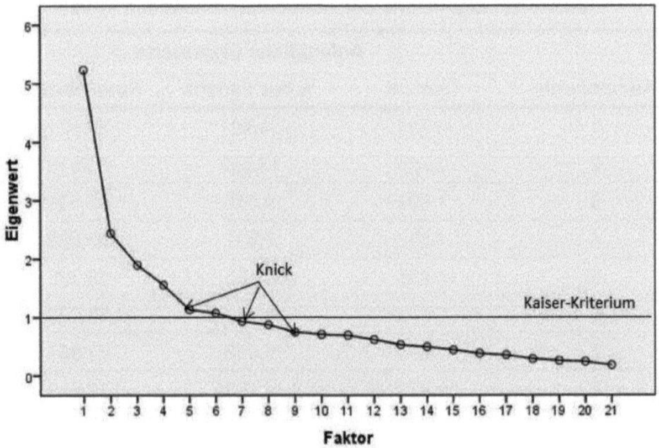

Abbildung 43: Screeplot

Faktoreninterpretation und Bestimmung der Faktorwerte

Um die Interpretation der Faktoren zu erleichtern, wurde eine Rotation durchgeführt. Als Rotationsmethode wurde eine Varimax-Rotation gewählt. Die rotierte Komponentenmatrix wird in Tabelle 18 dargestellt. Zur besseren Anschaulichkeit werden in der Tabelle Werte unter 0,490 unterdrückt. Tabelle 18 stellt die sechs Faktoren mit den jeweils zugeordneten Kriterien dar.

Für die Komponenten wurden folgende sechs Sammelbegriffe gewählt:

a. Supply-/Demandseitige Alternativen (Komponente 1)
b. Produktalternativen (Komponente 5)
c. Wiederherstellungszeit (Komponente 2)
d. Transportzeit bzw. -modus (Komponente 3)
e. Betroffene Menge (Komponente 4)
f. Eintrittswahrscheinlichkeit (Komponente 6)

Abbildung 44 verdeutlicht, wie die sechs Kategorien zusammenhängen.

Tabelle 18: Rotierte Komponentenmatrix

	Komponente					
Kriterium	1	2	3	4	5	6
Teil, das single-sourced ist	0,787					
Teil, das aus Monopol bezogen wird	0,772					
Teil, bei dem das Unternehmen geringe Macht über Zulieferer hat	0,654					
Teil mit bekannter Rohstoffknappheit	0,654					
Knock-out-Teil	0,595					
Teil mit langer Ramp-up-Zeit für die Produktion		0,790				
Teil mit langer Entwicklungszeit		0,770				
Teil mit langer Werkzeugerstellungszeit		0,715				
Teil mit langer Produktionszeit		0,704				
Teil mit langer Qualifizierungszeit		0,533				
Teil, das per Bahn oder LKW transportiert wird			0,822			
Teil, das per Schiff transportiert wird			0,751			
Teil, das per Luftfracht transportiert wird			0,642			
Teil mit langer Transportzeit			0,629			
Teil, das Spezialtransport benötigt			0,491			
Teil mit hohem monetären Wert				0,721		
Teil mit hohem Einfluss auf das Gesamtergebnis				0,637		
Sicherheitsrelevantes Teil				0,566		
Teil mit hoher Komplexität					0,721	
Teil, das mit innovativer Produktionstechnologie hergestellt wird					0,715	
Teil, das historisch kritisch war						0,808

Extraktionsmethode: Hauptkomponentenanalyse.
Rotationsmethode: Varimax mit Kaiser-Normalisierung.
a. Die Rotation ist in neun Iterationen konvergiert.

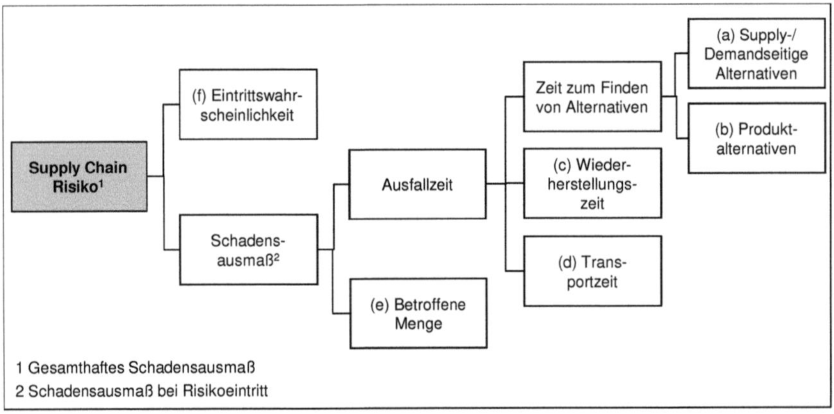

Abbildung 44: Zusammenhangsmodell der Priorisierungskategorien

Wie aus dem Zusammenhangsmodell erkenntlich wird, wird ein Supply Chain Risiko von der Eintrittswahrscheinlichkeit und dem Schadensausmaß bei Supply Chain Risikoeintritt bestimmt. Das Schadensausmaß ist zum einen davon abhängig, wie lang die zu überbrückende Ausfallzeit des vom Supply Chain Risiko betroffenen Teils ist und zum anderen, wie groß die Menge an Endprodukten ist, die durch einen Produktionsstopp betroffen wäre. Die Ausfallzeit hängt wiederum davon ab, wie lange es dauert Alternativen zu finden, diese anschließend zu produzieren und zu transportieren. Basierend auf diesen Erkenntnissen sollten bei der Produktpriorisierung alle sechs Kategorien berücksichtigt werden. Die einzelnen Kategorien werden im Folgenden näher beschrieben.

Supply-/Demandseitige Alternativen

In der Kategorie der Supply-/Demandseitigen Alternativen, sollten zur Bestimmung der Supply Chain Risikokritikalität eines Produktes folgende Fragen berücksichtigt werden:

- Wie lange dauert es einen Alternativlieferanten ausfindig zu machen?
- Gibt es nachfrageseitige Alternativen, die dem Unternehmen eine größere Pufferzeit zum zulieferseitigen Alternativenfinden geben?

- Wie viel Zeit hat das Unternehmen um Supply-/Demandseitige Alternativen zu finden?

Demzufolge sind z. B. Teile, die single-sourced sind oder von einem Monopolisten bzw. aus einem Markt mit sehr wenigen Zulieferern bezogen werden als Supply Chain risikokritisch einzustufen, da es kaum bzw. keine Alternativlieferanten gibt. Auch Teile, die von einem Zulieferer bzw. Sublieferanten geliefert werden, über den das Unternehmen eine geringe „Macht“ hat (d. h. der Anteil des Unternehmens am Gesamtumsatz des Zulieferers ist gering) sind als kritisch einzustufen. Der Grund hierfür ist, dass im Fall eines Supply Chain Risikoeintritts der Zulieferer seine restlichen bzw. kapazitiv eingeschränkten Produkte an seine wichtigen Kunden abgeben wird. In diesem Fall gehen „unwichtige“ Kunden leer aus und bekommen das Supply Chain Risiko schneller zu spüren. Einen ähnlichen Effekt haben Knock-out-Teile, da diese bei Eintritt des Supply Chain Risikos sofort ins Gewicht fallen, wenn nicht bereits supply- oder demandseitige Alternativen vorliegen. Auch für Teile, die eine bekannte Rohstoffknappheit aufweisen, ist es schwierig supplyseitige Alternativen ausfindig zu machen, so dass oftmals auf Produktalternativen ausgewichen werden muss.

Produktalternativen

Die Kategorie der Produktalternativen ist eng mit der Kategorie Supply-/Demandseitige Alternativen verknüpft. In beiden geht es um die benötigte Zeit zur Auffindung von Alternativen. In der Kategorie Produktalternativen sollte überlegt werden, wie schwierig es ist z. B. das Produkt in leicht abgewandelter Form zu produzieren oder aus einem anderen Rohstoff herzustellen. Für besonders komplexe Produkte bzw. Produkte, die mit einer innovativen Produktionstechnologie hergestellt werden ist dies oftmals sehr schwierig. Ist bei einem Produkt sowohl die Kategorie Supply-/Demandseitige Alternativen und Produktalternativen kritisch, so sollte das Produkt als sehr Supply Chain risikokritisch eingestuft werden. Ist nur eine der beiden Kategorien kritisch, so ist das Produkt weniger Supply Chain risikokritisch. Ausschlaggebend hierfür ist, dass beispielsweise ein Teil, das zwar aus einem Monopol bezogen wird, für das es aber drei Produktalternativen gibt, im Falle eines Supply Chain Risikoeintritts relativ einfach ersetzt werden kann.

Wiederherstellungszeit

Wurde eine Alternative gefunden, so geht es im nächsten Schritt darum, diese verfügbar zu machen. Je länger dies dauert, desto länger muss mit „Puffern" gearbeitet werden bzw. desto länger ist die Ausfallzeit. Daher sind Produkte mit einer langen Produktionszeit, einer langen Entwicklungszeit, einer langen Ramp-Up Zeit, einer langen Zeit für die Werkzeugerstellung/-beschaffung und/oder einer langen Qualifizierungszeit als Supply Chain risikokritisch einzustufen.

Transportzeit bzw. -modus

Die Transportzeit bzw. das Transportmodus dient meist als „Puffer". Produkte, die mit einem langsamen Transportmodus, z. B. per Schiff, transportiert werden, sorgen oft noch selbst nach dem Supply Chain Risikoeintritt für eine einstweilige Versorgung. Zudem kann, sobald Alternativen gefunden wurden, ein schnellerer Transportmodus, z. B. Luftfracht, zur Reduzierung der Ausfallzeit genutzt werden. Somit sind z. B. Produkte, die per Luftfracht oder mit einem Spezialtransport transportiert werden als kritischer einzustufen, als Produkte, die per Bahn, LKW oder Schiff transportiert werden.

Betroffene Menge

Neben der Ausfallzeit ist für das Schadensausmaß natürlich die betroffene Menge relevant. Teile, die generell einen hohen Einfluss auf das Gesamtergebnis haben bzw. ein großes Volumen betreffen, sind somit als kritisch einzustufen. Zudem stecken oftmals sicherheitsrelevante Teile gleichermaßen in allen Endprodukttypen. Sind diese beispielsweise durch ein Qualitäts-Supply Chain Risiko betroffen, so können sie zu großen Rückrufaktion mit teilweise signifkiantem Schaden führen.

Eintrittswahrscheinlichkeit

Unternehmen sollten selbstverständlich auch weiterhin häufig auftretende Risiken identifizieren. Hierzu bieten sich bislang angewandte Kriterien (vgl. Kap. 5.4.1) an. Insbesondere sollten historisch kritische Teile identifiziert werden.

Die in diesem Kapitel hergeleiteten und dargestellten Priorisierungskategorien dienen als erste Orientierung, um Teile, Komponenten und Produkte bezüglich ihrer Supply Chain Risikokritikalität zu priorisieren. Eine Handlungsempfehlung wie Unternehmen mit diesen Erkenntnissen umgehen sollten wird nachfolgend dargestellt.

5.4.4 Entwicklung eines Vorgehens zur Produktpriorisierung

Das Ziel einer Produktpriorisierung für das SCRM ist es, die Teile, Komponenten und Produkte eines Unternehmens hinsichtlich ihrer Supply Chain Risikokritikalität zu bewerten. Hierdurch können Unternehmen bewusst eine Entscheidung darüber treffen, für welche Teile, Komponenten und Produkte ihres Unternehmens ein proaktives SCRM durchzuführen ist und für welche das Supply Chain Risiko bewusst akzeptiert wird. Für letztere kann somit im Eintrittsfall des Supply Chain Risikos nur mit reaktiven SCRM-Mitigationsaktionen gegengesteuert werden. Für erstere können im Vorfeld gezielt proaktive SCRM-Mitigationsaktionen durchgeführt werden, die dazu führen, dass die Teile, Komponenten und Produkte weniger Supply Chain Risiken ausgesetzt sind und zudem im Eintrittsfall die Schadenshöhe reduziert wird. Wie groß der Anteil der Teile, Komponenten und Produkte in der jeweiligen Kategorie ist, hängt von der Supply Chain Risikostrategie des Unternehmens ab. Dabei wird die Supply Chain Risikostrategie des Unternehmens von dem sogenannten „Risikoappetit" (risk appetite) bzw. der Risikobereitschaft beeinflusst (Stulz 2008). Unter Risikobereitschaft versteht man die Höhe des Risikos, die ein Unternehmen bereit ist einzugehen (Williams et al. 2006, S. 71).

Basierend auf den im vorangegangenen Kapitel entwickelten Produktpriorisierungskategorien können Supply Chain Risiken anhand der Kategorien Eintrittswahrscheinlichkeit und Schadensausmaß aufgespannt werden. Dies wird beispielhaft in Abbildung 45 veranschaulicht.

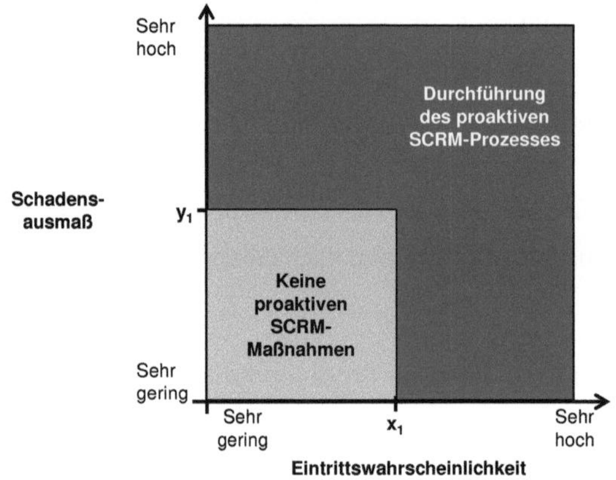

Abbildung 45: Festlegung der Risikobereitschaft

Wie Abbildung 45 entnommen werden kann, sind Teile, Komponenten und Produkte, die im Supply Chain Risikoeintrittsfall ein hohes Schadensausmaß verursachen und/oder häufig von Supply Chain Risiken getroffen werden, zu priorisieren. Dies bedeutet, dass für diese Teile, Komponenten und Produkte, der proaktive SCRM-Prozess durchgeführt werden muss. Zudem gibt es einen Bereich innerhalb der Matrix, in dem keine proaktiven Maßnahmen durchgeführt werden. Der Grund hierfür ist, dass das proaktive SCRM dazu dient, „große" Supply Chain Risiken auf ein Maß zu reduzieren, welches für das Unternehmen akzeptabel ist. Hierzu können zum einen Maßnahmen durchgeführt werden, die die Eintrittswahrscheinlichkeit von Supply Chain Risiken reduzieren. Zum anderen können Maßnahmen zur Reduzierung des Schadensausmaßes eingesetzt werden (Jüttner und Ziegenbein 2008, S. 214). Bei den akzeptierten Risiken nimmt das Unternehmen in Kauf, dass die Risiken eintreten und das Unternehmen gegensteuern muss. Wie bereits beschrieben hängt die Größe der akzeptablen Risiken von der Risikostrategie des Unternehmens ab. Ist ein Unternehmen sehr risikofreudig, so verschieben sich die Punkte x_1 bzw. y_1 nach rechts bzw. nach oben. Hierdurch vergrößert sich der Bereich in dem keine proaktiven

Maßnahmen durchgeführt werden. Der Vorteil einer risikofreudigen Strategie ist, dass weniger Kosten für proaktive Maßnahmen aufzuwenden sind. Der Nachteil ist, dass evtl. anfallende Kosten zur Risikomitigation sehr hoch sein können. Ist ein Unternehmen sehr risikoavers, so verschieben sich die Punkte x_1 bzw. y_1 nach links bzw. nach unten. Hierdurch verkleinert sich der Bereich für proaktives SCRM. Vor- und Nachteile sind genau gegengesetzt zur risikofreudigen Strategie.

Das Vorgehen zur Priorisierung von Teilen, Komponenten und Produkten, die **häufig** von Supply Chain Risiken betroffen sind, wird bereits weitestgehend in der Unternehmenspraxis angewendet (vgl. Kapitel 5.4.1). Zudem existieren verschiedene Priorisierungsansätze in der Literatur (z. B. Ziegenbein 2007). Deswegen steht die Priorisierung von Teilen Komponenten und Produkten, die häufig von Supply Chain Risiken getroffen werden, nicht im Fokus der vorliegenden Arbeit und wird im Folgenden nur kurz diskutiert.

Hohe Eintrittswahrscheinlichkeit

Für die Identifizierung von Teilen, Komponenten und Produkten, die häufig von Supply Chain Risiken betroffen werden, bietet es sich an, die in Kapitel 5.4.1 aufgezeigten Priorisierungskriterien zu verwenden. Insbesondere ist das Kriterium historisch kritische Teile hervorzuheben. Dieses wird bereits von 72% der befragten Unternehmen häufig bis intensiv angewendet. Zudem wird es in der Literatur herausgestellt (Boer 2001; Wu et al. 2010). Unternehmen müssen folglich verschiedene Zielgrößen, wie z. B. eine bestimmte On-Time In-Full Quote (OTIF Quote), definieren und hinsichtlich ihrer historischen Zielerfüllung überprüfen. Basierend hierauf können anschließend historisch kritische Teile und auch historisch kritische Supply Chain Partner identifiziert werden und gezielt Mitigationsmaßnahmen ergriffen werden. Die wichtigsten Zielgrößen sind zudem in Form eines Bonus-Malus-Systems in den Verträgen mit den Supply Chain Partnern festzulegen. Auch wird empfohlen, dass Unternehmen die Erfüllungsgrade der Zielgrößen eng verfolgen. Dies ermöglicht eine frühzeitige Identifizierung negativer Trends und eine schnellere Reaktion. Des Weiteren ist es wichtig, dass die Erfüllungsgrade der Zielgrößen in historischen Datenbanken abgespeichert werden und bei Neuvergabeverhandlungen an das Einkaufsteam zurückgespielt werden. Dies ermöglicht dem Einkaufsteam, die historische Performance von Supply Chain Partnern in Neuvergabeentscheidungen zu berücksichtigen.

Zur Priorisierung von Teilen, Komponenten und Produkten, die häufig von Supply Chain Risiken betroffen sind, wird auf die von Ziegenbein (2007, S. 72) vorgeschlagene Risikomatrix (vgl. Abbildung 12) verwiesen. Die x-Achse stellt hierbei die Supply Chain Verletzlichkeit dar, die y-Achse steht für die strategische Bedeutung des Teils, der Komponente bzw. des Produkts. Die Dimension Supply Chain Verletzlichkeit wird über die Häufigkeit der in der Vergangenheit eingetretenen Störungen definiert und greift damit auf das Kriterium historisch kritische Teile zurück. Die Dimension strategische Bedeutung bezieht sich auf den Einfluss des Produktes auf den aktuellen und zukünftigen Geschäftserfolg (Ziegenbein 2007, S. 71f.). Je größer folglich die Supply Chain Verletzlichkeit und je höher die strategische Bedeutung der Teile, Komponenten und Produkte, desto wichtiger werden proaktive SCRM-Maßnahmen.

Hohes Schadensausmaß

Für die Produktpriorisierung entlang des Kriteriums Schadensausmaß bietet es sich an, auf das in Kapitel 5.4.3 entwickelte Zusammenhangsmodell der Priorisierungskategorien zurückzugreifen. Gemäß diesem, lässt sich das Schadensausmaß in die Ausfallzeit und die betroffene Menge aufspalten. Zur Bestimmung der Supply Chain Risikokritikalität müssen folglich alle Produkte, Komponenten bzw. eingekauften Teile (wenn möglich alle Teile der Stückliste) hinsichtlich der Länge ihrer Ausfallzeit und hinsichtlich der betroffenen Menge an Endprodukten bewertet werden.

Für die quantitative Bewertung der betroffenen Menge wird zunächst identifiziert in welchen Komponenten und Produkten die einzelnen Teile enthalten sind und wie viele der Endprodukte in welcher Anzahl pro Tag produziert werden. Anschließend kann entlang des Wertes an produzierten Endprodukten eine Rangfolge der Teile und Komponenten erstellt werden. Das dreistufige Vorgehen inklusive einer Beispielberechnung wird nachfolgend veranschaulicht.

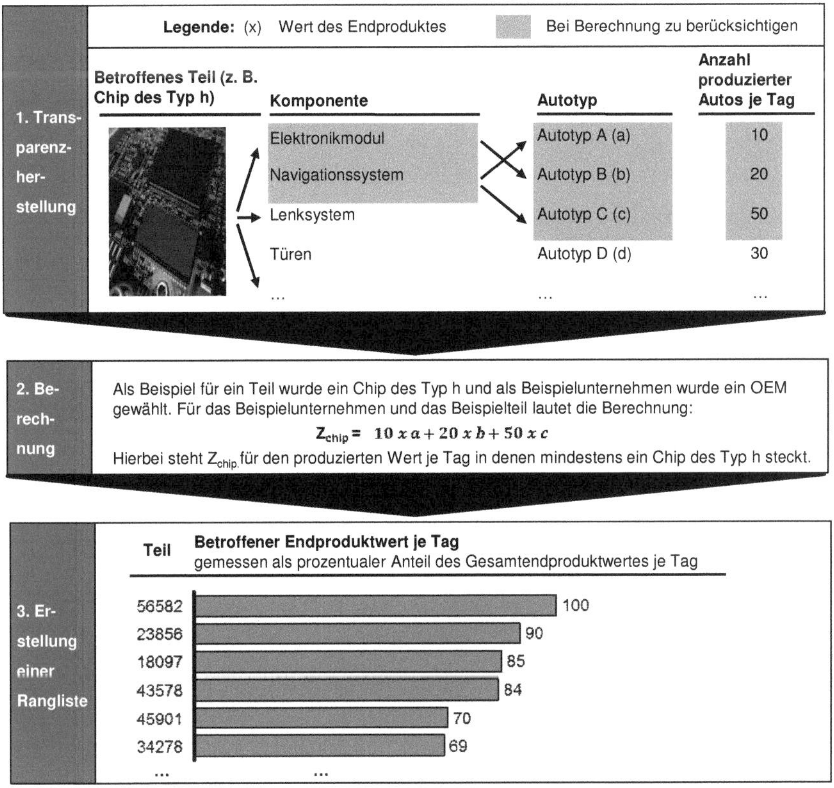

Abbildung 46: Berechnungsvorgehen der betroffenen Menge

Zur Bewertung der Ausfallzeit verschiedener Teile, Produkte und Komponenten müssen gemäß des Zusammenhangmodells der Produktpriorisierung die Zeit zum Finden von Alternativen, die Wiederherstellungszeit und die Transportzeit berücksichtigt werden. Da zur Bewertung und zum Vergleich somit mehrere Kategorien von Kriterien hinzuziehen sind, bietet sich laut Cantner et al. (2007) die Erstellung einer Kennzahl an. Zur Erstellung einer Kennzahl müssen alle drei Hauptkriterien einzeln bewertet, gewichtet und zu einer Gesamtkennzahl zusammengefasst werden. Für den Wertebereich der Gesamtkennzahl wird der Handhabbarkeit halber eine Skala von 0 bis 10 vorgeschlagen. Hierbei steht 0 für ein sehr niedriges Level an Supply Chain Risikokritikalität und 10 für ein sehr hohes Level an Supply Chain Risikokritikalität. Hinsichtlich der Gewichtung wird vorgeschlagen das Kriterium Zeit zum Alternativenfinden und auch das Kriterium Wiederherstellungszeit jeweils mit einem Wertebereich von 0 bis 4 auszustatten und das Kriterium Transport mit Werten von 0 bis 2 zu belegen. Die geringere Gewichtung des Kriteriums Transport ist auf die geringere beigemessene Supply Chain Risikokritikalität in der schriftlichen Befragung zurückzuführen. Nachdem die Zusammensetzung der Gesamtkennzahl zur Bestimmung der Ausfallzeit vorgestellt wurde, wird nachfolgend dargestellt, wie die Ermittlung der Werte der einzelnen Kriterien erfolgt.

Beispielbewertung für Teil x	**Legende:** 0 = sehr leicht; 4 = sehr schwer	
Bewertung der Unterkriterien	**0 1 2 3 4 →**	**Gesamtbewertung**
1. Wie schwer ist es eine Supplyseitige Alternative zu finden? *Auswahl zu berücksichtigender Fragen:* - Wird das Teil aus einem Monopol bezogen? - Ist das Teil single-sourced?	☐ ☐ ☐ ☒ ☐	**Wie schwer ist das Finden von Alternativen?** 1
2. Wie schwer ist es eine Demandseitige Alternative zu finden? *Auswahl zu berücksichtigender Fragen:* - Kann das Endprodukt auch ohne das Teil hergestellt werden und später nachgerüstet werden? - Wie wichtig sind dem Kunden das Teil selbst bzw. die Komponenten in denen das Teil steckt?	☐ ☒ ☐ ☐ ☐	
3. Wie schwer ist es eine Produktalternative zu finden? *Auswahl zu berücksichtigender Fragen:* - Wird das Teil mit einer innovativen Produktionstechnologie hergestellt? - Handelt es sich um ein sehr komplexes Teil? - Wurden bereits Alternativprodukte zugelassen?	☐ ☐ ☒ ☐ ☐	

Abbildung 47: Vorgehen zur Bewertung des Kriteriums Finden von Alternativen

Das Kriterium **Zeit zum Alternativenfinden b**etrifft die Unterkriterien supplyseitige bzw. demandseitige Alternativen und Produktalternativen. Gemäß dem Wertebereich des Kriteriums Zeit zum Alternativenfinden müssen auch die Unterkriterien jeweils mit Werten von 0 bis 4 belegt werden. Da eine schnelle Alternative gefunden werden kann, wenn mindestens eines der Kriterien eine Alternative liefert, somit eine „oder-Verknüpfung“ zwischen supplyseitigen-, demandseitigen- und Produktalternativen vorliegt, ist zur Bestimmung des Wertes des Kriteriums Zeit zum Alternativenfinden der minimale Wert der Unterkriterien ausschlaggebend. Beispielsweise bedeutet dies, dass ein Teil, mit schnell auffindbarer Produktalternative jedoch schwieriger supplyseitiger Alternative, mit einem niedrigen Wert belegt wird. Die Bewertung erfolgt entlang einer 5-Punkt-Likert Skala (0 = sehr leicht; 4 = sehr schwer) entlang der Fragen:

- Wie schwer ist das Auffinden einer supplyseitigen Alternative?
- Wie schwer ist das Auffinden einer demandseitigen Alternative?
- Wie schwer ist das Auffinden einer Produktalternative?

Das Vorgehen zur Bewertung des Kriteriums Finden von Alternativen wird in Abbildung 47 beispielhaft für ein Teil x dargestellt. Hinsichtlich des Kriteriums **Wiederherstellungszeit** sind die Unterkriterien wie z. B. Qualifizierungszeit, Werkzeugerstellungszeit etc. mit einer „und-Verknüpfung" zu betrachten. Dementsprechend müssen sich die Einzelbewertungen der Unterkriterien aufaddieren. Hinsichtlich des Kriteriums der **Transportzeit** bzw. dem Transportmodus werden alle Produkte, die typischerweise geflogen werden bzw. für die ein Spezialtransport nötig ist, als kritisch angesehen. Da der Wertebereich von diesem Kriterium die Werte 0 bis 2 aufweist, wird folgende Zuordnung empfohlen:

- 0: Alle Teile, die hauptsächlich mit einem Standardtransport per Bahn oder LKW transportiert werden.
- 1: Alle Teile, die sowohl per Bahn oder LKW und per Flugzeug oder Sondertransport transportiert werden.
- 2: Alle Teile, die hauptsächlich per Flugzeug oder mit einem Sondertransport transportiert werden.

Nach der Bewertung der einzelnen Kriterien können diese im Anschluss zu einer Gesamtkennzahl zusammengefasst und hieraus eine Rangliste erstellt werden. In Abbildung 48 wird das Vorgehen gesamthaft veranschaulicht.

Nachdem sowohl aufgezeigt wurde, wie die betroffene Menge für einzelne Teile, Komponenten und Produkte bestimmt werden kann und wie die Ausfallzeit berechnet werden kann, müssen diese Berechnungen nun zusammengeführt werden. Dies ist nötig, um Teile, Komponenten und Produkte, die ein besonders hohes Schadensausmaß aufweisen, zu identifizieren.

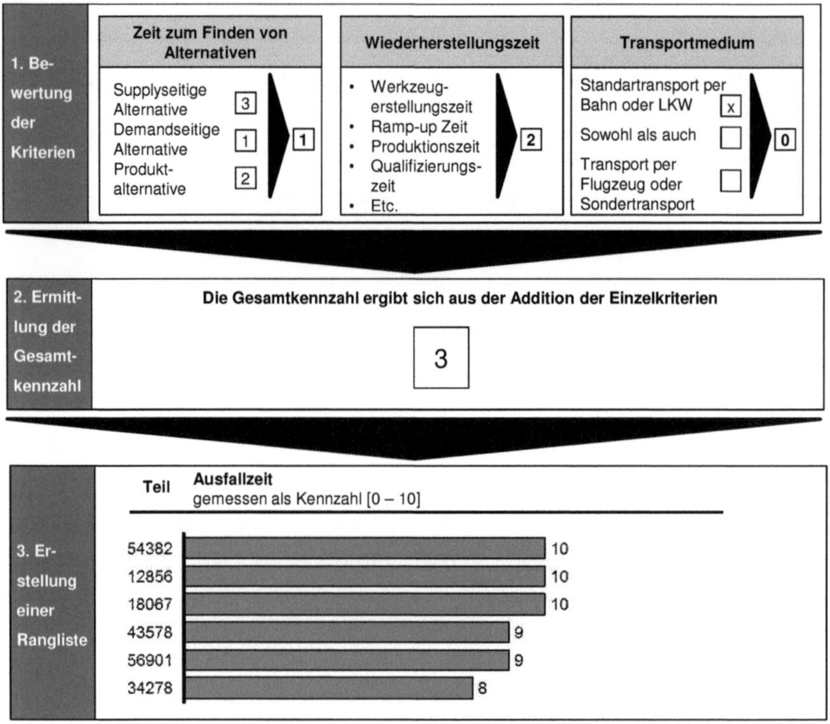

Abbildung 48: Berechnungsvorgehen zur Ausfallzeit

Zur Zusammenführung bietet sich in Anlehnung an Ziegenbein (2007, S. 72) eine Matrix an, dessen y-Achse die betroffene Menge beschreibt und dessen x-Achse für die Ausfallzeit steht. In die Matrix müssen die Bewertungen aller Teile, Komponenten und Produkte eingetragen werden. Daraufhin können die Supply Chain risikokritischen Teile, Komponenten bzw. Produkte identifiziert werden und in Abhängigkeit der SCRM-Strategie des Unternehmens festgelegt werden, für welche Teile, Komponenten und Produkte proaktive SCRM-Maßnahmen durchzuführen sind, für welche dies nur sekundär nötig ist und für welche keine proaktiven SCRM-Maßnahmen durchgeführt werden sollen. Die Supply Chain Risikokritikalitätsmatrix wird in Abbildung 49 dargestellt.

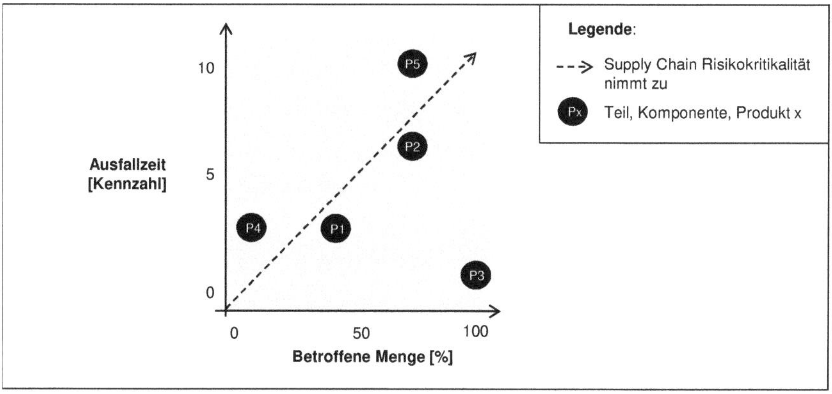

Abbildung 49: Matrix zur Bestimmung der Supply Chain Risikokritikalität

Das dargestellte Vorgehen zur Produktpriorisierung ermöglicht Unternehmen, einen Überblick über die Supply Chain risikokritischsten Teile zu bekommen. Hierdurch können Unternehmen im Anschluss an die Produktpriorisierung gezielt für die Supply Chain risikokritischsten Teile den SCRM-Prozess durchführen. Das Vorgehen zur Produktpriorisierung wird in Kapitel 5.4.6 noch einmal zusammengefasst dargestellt.

5.4.5 Transparenzverbesserung

Als weitere große Herausforderung der Umsetzung von SCRM-Ansätzen wurde die mangelnde Transparenz in der Supply Chain identifiziert. Das aufgezeigte Vorgehen zur Produktpriorisierung beinhaltet bereits einige Elemente, die die Transparenz verbessern. Diese und weitere Ansätze zur Transparenzverbesserung werden nachfolgend diskutiert. Als Ausgangsbasis werden zunächst die aktuelle Transparenzsituation erläutert sowie verschiedene Hindernisse der Transparenzherstellung diskutiert. Daraufhin werden Verbesserungsansätze sowie der Beitrag der Produktpriorisierung zur Transparenzverbesserung dargestellt.

Aktuelle Transparenz

Die Experteninterviews geben Grund zur Annahme, dass nach wie vor eine mangelnde Transparenz in der Supply Chain vorliegt (Interview 11, OEM):

> *„Was von wo in unseren Autos landet – angefangen von der Kautschukplantage bis hin zur Chemiefabrik – das wissen wir nicht. Versuche das näher zu spezifizieren, sind gescheitert. Die Lieferketten werden so schnell so kompliziert, dass man sich dann da verstrickt."*

Neben den komplexen Lieferketten gibt es noch weitere Faktoren, die die Transparenzherstellung erschweren (Interview 1, OEM):

> *„Das ist einfach nicht beherrschbar, weil a) komplex und b) nicht stabil. Da ändert sich immer mal wieder etwas. Sowohl an der Technik, am Teil als auch an der Supply Chain selbst."*

Die Ergebnisse der schriftlichen Umfrage zur Transparenz in der Supply Chain bestätigen, dass diese nach wie vor ungenügend ist. Knapp ein Viertel (24,5%) der befragten Experten weiß lediglich, wer die direkten Supply Chain Partner des Unternehmens sind. Ein Großteil (42,9%) weiß zudem, wer die Sublieferanten sind. Knapp ein Drittel (32,7%) gibt an, Transparenz über die gesamte Automobil Supply Chain zu haben.

Hindernisse

Um die Transparenz in der Supply Chain in Bezug auf das SCRM zu verbessern, ist es für Unternehmen zunächst erforderlich Transparenz über die eigene Supply Chain zu erlangen. Weiterhin müssen die Unternehmen wissen, wie gut ihre Supply Chain Partner bereits im SCRM sind. Dass die Verbesserung der Transparenz in der Supply Chain wichtig ist, wurde bereits von diversen Autoren thematisiert (z. B. Kersten et al. 2009 a; Müssigmann 2006). Dass dennoch bislang die Transparenz kaum verbessert wurde, kann insbesondere auf mangelndes Vertrauen zwischen den Supply Chain Partnern zurückgeführt werden (Böger 2010, Fawcett et al. 2008). Hierzu gehört auch die Angst, dass durch größere Transparenz Wettbewerbsnachteile entstehen können. Dies wird mit folgendem Zitat beispielhaft belegt (Interview18, Tier-1-Zulieferer):

„...das Schwierige besonders in der Automobilindustrie ist, etwas offen darzulegen. [...] Jeder hat Angst seine Lieferanten preiszugeben, damit nicht der „Große" kommt und fragt, was er für einen Benefit bekommt."

Zudem ist es oftmals auch aus juristischer Sicht schwierig, Transparenz über die direkten Supply Chain Partner hinaus zu bekommen (Interview 1, OEM):

„Zunächst einmal ist es so, dass formaljuristisch gesehen, unser Vertragspartner der Tier-1-Lieferant ist. Und wir darüber hinaus keine formaljuristische Beziehung zu einem Tier-2-Lieferanten haben. Insofern ist es immer der Tier-1-Lieferant, der für die Belieferung verantwortlich ist und den wir dann auch im Zweifelsfall ansprechen."

Auch ging aus den Gesprächen mit den Experten hervor, dass man die Supply Chain Partner nicht entmündigen möchte, indem man mit deren direkten Supply Chain Partnern in Kontakt tritt. Des Weiteren wurde genannt, dass der Austausch von Daten zur Transparenzverbesserung durch uneinheitliche IT-Schnittstellen erschwert wird und zudem aufwändig ist.

Trotz dieser verschiedenen Hindernisse werden nachfolgend diverse Transparenzverbesserungsansätze vorgestellt und diskutiert. Diese beziehen sich insbesondere auf die Verbesserung der Transparenz in der Supply Chain für SCRM-Zwecke.

Verbesserungsansätze

Aus der Literatur (z. B. Cavinato 2004, S. 387; Khan und Burnes 2007, S. 208; Manuj und Mentzer 2008, S. 209; Tang 2006, S. 34) und den Expertengesprächen wurden vier Verbesserungsansätze hergeleitet. Es handelt sich um:

- Ein zentrales Online-Datenbanksystem
- Vertikale Integration
- Die Einführung einer Supply Chain Risikozertifizierung
- Vertraglich festgesetzte Supply Chain Risikoanforderungen

Die vier Verbesserungsansätze werden im Folgenden näher erläutert.

Bei dem ersten Verbesserungsansatz handelt es sich um die Einführung eines zentralen Online-Datenbanksystems, das es ermöglichen würde, die eigene Supply

Chain zu „googeln“. Dieser Verbesserungsansatz kann noch erweitert werden, indem das zentrale Online-Datenbanksystem mit den aktuellen Nachrichten über Katastrophen etc. verknüpft wird. Hierdurch können automatisch Gefahrenmeldungen ausgelöst werden, wenn die Supply Chain an irgendeiner Stelle betroffen ist (Interview 17, Tier-1- und Tier-2-Zulieferer):

> *„Es wäre schon interessant, wenn man das googeln könnte, [...] und es wäre dann auch schön, wenn man irgendwo jemanden Übergeordnetes hätte, der [...] darauf hinweisen könnte, dass hier potentielle Probleme lauern, [...] Ich lese zwar viele Marktstudien [...], aber wenn das dann kommt, ist es meist schon zu spät.“*

Einen weiteren Ansatz zur Transparenzverbesserung stellt die vertikale Integration dar. Diese ermöglicht es die internen Wertschöpfungsketten zu verlängern und somit mehr eigene Transparenz zu erlangen (Interview 3, Tier-1-Zulieferer):

> *„ I just had another thought: vertical integration of companies in some areas is also interesting, because it might add a lot of transparency."*

Nach dem langen Trend des Outsourcings wird vertikale Integration bereits teilweise bewusst von Unternehmen betrieben, um mehr Transparenz zu erlangen (Interview 5, Tier-1-Zulieferer):

> *„Wir haben bei unserem Unternehmen eine relativ hohe Fertigungstiefe, d. h. gerade in dem Geschäftsbereich, in dem ich arbeite, kommen sehr viele Zulieferungen aus dem eigenen Haus. Das hilft uns dann natürlich eine Transparenz über die Versorgungskette zu haben. Das ist vielleicht keine Antwort für die Automobilindustrie, die immer mehr abspeckt in der Fertigungstiefe. Aber wir haben durchaus die Möglichkeit, dass wir zwei, drei teilweise vier Tier-Stufen innerhalb des Hauses abdecken.“*

Um herauszufinden bzw. Transparenz darüber zu bekommen, wie gut die Supply Chain Partner SCRM betreiben, ist die Einführung einer Supply Chain Risikozertifizierung analog zu Qualitätszertifizierungen denkbar (Cavinato 2004, S. 387).

Zudem können vertraglich festgesetzte Supply Chain Risikoanforderungen an Zulieferer, welche diese Anforderungen wieder an ihre Zulieferer weitergeben (d. h. die Anforderungsweitergabe erfolgt in einer Art „Schneeballsystem“), helfen, den SCRM-

Standard in der Industrie zu heben. Eines der befragten Unternehmen überlegt bereits dies zukünftig einzuführen (Interview 14, OEM):

> *„Was wir an der Stelle vorhaben ist, dass auch wir unseren First-Tier-Lieferanten verpflichten wollen, dass was wir mit ihm machen [bestimmte Supply Chain Risikoanforderungen stellen], er auch mit seinen Lieferanten durchzuführen hat. Dieses soll Bestandteil des Liefervertrages werden."*

Im Rahmen der schriftlichen Befragung wurden die Verbesserungsansätze hinsichtlich der zwei Kriterien „Verbesserung der Transparenz" und „Umsetzbarkeit" auf einer 5-Punkt-Likert-Skala (Verbesserung der Transparenz: 1 = sehr gering; 5 = sehr hoch; Umsetzbarkeit: 1 = sehr schwierig; 5 = sehr leicht) bewertet.

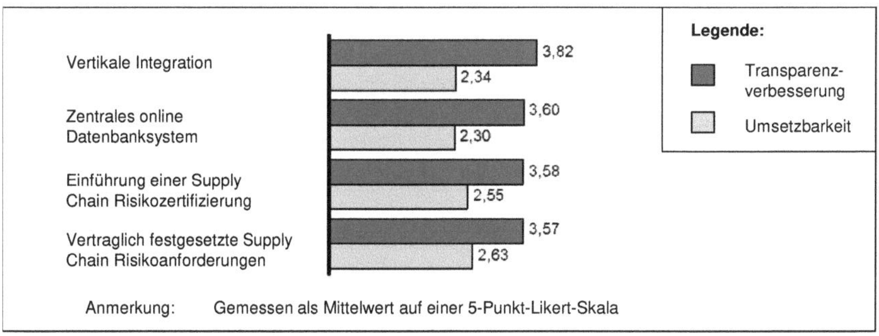

Abbildung 50: Bewertung von Transparenzverbesserungsansätzen

Wie Abbildung 50 zeigt, werden alle Ansätze bezüglich ihrer Transparenzverbesserung als gut eingestuft (Mittelwerte zwischen 3,57 und 3,82). Hingegen zeigt die Einschätzung der Umsetzbarkeit mit Mittelwerten zwischen 2,34 und 2,63, dass die Herausforderung in der Umsetzung liegt. Bezüglich der Umsetzbarkeit bieten sich die Ansätze einer Supply Chain Risikozertifizierung bzw. die Festlegung von Supply Chain Risikoanforderungen am ehesten an. Da beide Ansätze zudem eine starke Verbesserung der Transparenz bringen können, scheint es lohnenswert, diese beiden Ansätze weiter zu verfolgen. Die Teilnehmer der schriftlichen Befragung wurden gebeten, weitere Ansätze zur Verbesserung der Transparenz vorzuschlagen. Diese werden in Abbildung 51 strukturiert dargestellt.

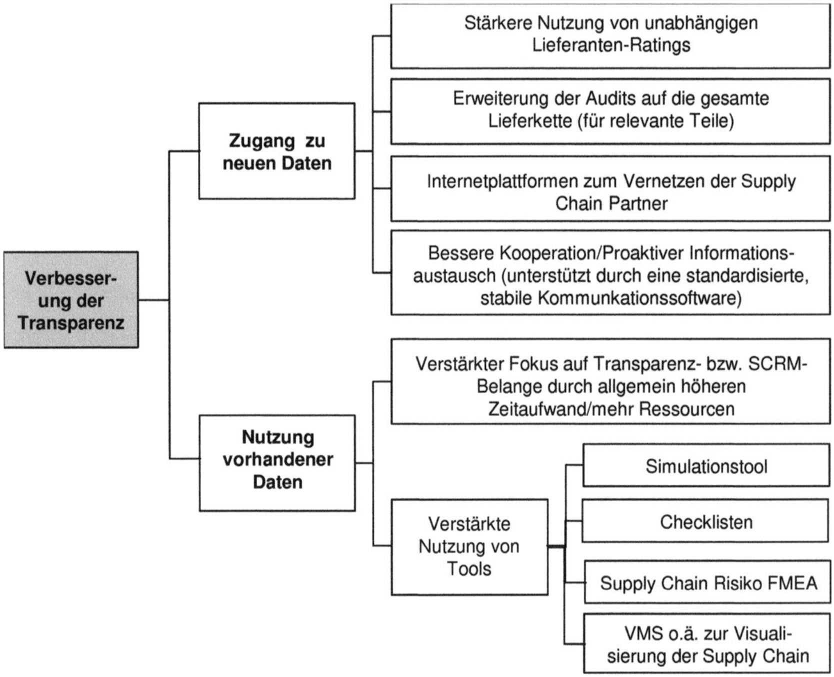

Abbildung 51: Ansätze zur Transparenzverbesserung in der Supply Chain

Die Ansätze werden anhand der Kategorien „Zugang zu neuen Daten" sowie „Nutzung vorhandener Daten" gruppiert. Es ist zu erkennen, dass bereits diverse Möglichkeiten zur Transparenzverbesserung durch die bessere Nutzung vorhandener Daten vorliegen. Des Weiteren kann die Transparenz durch Zugang zu neuen Daten verbessert werden.

Nachdem einige Transparenzverbesserungsvorschläge aufgezeigt und diskutiert wurden, wird abschließend hervorgehoben, welchen Beitrag das entwickelte Vorgehen zur Produktpriorisierung zur Transparenzverbesserung leistet.

Beitrag der Produktpriorisierung zur Transparenzverbesserung

Das Vorgehen zur Produktpriorisierung trägt durch die einzelnen Berechnungen und durch das Ergebnis zur Transparenzverbesserung bei. Bei der Berechnung der betroffenen Produktmenge besteht der erste Schritt darin, Transparenz über die Zuordnung von Teilen zu Komponenten sowie von Teilen und Komponenten zu Produkten und Systemen zu erlangen. Diese Transparenz ist auch für den Supply Chain Risikoeintrittsfall wichtig. Der Grund hierfür ist, dass der erste Schritt des Vorgehens zum reaktiven SCRM die Transparenzherstellung hinsichtlich genau dieser Zuordnung darstellt. Liegt diese Transparenz bereits durch eine durchgeführte Produktpriorisierung im Vorfeld des Supply Chain Risikoeintritts vor, so haben Unternehmen einen großen Zeitgewinn und können mit verkürzter Reaktionszeit das reaktive SCRM effizient starten. Auch das Vorgehen zur Ermittlung der zu erwartenden Ausfallzeiten der Teile, Komponenten und Produkte trägt zur Transparenzverbesserung bei. Einerseits erlangen Unternehmen hierdurch eine bessere Übersicht über ihre Supply Chain Partner. Andererseits ermöglicht die Zuordnung der verschiedenen Teile und Komponenten zum Transportmodus, im Falle eines eintretenden Transportrisikos schnell die betroffenen Produkte zu identifizieren. Auch dies erhöht die Reaktionsschnelligkeit der Unternehmen im Supply Chain Risikoeintrittsfall und somit die reaktiven SCRM-Fähigkeiten der Unternehmen.

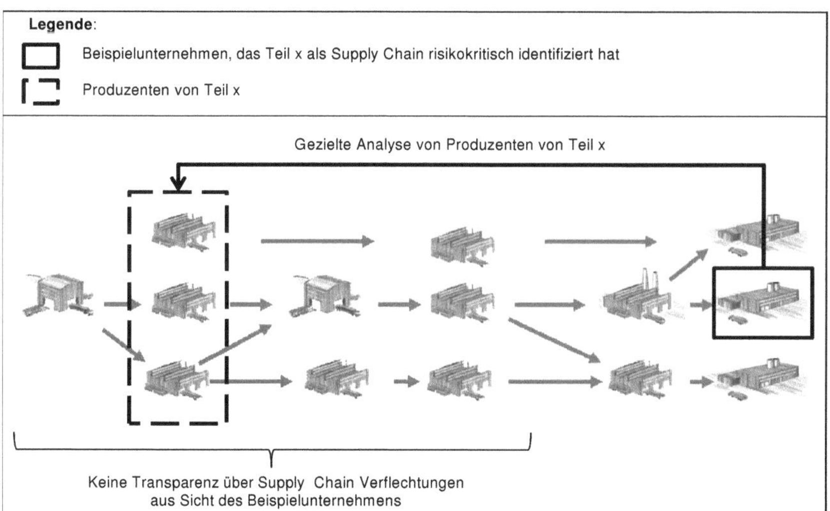

Abbildung 52: Beitrag der Produktpriorisierung zur Begegnung der Herausforderung der mangelnden Transparenz in der Supply Chain

Den größten Beitrag zum Umgang mit der Herausforderung der mangelnden Transparenz in der Supply Chain leistet jedoch das Ergebnis der Produktpriorisierung. Wird die Produktpriorisierung auf Stücklistenebene durchgeführt, so können hierdurch nicht nur Supply Chain risikokritische Teile, die von direkten Zulieferern stammen, identifiziert werden, sondern auch Teile, die von Unternehmen produziert werden, die tiefer in der Supply Chain liegen. Als Ergebnis können Unternehmen für diese Teile gezielt weitere Nachforschungen anstellen, ohne genau wissen zu müssen, wie die Supply Chain Verflechtungen auf den Zwischenstufen aussehen. Abbildung 52 veranschaulicht den Beitrag der Produktpriorisierung zur Begegnung der Herausforderung der mangelnden Transparenz in der Supply Chain. Wie die Herausforderung das Gesamtmodell zum SCRM beeinflusst, wird in Kapitel 5.5 diskutiert.

5.4.6 Zusammenfassende Würdigung der Ergebnisse zu Produktpriorisierungsansätzen im Supply Chain Risikomanagement

Die Analysen zu Produktpriorisierungsansätzen im SCRM haben ein umfassendes Bild zum Status Quo der Produktpriorisierung im SCRM gegeben. Es wurde gezeigt, dass aufgrund des großen Teilespektrums in der Automobilindu-strie und der häufig mangelnden Ressourcen für das SCRM, die Produktpriorisierung in der Unternehmenspraxis als notwendig erachtet wird. Dennoch sind weder in der Literatur noch in der Unternehmenspraxis systematische und alle Supply Chain Risiken berücksichtigende Ansätze zu finden. Bislang werden für das SCRM häufig Teile priorisiert, die historisch kritisch waren bzw. für die man aus einem „Bauchgefühl" heraus denkt, dass diese kritisch sind. Dadurch werden selten auftretende Supply Chain Risiken, die oftmals ein hohes Schadensausmaß aufweisen, vernachlässigt. Um dieses Defizit zu schließen, wurden Produktpriorisierungskriterien, die alle Supply Chain Risiken berücksichtigen, hergeleitet. Insgesamt wurden 21 Kriterien identifiziert. Besonders charakteristisch für die Automobil Supply Chain sind die Kriterien der Werkzeugerstellungszeit, der Qualifizierungszeit und der Sicherheitsrelevanz. Als Kriterien, die ein besonders hohes Schadensausmaß verursachen, haben sich Knock-out-Teile und Teile mit hoher Komplexität hervorgehoben. Diese werden von 86% bzw. 82%

der Befragten mit einem hohen bzw. sehr hohen Ausmaß als bedeutend eingestuft. Als weniger wichtig wurde der Transportmodus gesehen. Mittels einer explorativen Faktorenanalyse wurden die Priorisierungskriterien zu den sechs Kategorien supply-/demandseitige Alternativen, Produktalternativen, Wiederherstellungszeit, Transportzeit bzw. -modus, betroffene Menge und Eintrittswahrscheinlichkeit verdichtet. Die Kategorien wurden wiederum in einem Zusammenhangsmodell, welches im allgemeinen Supply Chain Risiko mündet, dargestellt. Basierend auf den Erkenntnissen wurde ein Vorgehen zur Produktpriorisierung entwickelt. Dieses besteht aus den zwei parallelen Schritten zur Bestimmung der Ausfallzeit und zur Bestimmung der betroffenen Menge. Das Ergebnis beider Schritte ist eine Rangfolge der Teile, Komponenten und Produkte, die wiederum in eine Supply Chain Risikokritikalitätsmatrix eingetragen werden kann. Das Vorgehen wird in Abbildung 53 zusammengefasst dargestellt.

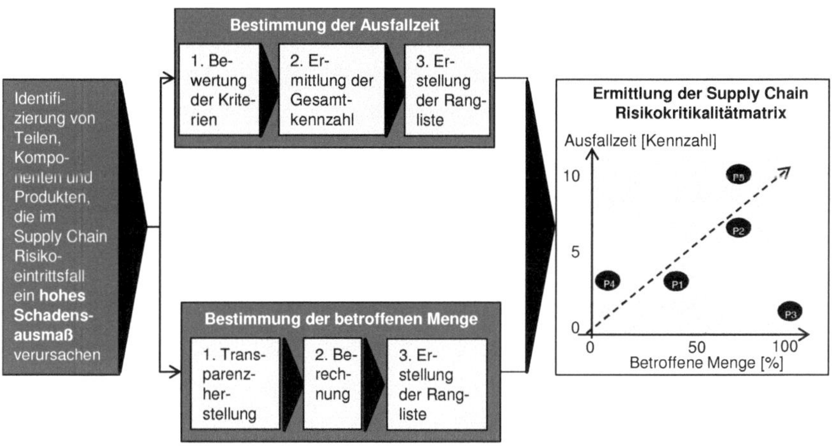

Abbildung 53: Vorgehen zur Produktpriorisierung

Neben der Analyse und Herleitung von Priorisierungskategorien zur Lösungsfindung für knappe Ressourcen wurde die Herausforderung der mangelnden Transparenz in der Supply Chain untersucht. Die Analyse des Status Quos hat dabei ergeben, dass diese nach wie vor ungenügend ist. Um dieser Herausforderung zu begegnen, wurden Ansätze hergeleitet, die helfen die Transparenz in der Supply Chain hinsichtlich des SCRM zu verbessern. Insbesondere sind hierbei die Ansätze der Einführung einer Supply Chain Risikozertifizierung und vertraglich festgesetzter Supply Chain Risikoanforderungen an Lieferanten bzw. Unterlieferanten hervorzuheben. Des Weiteren trägt auch die Produktpriorisierung zur Verbesserung der Transparenz bei. Durch das Ergebnis der Produktpriorisierung können auch die mangelnde Transparenz über verschiedene Supply Chain Verflechtungen umgangen und gezielt Supply Chain risikokritische Teile, Komponenten und Produkte behandelt werden.

5.5 Gesamtmodell des Supply Chain Risikomanagements

Ziel des Kapitels war es, basierend auf der Auswertung der erhobenen Daten, die Forschungsfragen zu beantworten. Hierzu wurden zur Umsetzung und Ausrichtung des SCRM sowie zum Umgang mit den Umsetzungsherausforderungen der Ressourcenknappheit sowie der mangelnden Transparenz verschiedene Kategorien aus dem Datenmaterial und der Literaturauswertung herausgearbeitet und diese näher analysiert. Basierend auf den Erkenntnissen wurden daraufhin Handlungsempfehlungen abgeleitet. Im Fokus der Untersuchung stand hierbei die Entwicklung einer Produktpriorisierungslogik. Wie diese mit den gewonnenen Erkenntnissen zum reaktiven und proaktiven SCRM sowie der Herausforderung der mangelnden Transparenz in der Supply Chain im Zusammenhang steht, wird im nachfolgenden Gesamtmodell des SCRM veranschaulicht. Wie in Abbildung 54 zu erkennen ist, stellt die Produktpriorisierung einen Vorschritt des proaktiven SCRM dar. Als Ergebnis der Produktpriorisierung liegt eine Liste an Teilen, Komponenten und Produkten vor, die besonders Supply Chain risikokritisch sind. Für diese ist der proaktive SCRM-Prozess durchzuführen. Dabei besteht der proaktive SCRM-Prozess aus den Schritten Risikoidentifikation, Risikobewertung und Risikosteuerung. Tritt ein Supply Chain Risiko ein, so ist der reaktive SCRM-Prozess durchzuführen. Dies gilt sowohl für Teile, Komponenten und Produkte, die auf Grund der Produktpriorisierung als besonders Supply Chain risikokritisch eingestuft wurden, als auch für solche, die als unkritisch eingestuft wurden.

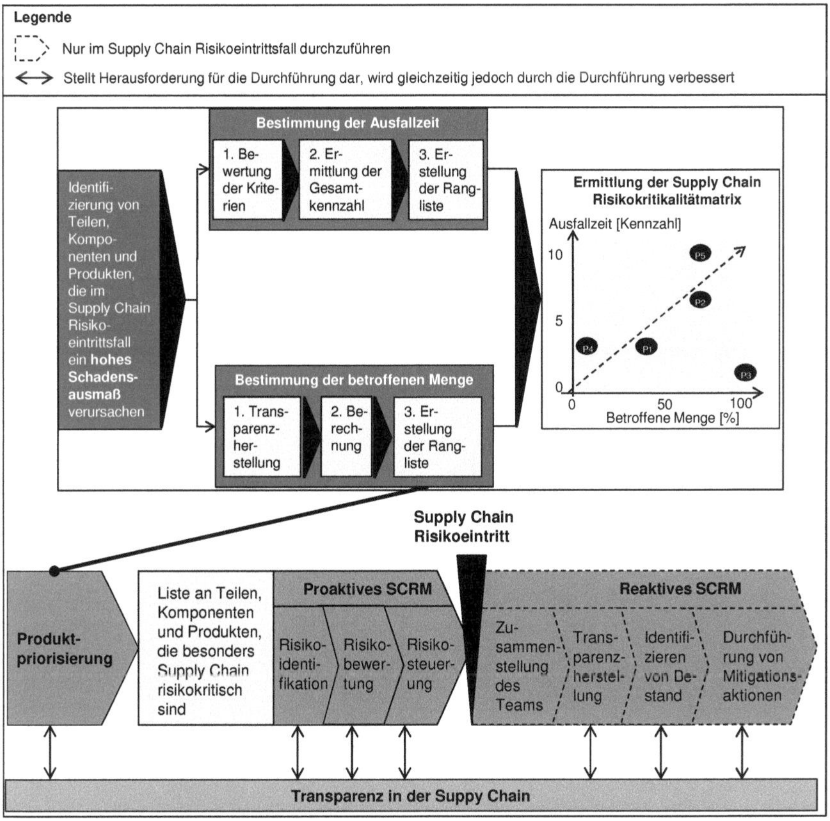

Abbildung 54: Gesamtmodell des Supply Chain Risikomanagements

Der reaktive SCRM-Prozess besteht aus den Schritten Zusammenstellung des reaktiven SCRM-Teams, Transparenzherstellung, Identifizieren und Verfügbarmachen des Bestandes und Durchführung von Mitigationsaktionen. Sowohl die Produktpriorisierung, der proaktive SCRM-Prozess als auch der reaktive SCRM-Prozess werden durch die mangelnde Transparenz in der Supply Chain erschwert. Gleichzeitig trägt die Durchführung der einzelnen Schritte jedoch auch zur Verbesserung der Transparenz bei. Die Produktpriorisierung ermöglicht es zudem, teilweise die Transparenzherausforderung zu umgehen. Der Grund hierfür ist, dass eine Produktpriorisierung, die auf Stücklistenebene durchgeführt wird, nicht nur Supply Chain risikokritische

Teile der direkten Zulieferer identifiziert, sondern auch solche, die von Unternehmen produziert werden, die tiefer in der Supply Chain liegen. Für diese Teile können Unternehmen somit gezielt weitere Nachforschungen anstellen, ohne vollständige Transparenz über die Supply Chain Verflechtungen auf den Zwischenstufen der Supply Chain zu haben.

6. Schlussbetrachtung

6.1 Zusammenfassung

Unternehmen werden immer häufiger und mit einem immer größeren Ausmaß von Supply Chain Risiken getroffen. Aus diesem Grund hat das Thema Supply Chain Risikomanagement sowohl in der Forschung als auch in der Unternehmenspraxis an Bedeutung gewonnen. Dennoch haben bislang kaum Unternehmen ein umfassendes SCRM implementiert. Auch die Forschung zum SCRM steht erst am Anfang. Der Fokus der Forscher lag bisher auf den Grundlagen des SCRM, wie z. B. dem Phänomen des Supply Chain Risikos, der Klassifizierung desselben, der Beschreibung von Ursache und Wirkungen sowie generischer Konzepte zum Vorgehen beim SCRM. Empirische Untersuchungen zum Status Quo der Umsetzung und Ausrichtung des SCRM sowie zum Umgang mit Umsetzungsherausforderungen wurden bislang vernachlässigt.

Vor diesem Hintergrund war es das Ziel der Arbeit, ein besseres Verständnis zu erhalten, wie der Status der Umsetzung und Ausrichtung des SCRM in der Unternehmenspraxis ist und wie dieser unter anderem durch die Einführung einer Produktpriorisierungslogik verbessert werden kann. Die Automobil Supply Chain ist wegen ihrer langen, komplexen und globalen Lieferketten besonders anfällig gegenüber Supply Chain Risiken. Hinzu kommen die hohe Teilevielfalt sowie der enorme Kostendruck. Deswegen wurde die Automobilindustrie als Fokusindustrie ausgewählt.

Um das Forschungsziel zu erreichen, wurden zunächst die theoretischen Grundlagen, die für das Verständnis der vorliegenden Arbeit erforderlich sind, beschrieben. Hierbei wurden die Themenfelder des „Risikos und Risikomanagements“, der „Supply Chain und Supply Chain Managements“ sowie des „Supply Chain Risikos und Supply Chain Risikomanagement“ erläutert. Zudem wurde auf das Thema der „Priorisierung“ eingegangen. Anschließend wurde der Stand der Forschung aufgearbeitet.

Dabei wurden zwei Themengebiete vertieft. Zum einen wurde der Stand der Forschung zur Umsetzung und Ausrichtung des SCRM diskutiert. Zum anderen wurden bestehende Priorisierungsansätze im SCRM erläutert. Es wurde gezeigt, dass auf beiden Themengebieten explorativ-empirischer Forschungsbedarf besteht.

Da das Ziel der vorliegenden Arbeit Exploration und Theoriegenerierung war, wurde ein methodenintegrierender bzw. sogenannter Mixed-Methods-Ansatz gewählt (Shah und Corley 2006, S. 1822). Im Vergleich zu einem rein qualitativen oder einem rein quantitativen Ansatz ermöglicht ein Mixed-Methods-Ansatz ein tieferes bzw. umfassenderes Verständnis des Phänomens. Als primäre Datenquellen wurden zunächst 18 Experteninterviews durchgeführt, transkribiert und mit Hilfe des MAXQDA-Softwarepakets gemäß der Regeln der Grounded Theory ausgewertet. Anschließend fand eine schriftliche Befragung von 104 Experten statt. Diese wurde mit dem SPSS Softwarepaket deskriptiv als auch mittels einer EFA analysiert.

Im Folgenden werden die wichtigsten Erkenntnisse anhand der in Kapitel 1 formulierten Forschungsfragen zusammengefasst dargestellt.

Forschungsfrage 1: **Wie ist der Status Quo der Umsetzung und Ausrichtung des SCRM in der Automobilindustrie?**

Die Datenanalyse hat ergeben, dass die Umsetzung des reaktiven SCRM bereits gut und die des proaktiven SCRM lediglich durchschnittlich ist. Die Fähigkeiten der Unternehmen hinsichtlich beider Ausrichtungsarten des SCRM haben sich im Laufe der Jahre verbessert. Das reaktive SCRM, das einst oftmals chaotisch und nicht standardisiert ablief, folgt heute vielfach einem vierstufigen reaktiven SCRM-Prozess. Das proaktive SCRM, welches sich in der Vergangenheit – wenn überhaupt – auf häufig auftretende Supply Chain Risiken fokussierte, umfasst zumeist zusätzlich finanzielle Risiken und Länderrisiken. Vernachlässigt werden dabei jedoch nach wie vor Risiken, die tiefer, d. h. auf „niedrigeren Ebenen“, in der Supply Chain liegen. Im Rahmen der explorativ-empirischen Untersuchung wurden bewährte Elemente für das reaktive SCRM hergeleitet. Hierzu gehören reaktive SCRM-Prozesse, reaktive

SCRM-Instrumente sowie ein Vorgehen zur Umsetzung des reaktiven SCRM. Bei den reaktiven SCRM-Prozessen und -Instrumenten wurden z. B. ein beschleunigter Freigabeprozess für Alternativmaterialien, Alternativprodukte etc. als besonders wichtig herausgearbeitet. Als größte Herausforderung des proaktiven SCRM wurde die Durchführung des SCRM-Prozesses mit knappen Ressourcen vor dem Hintergrund einer großen Teilevielfalt, mangelnder Transparenz und der Komplexität der möglichen Risikofälle erkannt. Bezüglich der Ausrichtung des SCRM im Generellen ist festzustellen, dass ein Trend von früher reaktivem SCRM hin zu einem stärkeren Fokus auf proaktives SCRM zu erkennen ist.[28]

Forschungsfrage 2: **Wie kann der Herausforderung der Ressourcenknappheit mittels einer Produktpriorisierungslogik begegnet werden?**

Hinsichtlich der Herausforderung der Ressourcenknappheit für das SCRM wurde gezeigt, dass weder in der Literatur noch in der Unternehmenspraxis systematische und alle Supply Chain Risiken berücksichtigende Priorisierungsansätze zu finden sind. Aktuell wird in der Unternehmenspraxis insbesondere das Produktpriorisierungskriterium „historisch kritisch“ verwendet. Daraus abgeleitet werden Produkte, die nicht häufig von Supply Chain Risiken getroffen werden, dafür aber im Falle eines Supply Chain Risikoeintritts zu einem hohen Schadensausmaß führen, vernachlässigt. Um dieses Defizit zu schließen, wurden 21 Produktpriorisierungskriterien hergeleitet, überprüft und hinsichtlich ihres Einflusses auf das gesamte Schadensausmaß bewertet. Besonders charakteristisch für die Automobil Supply Chain sind dabei die Kriterien der Werkzeugerstellungszeit, der Qualifizierungszeit und der Sicherheitsrelevanz von Komponenten und Systemen im Fahrzeug. Als Kriterien mit dem größten Einfluss auf die Höhe des Schadensausmaßes werden „Knock-out-Teile“ sowie „Teile mit hoher Komplexität“ angesehen. Mittels einer explorativen Faktorenanalyse wurden die 21 Produktpriorisierungskriterien zu sechs Produktpriorisierungskategorien verdichtet. Die Kategorien münden im allgemeinen Supply Chain Risiko. Dieses ergibt sich aus dem Schadensausmaß und der Eintrittswahrscheinlichkeit. Dabei

[28] Eine detailliertere Zusammenfassung der Erkenntnisse zur ersten Forschungsfrage ist in Kapitel 5.3.4 zu finden.

setzt sich das Schadensausmaß aus der Ausfallzeit und der betroffenen Menge zusammen. Die Ausfallzeit unterteilt sich in die Zeit zum Finden von Alternativen, die Wiederherstellzeit und die Transportzeit. Die Zeit zum Finden von Alternativen hängt wiederum von den Supply-/Demandseitigen Alternativen und den Produktalternativen ab.[29]

Forschungsfrage 3: Welche Handlungsempfehlungen lassen sich daraus für die Unternehmenspraxis ableiten?

Aus den Erkenntnissen zur Umsetzung und Ausrichtung des SCRM sowie zur Produktpriorisierung im SCRM wurden Handlungsempfehlungen abgeleitet. Diese wurden abschließend in einem Gesamtmodell zum SCRM dargestellt. Das Gesamtmodell beinhaltet die Elemente: Produktpriorisierung, proaktives SCRM, reaktives SCRM und Transparenz in der Supply Chain. Es wurde ein Vorgehen zur Produktpriorisierung entwickelt, welches die Einkategorisierung verschiedener Teile, Komponenten und Produkte hinsichtlich ihrer Supply Chain Risikokritikalität ermöglicht. Das Vorgehen besteht aus der parallelen Bewertung der Ausfallzeit sowie der betroffenen Menge je Teil. Beide Bewertungen münden in der Erstellung einer Rangliste, die sich wiederum in der Supply Chain Risikokritikalitätsmatrix darstellen lässt. Anhand dieser können Teile, Komponenten und Produkte priorisiert werden. Mangelnde Transparenz in der Supply Chain erschwert die Produktpriorisierung. Andererseits leistet die Produktpriorisierung wiederum einen Beitrag zur Verbesserung der Transparenz und damit zum besseren Umgang mit dieser Herausforderung. Die Produktpriorisierung stellt zudem einen Vorschritt des proaktiven SCRM dar. Im Supply Chain Risikoeintrittsfall reagieren Unternehmen mit einem reaktiven SCRM. Für die Reaktion wurde ein vierstufiges Vorgehen hergeleitet, dargestellt und mit Checklisten, Fragebögen und Beispielgraphiken etc. unterstützt.

Die Zusammenfassung der wichtigsten Erkenntnisse zu den Forschungsfragen verdeutlicht, dass alle drei Forschungsfragen beantwortet wurden. Somit wurde das Ziel der Arbeit erreicht.

[29] Eine detailliertere Zusammenfassung der Erkenntnisse zur zweiten Forschungsfrage ist in Kapitel 5.4.6 zu finden.

6.2 Limitationen der Untersuchung und weiterer Forschungsbedarf

Zur Erreichung des Forschungsziels hat sich das gewählte methodenintegrierende Vorgehen als sehr geeignet erwiesen. Trotzdem weist der Ansatz, wie auch jedes andere Forschungsdesign, verschiedene **Limitationen** auf.

Eine Limitation kann auf das Ziel der Arbeit, nämlich die Exploration des Forschungsphänomens, zurückgeführt werden. Bedingt hierdurch stand die Theoriegenerierung und nicht die Theorieverifizierung im Vordergrund der vorliegenden Arbeit. Dementsprechend wurde z. B. das Experteninterviewsample nicht nach statistischen Kriterien ausgewählt, wodurch keine Repräsentativität des Samples gegeben ist. Stattdessen wurde das Sample gemäß des theoretischen Samplings der Grounded Theory durchgeführt, so dass das Sample darauf ausgerichtet war, einen Beitrag zur Entdeckung und Detaillierung von Konzepten und Kategorien zu leisten. Auch wurden z. B. die Handlungsempfehlungen zwar theoretisch fundiert hergeleitet, jedoch nicht in der Unternehmenspraxis validiert. Weitere Limitationen betreffen die primäre Datenquelle der Experteninterviews. Die Möglichkeit, dass die Gesprächspartner Informationen nicht veröffentlichen möchten und somit zurückhalten, darf nicht außer Acht gelassen werden. Um dieser Verhaltensweise entgegenzuwirken, wurde den Experten absolute Vertraulichkeit der Daten sowie eine anonymisierte Auswertung zugesichert. Auch muss einkalkuliert werden, dass die Gesprächspartner nicht nur Fakten wiedergeben, sondern diese oftmals mit ihren eigenen subjektiven Wahrnehmungen und Interpretationen vermischen. Um diesem Phänomen entgegenzuwirken wurden, in manchen Unternehmen separate Interviews mit verschiedenen Experten geführt und diese miteinander verglichen. Auch ist es möglich, dass der Gesprächsverlauf von den Interviewern in eine Richtung gelenkt wird, die dazu führt, dass die Daten verzerrt werden. Um diese Gefahr zu vermeiden, wurden insbesondere zu Beginn des Experteninterviews Fragen gestellt, die eine Vielzahl von Antwortmöglichkeiten zulassen. Zudem wurde allen Experten am Ende des Gesprächs noch einmal explizit die Möglichkeit gegeben weitere Anmerkungen zu machen und Fragen zu stellen. Als weitere Limitation ist die Fokussierung auf die Automobilindustrie zu nennen. Ein Industriefokus wurde vorgenommen, da dies von verschiedenen Autoren empfohlen wird (z. B. Thun und Hoenig 2011, S. 245). Die Automobilindustrie wurde ausgewählt, da sie eine Industrie darstellt, die besonders stark Supply Chain Risiken ausgesetzt ist und in der die Umsetzung des SCRM anspruchsvoll ist. Auf Grund der Industriefokussierung können sicher Unternehmen der Automobilindustrie und auch einiger verwandter Industrien die Ergebnisse der vorliegenden Arbeit nutzen, dies gilt jedoch nicht für eine Verallgemeinerung auf alle Industrien. Für letztere bleibt allerdings die Möglichkeit, die hergeleiteten Ansätze als Orientierungsgrößen zu verwenden. So könnten z. B. Unternehmen der Windenergiebranche die dargestellten reaktiven SCRM-Prozesse um Schritte und Prozesse erweitern, mit denen sich die eigenen Marktdynamiken enger verfolgen lassen. Der Grund hierfür ist, dass Unternehmen der Windenergiebranche aktuell verstärkt mit nachfrageseitigen Supply Chain Risiken konfrontiert werden (Kersten et al. 2012). Eine enge Verfolgung der Marktdynamiken ist somit unerlässlich, um schnell auf eintretende nachfrageseitige Supply Chain Risiken reagieren zu können. Auch der Fokus der zweiten Forschungsfrage stellt eine Limitation dar. Diese betrifft die Eingrenzung auf die Umsetzungsherausforderung der Ressourcenknappheit. Die Ressourcenknappheit wurde ausgewählt, da diese nach wie vor zu den größten Umsetzungsherausforderungen zählt. Die Adressierung der Ressourcenknappheit mittels einer Produktpriorisierung leistet zudem einen Beitrag zum Umgang mit der Herausforderung der mangelnden Transparenz in der Supply Chain. Analysen zum Umgang mit weiteren Herausforderungen der Umsetzung des SCRM wurden vernachlässigt.

Aus den aufgezeigten Limitationen der vorliegenden Arbeit sowie dem Forschungsziel, der Forschungsmethodik und den Aussagen der Experten lassen sich **weiterführende Forschungsmöglichkeiten** ableiten.

Beispielsweise betrifft dies die Validierung der Ergebnisse. Ein logischer nächster Forschungsschritt ist zum einen die Evaluierung der entwickelten Vorgehensweisen durch beispielsweise Fallstudien. Zum anderen bietet es sich an, die durch die explorative Faktorenanalyse hergeleiteten Produktpriorisierungskategorien durch eine erneute empirische Erhebung und eine konfirmatorische Faktorenanalyse zu belegen.

Weitere Forschung ist zudem zur Erweiterung des Forschungsfeldes denkbar. Da der Fokus der vorliegenden Arbeit auf der Automobilindustrie lag, erscheint die Erforschung der Umsetzung, Ausrichtung und Produktpriorisierung in weiteren Industrien interessant. Die Erkenntnisse zu anderen Industrien können zudem dazu genutzt werden industrieübergreifende Vergleiche zu ziehen. Auch bietet es sich an, die zweite Forschungsfrage auf weitere Herausforderungen der Umsetzung des SCRM auszuweiten. Eine weitere Detaillierung der Ergebnisse in Bezug auf Prozesse, Instrumente etc. inklusive der Herausarbeitung von Zusammenhängen bzw. Interdependenzen einzelner Schritte ist ebenfalls denkbar.

Anhang

A: Interviewleitfaden

A1: Interviewleitfaden Deutsch

Der folgende Fragenkatalog versteht sich als Leitfaden für die Interviews. Die Fragen werden je nach Interviewpartner und Gesprächsverlauf ggf. angepasst, erweitert oder gekürzt.
Dauer des Gesprächs: ca. 45 – 60 Minuten

Teil A: Einführung

1. Bitte geben Sie mir einen kurzen Überblick über Ihr Unternehmen und Ihren Tätigkeitsbereich.

Teil B: Supply Chain Risikomanagement

1. Was verstehen Sie unter einem proaktiven vs. reaktiven Supply Chain Risikomanagement?
2. Was sind aus Ihrer Sicht die Herausforderungen beim proaktiven Supply Chain Risikomanagement?

Teil C: Priorisierung von kritischen Teilen/Supply Chains

1. Führen Sie für alle (zugekauften) Teile ein Supply Chain Risikomanagement durch oder tun Sie dies nur für priorisierte Teile?
2. Falls Sie die Teile zunächst priorisieren, wie gehen Sie hierbei vor und was ist die Schwierigkeit dabei?
3. Was halten Sie von einer wirkungsbezogenen Priorisierungslogik zur Identifikation der kritischen Teile?
4. Sehen Sie die Wiederbeschaffungszeit bei Ausfall eines Teils als kritisches Maß um das Ausmaß von Supply Chain Risiken einzuschätzen?
5. Was sind Ihrer Meinung nach die wesentlichen Risikotreiber der Wiederbeschaffung von (kritischen) Teilen?

6. Erläutern Sie bitte die einzelnen Risikotreiber.

Teil D: Durchdringen der Supply Chain

1. Wie weit durchdringen Sie momentan die Supply Chain (d.h. bis Zuliefererstufe x) um Risiken zu identifizieren? Wie gehen Sie hierbei vor?
2. Fordert Ihr Kunde, dass Sie die Supply Chains Ihrer Zulieferteile bezüglich Supply Chain Risiko bewerten?
3. Was ist aus Ihrer Sicht die Schwierigkeit beim Durchdringen der Supply Chain?
4. Könnten Sie sich vorstellen, dass man mit einem „Schneeballsystem“ die Supply Chain durchdringt um an wesentliche Informationen zum Supply Chain Risikomanagement zu gelangen?
5. Haben Sie noch weitere Ideen wie die Supply Chain durchdrungen werden könnte?

Teil E: Weitere Aspekte

1. Möchten Sie Punkte ergänzen, die wir mit unserem bisherigen Gespräch nicht abgedeckt haben?
2. Möchten Sie Wünsche/Anregungen äußern, die diesen Forschungsansatz betreffen?

A2: Interviewleitfaden Englisch

The following questionnaire is supposed to give some guidance for the interviews. Questions are going to be adapted depending on the interview partner and the development of the discussion.
Length of interview: ~ 45 – 60 minutes

Part A: Introduction

1. Please provide a brief overview of your company and your responsibilities within the company.

Part B: Supply Chain Risk Management

1. How would you define proactive vs. reactive Supply Chain Risk Management?
2. From your point of view, what are the difficulties to establish a proactive Supply Chain Risk Management?

Part C: Prioritization of critical parts/supply chains

1. Do you conduct a Supply Chain Risk Management for all (purchased) parts or only for prioritized ones?
2. If you first prioritize parts, how do you do this and what are the difficulties with doing so?
3. What do you think of an effect oriented prioritization logic in order to identify critical parts?
4. Do you think that the replacement time for a part in case a supplier cannot deliver anymore could be used in order to assess the criticality of a part?
5. From your point of view, what are the main risk drivers for the replacement time of critical parts?
6. Please explain those risk drivers.

Part D: Getting through the Supply Chain

1. Up to which supplier tier do you identify risk? How do you do that?
2. From your point of view, what is the difficulty to get through the supply chain?

3. Do you think that a pyramid approach could help to gain information which lay further down in the supply chain?
4. Do you have additional ideas how you could get through the supply chain?

Part E: Further aspects

1. Are there any additional issues regarding risk management you would like to make us aware of?
2. Do you have any remarks/suggestions regarding this research project?

B: Fragebogen

B1: Fragebogen Deutsch

TUHH
Technische Universität Hamburg-Harburg

SUPPLY CHAIN RISIKOMANAGEMENT
IN DER AUTOMOBILINDUSTRIE

LOG-U
Logistik und Unternehmensführung

ZIELGRUPPE: Produzierende Unternehmen der Automobil-Supply-Chain (OEMs, Tier-1 bis Tier-N Lieferanten)

Sehr geehrte Damen und Herren,

im Rahmen eines Forschungsprojektes zum Thema Supply Chain Risikomanagement in der Automobilindustrie führt das Institut für Logistik und Unternehmensführung an der Technischen Universität Hamburg-Harburg (TUHH) eine Umfrage durch. Sie würden durch eine Teilnahme an der Befragung oder eine entsprechende Weiterleitung unsere Arbeit sehr unterstützen. Die Bearbeitung des Fragebogens dauert ca. 10 Minuten.

Vielen Dank für Ihre Mitwirkung.

Ihre

Prof. Dr. Dr. h. c. Wolfgang Kersten Dipl.-Wi.-Ing. Insa Mareen Wente

Bitte geben Sie den ausgefüllten Fragebogen direkt zurück bzw. senden Sie ihn an Frau Wente.

Alle Daten werden streng vertraulich behandelt und anonymisiert ausgewertet. Wenn Sie an den Ergebnissen der Untersuchung interessiert sind, geben Sie bitte Ihre Kontaktdaten in den dafür vorgesehenen Feldern auf der letzten Seite an.

I. Allgemeine Angaben

In diesem Teil möchten wir zunächst Ihr Unternehmen und Ihren Funktionsbereich näher einordnen. Beim Ankreuzen sind Mehrfachnennungen möglich.

1. Wie viele Mitarbeiter sind in Ihrem Unternehmen beschäftigt?

   ca. ________________Mitarbeiter ☐ Keine Angabe

2. Wie hoch war der Umsatz Ihres Unternehmens im letzten Geschäftsjahr?

   ca. ________________Mio. Euro ☐ Keine Angabe

3. Auf welcher Stufe der Automobil-Supply-Chain befindet sich Ihr Unternehmen?

   ☐ OEM ☐ Tier-2 Zulieferer ☐ Tier-N Zulieferer
   ☐ Tier-1 Zulieferer ☐ Tier-3 Zulieferer ☐ Andere:________________

4. In welchen Branchen ist Ihr Unternehmen tätig?

   ☐ Automobilindustrie ☐ Elektroindustrie ☐ Andere:________________
   ☐ Chemieindustrie ☐ Maschinen-/Anlagenbau

5. Was für Produkte produziert Ihr Unternehmen für die Automobilindustrie?

____

6. In was für einem funktionalen Bereich sind Sie tätig?

☐ Logistik/SCM	☐ Risikomanagement	☐ General Management
☐ Einkauf	☐ Vertrieb	☐ Anderer:______________

II. Auswirkung von Supply Chain Risiken

Ein **Supply Chain Risiko (SCR)** ist das potenzielle Auftreten eines Ereignisses oder einer Entwicklung, dessen oder deren Eintreten mindestens zwei Unternehmen betrifft und zu einer negativen Zielabweichung in der Supply Chain führen kann. Supply Chain Risiken können vor allem die Fähigkeit der Supply Chain beeinträchtigen, den Endkunden effektiv zu versorgen.

1. Welche der folgenden Aussagen trifft auf Ihr Unternehmen zu (bitte nur eine Antwort ankreuzen)?

☐	Wir wissen nicht, welche Teile/Komponenten einem höherem SCR ausgesetzt sind als andere.
☐	Wir wissen teilweise, welche Teile/Komponenten unserer direkten Partner einem höheren SCR ausgesetzt sind als andere, z.B. in Bezug auf finanzielle Risiken.
☐	Wir wissen umfassend, welche Teile/Komponenten unserer direkten Partner einem höheren SCR ausgesetzt sind als andere, d.h. wir betrachten zusätzlich Länderrisiken, etc.
☐	Wir wissen zusätzlich teilweise, welche Teile/Komponenten, die tiefer in der Supply Chain liegen, einem höheren SCR ausgesetzt sind als andere.
☐	Wir wissen zusätzlich umfassend, welche Teile/Komponenten, die tiefer in der Supply Chain liegen, einem höheren SCR ausgesetzt sind als andere.

2. Anhand welcher **Kriterien** wird in Ihrem Unternehmen bislang bestimmt, welche Komponenten/Teile ein höheres Supply Chain Risiko mit sich bringen als andere?

	Anwendung Gar nicht → Intensiv 1	2	3	4	5
Bauchgefühl/Erfahrung	☐	☐	☐	☐	☐
Historisch kritische Teile	☐	☐	☐	☐	☐
Teile, die von Zulieferern mit schlechtem Rating bezogen werden	☐	☐	☐	☐	☐
Teile von neuen Zulieferern	☐	☐	☐	☐	☐
Teile, die single-sourced sind	☐	☐	☐	☐	☐
Teile mit langer Produktionszeit	☐	☐	☐	☐	☐
Teile mit langer Wiederbeschaffungszeit	☐	☐	☐	☐	☐
Teile mit hohen monetären Wert	☐	☐	☐	☐	☐
Teile mit hohem Einfluss auf das Gesamtergebnis	☐	☐	☐	☐	☐
Weitere Kriterien:______________	☐	☐	☐	☐	☐

3. Wie schätzen Sie die **Auswirkung** eines Supply Chain Risikoeintritts (irgendwo in Ihrer Supply Chain) **auf die Höhe des Schadensausmaßes** ein, wenn das betroffene Teil/Komponente...

	Die Auswirkung auf das Schadensausmaß ist... Sehr gering → Sehr hoch				
	1	2	3	4	5
... mit einer innovativen Produktionstechnologie hergestellt wird.	☐	☐	☐	☐	☐
... eine hohe Komplexität hat.	☐	☐	☐	☐	☐
... einen hohen Standardisierungsgrad hat.	☐	☐	☐	☐	☐
... eine lange Produktionszeit hat.	☐	☐	☐	☐	☐
... eine lange Entwicklungszeit hat.	☐	☐	☐	☐	☐
... eine lange Ramp-Up Zeit für die Produktion hat.	☐	☐	☐	☐	☐
... eine lange Zeit für Werkzeugerstellung/-beschaffung hat.	☐	☐	☐	☐	☐
... eine bekannte Rohstoffknappheit aufweist.	☐	☐	☐	☐	☐
... ein sicherheitsrelevantes Teil/Komponente ist.	☐	☐	☐	☐	☐
... eine lange Qualifizierungszeit hat.	☐	☐	☐	☐	☐
... von einem Monopolisten bzw. aus einem Markt mit sehr wenigen Lieferanten bezogen wird.	☐	☐	☐	☐	☐
... single-sourced ist.	☐	☐	☐	☐	☐
... von einem Zulieferer bzw. Sublieferanten geliefert wird, über den Sie eine geringe „Macht" haben (d.h. Ihr Anteil am Gesamtumsatz des Zulieferers ist gering).	☐	☐	☐	☐	☐
... eine lange Transportzeit hat.	☐	☐	☐	☐	☐
... hauptsächlich per Luftfracht transportiert wird.	☐	☐	☐	☐	☐
... hauptsächlich mit Bahn/LKW transportiert wird.	☐	☐	☐	☐	☐
... hauptsächlich mit dem Schiff transportiert wird.	☐	☐	☐	☐	☐
... einen Spezialtransport benötigt.	☐	☐	☐	☐	☐
... einen hohen Einfluss auf das Gesamtergebnis hat.	☐	☐	☐	☐	☐
... einen hohen monetären Wert hat.	☐	☐	☐	☐	☐
... ein Knock-out-Teil für die Produktion ist (d.h. ohne dieses Teil kann nicht produziert werden, da keine Möglichkeit zur Nachrüstung o.ä. besteht).	☐	☐	☐	☐	☐
... historisch kritisch ist.	☐	☐	☐	☐	☐
...._______________________________	☐	☐	☐	☐	☐

III. Transparenz in der Supply Chain

1. Welche der folgenden Aussagen in Bezug auf die **Transparenz** trifft auf Ihr Unternehmen zu (bitte nur eine Antwort ankreuzen)?

- ☐ Wir wissen wer unsere direkten Lieferanten/Kunden sind
- ☐ Wir wissen zusätzlich, wer unsere Sublieferanten sind
- ☐ Wir haben Transparenz über unsere gesamte Automobil-Supply Chain (vom Rohmaterial bis zum Kunden)

2. Was halten Sie von folgenden **Ideen**, um die Transparenz in der Supply Chain bzgl. Supply Chain Risiken zu erhöhen?

	Verbesserung der Transparenz Sehr gering → Sehr hoch					**Umsetzbarkeit** Sehr schwierig → Sehr leicht				
	1	2	3	4	5	1	2	3	4	5
Einführung einer Supply Chain **Risikozertifizierung** analog zu Qualitätszertifizierungen (z.B. ISO 9000 Zertifizierungen)	☐	☐	☐	☐	☐	☐	☐	☐	☐	☐
Vertraglich festgesetzte Supply Chain **Risikoanforderungen** an Zulieferer, welche diese Anforderungen wieder an ihre Zulieferer weitergeben (Schneeballsystem)	☐	☐	☐	☐	☐	☐	☐	☐	☐	☐
Zentrales **online Datenbanksystem**, dass es ermöglicht die eigene Supply Chain zu „googeln"	☐	☐	☐	☐	☐	☐	☐	☐	☐	☐
Vertikale Integration zum Verlängern der internen Wertschöpfungskette	☐	☐	☐	☐	☐	☐	☐	☐	☐	☐

3. Haben Sie noch **weitere Ideen**, wie mehr Transparenz in die Supply Chain gebracht werden könnte?

____

____

IV. Reaktives vs. proaktives Supply Chain Risikomanagement

Supply Chain Risikomanagement (SCRM) bezeichnet den Umgang mit SCRen.

Reaktives SCRM: Alle Aktivitäten, die **nach** dem Eintritt eines SCR durchgeführt werden, um das Schadensausmaß so gering wie möglich zu halten.
Proaktives SCRM: Alle Aktivitäten, die **vor** dem Risikoeintritt ausgeführt werden, um Ihr Unternehmen proaktiv vor SCRen zu schützen.

1. Wie schätzen Sie die **Fähigkeiten** Ihres Unternehmens bzgl. reaktivem und proaktivem SCRM in der Vergangenheit und Gegenwart ein?

		Fähigkeit reaktives SCRM Sehr gering → Sehr gut					**Fähigkeit proaktives SCRM** Sehr gering → Sehr gut				
		1	2	3	4	5	1	2	3	4	5
Jahr	Anfang 2008	☐	☐	☐	☐	☐	☐	☐	☐	☐	☐
	Anfang 2012	☐	☐	☐	☐	☐	☐	☐	☐	☐	☐

2. Wie bewerten Sie die **Relevanz** von reaktivem und proaktivem SCRM in der Vergangenheit, Gegenwart und Zukunft?

		Relevanz reaktives SCRM Sehr gering → Sehr hoch					**Relevanz proaktives SCRM** Sehr gering → Sehr hoch				
		1	2	3	4	5	1	2	3	4	5
Jahr	Anfang 2008	☐	☐	☐	☐	☐	☐	☐	☐	☐	☐
	Anfang 2012	☐	☐	☐	☐	☐	☐	☐	☐	☐	☐
	Anfang 2016	☐	☐	☐	☐	☐	☐	☐	☐	☐	☐

3. Welche der folgenden Aussagen trifft auf Ihr Unternehmen zu (bitte nur eine Antwort ankreuzen)?

- ☐ Proaktives SCRM ist nicht Teil der Jobbeschreibung von SCM- bzw. Einkaufsmitarbeitern.
- ☐ Proaktives SCRM ist Teil der Jobbeschreibung von SCM- bzw. Einkaufsmitarbeitern.
- ☐ Zusätzlich haben wir mindestens einen Mitarbeiter, dessen Aufgabe ausschließlich proaktives SCRM ist.

4. Welche der folgenden Aussagen zu SCRM-Kennzahlen (wie z.B. Top Supply Chain Risiken, deren Bewertung und der Implementierungsstatus von Mitigationshebeln) trifft auf Ihr Unternehmen zu (bitte nur eine Antwort ankreuzen)?

- ☐ SCRM-Kennzahlen werden in keinen Reports erfasst.
- ☐ SCRM-Kennzahlen werden unregelmäßig in Reports erfasst.
- ☐ SCRM-Kennzahlen werden regelmäßig in Reports erfasst.

5. Bitte nehmen Sie zu folgenden Aussagen Stellung.

Das reaktive SCRM-Team...	Allgemeine Relevanz Sehr gering → Sehr hoch 1	2	3	4	5	Fähigkeit im Unternehmen Sehr gering → Sehr hoch 1	2	3	4	5
...hat Erfahrung aus früheren Krisen.	☐	☐	☐	☐	☐	☐	☐	☐	☐	☐
...hat Autorität (Entscheidungen zu fällen).	☐	☐	☐	☐	☐	☐	☐	☐	☐	☐
...hat gute interne Beziehungen.	☐	☐	☐	☐	☐	☐	☐	☐	☐	☐
...hat gute Beziehung zu Zulieferern/ Kunden.	☐	☐	☐	☐	☐	☐	☐	☐	☐	☐
...kann lokal (Katastrophenort) aktiv werden.	☐	☐	☐	☐	☐	☐	☐	☐	☐	☐
...hat kurze Wege zur Geschäftsleitung.	☐	☐	☐	☐	☐	☐	☐	☐	☐	☐
...________________	☐	☐	☐	☐	☐	☐	☐	☐	☐	☐

6. Bitte geben Sie an, welche der folgenden SCRM-Prozesse bzw. -Tools relevant bzw. bereits im Unternehmen etabliert und schnell verfügbar sind.

	Allgemeine Relevanz Sehr gering → Sehr hoch 1	2	3	4	5	Etabliert im Unternehmen Gar nicht → Komplett 1	2	3	4	5
Ein Eskalationsprozess mit flachen Hierarchien (wird ein Risiko erkannt, wird dies direkt an das Top-Management berichtet)	☐	☐	☐	☐	☐	☐	☐	☐	☐	☐
Standardisierte Allokationsprozesse (an welchen Kunden geht bei Produktknappheit welcher Anteil)	☐	☐	☐	☐	☐	☐	☐	☐	☐	☐
Ein beschleunigter Freigabeprozess für Alternativmaterialien o.ä.	☐	☐	☐	☐	☐	☐	☐	☐	☐	☐
Karten, die die Supply Chains visualisieren	☐	☐	☐	☐	☐	☐	☐	☐	☐	☐
Listen mit Alternativzulieferern	☐	☐	☐	☐	☐	☐	☐	☐	☐	☐
Ein Online-Taskforce-Tool	☐	☐	☐	☐	☐	☐	☐	☐	☐	☐
________________	☐	☐	☐	☐	☐	☐	☐	☐	☐	☐

Wir bedanken uns herzlich für die Beantwortung unserer Fragen!

Wenn Sie Interesse an den Ergebnissen dieser Befragung haben bzw. für ein Experteninterview zur Verfügung stehen, hinterlassen Sie uns bitte an dieser Stelle Ihre Kontaktdaten:

Kontaktdaten:

____

____

____

☐ Bitte senden Sie mir die Ergebnisse der Umfrage zu.

☐ Für ein vertiefendes Expertengespräch stehe ich zur Verfügung.

Wir sichern Ihnen zu, dass Ihre Kontaktdaten nur der Zusendung der Ergebnisse dienen.

6/6

Institut für Logistik und Unternehmensführung (W-02)
Technischen Universität Hamburg-Harburg (TUHH)
Schwarzenbergstraße 95 D, 21073 Hamburg

Insa Mareen Wente
Fax: +49 40 3612-1333
insa-mareen.wente@tu-harburg.de

B1: Fragebogen Englisch

TUHH
Technische Universität Hamburg-Harburg

SUPPLY CHAIN RISIK MANAGEMENT
IN THE AUTOMOTIVE INDUSTRY

LOG U
Logistik und Unternehmensführung

TARGET GROUP: Manufacturing companies of the automotive supply chain (OEMs, tier-1 to tier-N suppliers)

Dear Sir or Madam,

as part of a research project, the Institute of Business Logistics and General Management of the Hamburg University of Technology (TUHH) conducts a survey about supply chain risk management in the automotive industry.

Your participation and/or your referral to further survey candidates is highly appreciated. It takes 10 minutes to fill out the survey.

Thank you a lot.

Sincerely,

Prof. Dr. Dr. h. c. Wolfgang Kersten Dipl.-Wi.-Ing. Insa Mareen Wente

All data will be handled confidentially and the evaluation will be done with sanitized data. If you are interested to get the survey results, please leave your contact details on the last page of this survey.

I. General questions

In this part, we want to get a brief overview of your company and your responsibilities within the company.

1. How many employees work for your company?

   ~ ________________employees ☐ No answer

2. What was the revenue of your company in the last business year?

   ~ ________________ Euro millions ☐ No answer

3. On which tier-level of the automotive supply chain is your company? (Check any that apply)

   ☐ OEM ☐ Tier-2 supplier ☐ Tier-N supplier

   ☐ Tier-1 supplier ☐ Tier-3 supplier ☐ Other:________________

4. In welchen Branchen ist Ihr Unternehmen tätig? (Check any that apply)

   ☐ Automotive ☐ Electronics ☐ Others:________________

   ☐ Chemicals ☐ Machine- and plant construction

5. What products does your company produce for the automotive industry?

   ____

6. In what functional area do you work? (Check any that apply)

☐ Logistics/SCM ☐ Risk management ☐ General management

☐ Purchasing ☐ Sales ☐ Other:________________

II. Impact of supply chain risks

Supply chain risk (SCR) is the potential occurrence of an event or a development, which occurrence has an effect on at least two companies and can lead to a negative target deviation in the supply chain. In particular, supply chain risks can hinder the supply chain to effectively supply the end customer.

1. Which of the following statements holds true for your company? (Check at most one answer)

☐	We do not know which parts/components have a higher SCR than others.
☐	We partially know which parts/components of our direct partners have a higher SCR than others, e.g. regarding financial risks.
☐	We holistically know which parts/components of our direct partners have a higher SCR than others, meaning that we also consider country risks, etc.
☐	In addition we partially know which parts/components, which lay deeper in the Supply Chain have a higher SCR than others.
☐	In addition we holistically know which parts/components, which lay deeper in the Supply Chain have a higher SCR than others.

2. Based on which criteria does your company currently assess, which parts/components have a higher supply chain risk than others?

	Not used → intensively used 1	2	3	4	5
Gut feeling/Experience	☐	☐	☐	☐	☐
Historically critical parts	☐	☐	☐	☐	☐
Parts that are supplied from suppliers with bad rating	☐	☐	☐	☐	☐
Parts from new suppliers	☐	☐	☐	☐	☐
Parts that are single-sourced	☐	☐	☐	☐	☐
Parts with long production time	☐	☐	☐	☐	☐
Parts with long resource time	☐	☐	☐	☐	☐
Parts with high monetary value	☐	☐	☐	☐	☐
Parts with high impact on the overall result	☐	☐	☐	☐	☐
Others:________________	☐	☐	☐	☐	☐

3. How high would you rate the **impact of the occurrence** of a supply chain risk (anywhere in the supply chain) if the **affected part**...

	The impact is... Very low → Very high 1	2	3	4	5
... is produced with an innovative production technology.	☐	☐	☐	☐	☐
... has a high complexity.	☐	☐	☐	☐	☐
... has a high degree of standardization.	☐	☐	☐	☐	☐
... has a long production time.	☐	☐	☐	☐	☐
... has a long development time.	☐	☐	☐	☐	☐
... has a long ramp-up time for production.	☐	☐	☐	☐	☐
... has a long resource/remanufacturing time for tools.	☐	☐	☐	☐	☐
... has a known raw material scarcity.	☐	☐	☐	☐	☐
... is safety relevant.	☐	☐	☐	☐	☐
... has a long qualification time.	☐	☐	☐	☐	☐
... is sourced from a monopolist or from a market with few suppliers.	☐	☐	☐	☐	☐
... is single-sourced.	☐	☐	☐	☐	☐
... is sourced from a (sub-)supplier over which you have only little market power (that means your share of the total revenue of the supplier is only small).	☐	☐	☐	☐	☐
... has a long transportation time.	☐	☐	☐	☐	☐
... is mainly shipped by air freight.	☐	☐	☐	☐	☐
... is mainly shipped by rail/truck.	☐	☐	☐	☐	☐
... is mainly shipped by ships/vessels.	☐	☐	☐	☐	☐
... requires special transportation.	☐	☐	☐	☐	☐
... has a high impact on the overall result.	☐	☐	☐	☐	☐
... has a high monetary value.	☐	☐	☐	☐	☐
... is a knock-out part for production (that means without this part you cannot produce as, e.g., backfitting is not possible).	☐	☐	☐	☐	☐
... is historically critical.	☐	☐	☐	☐	☐
....________________	☐	☐	☐	☐	☐

III. Transparency in the supply chain

1. Which of the following statements regarding **transparency** holds true for your company? (Check at most one answer)

- ☐ We know who our direct suppliers/customers are.
- ☐ In addition we know who our sub-suppliers are.
- ☐ We have transparency about our complete automotive supply chain (from raw material to end customer)

2. What do you think of following **ideas** to improve the transparency in supply chains regarding supply chain risks?

	Improvement of transparency Very low → Very high 1	2	3	4	5	**Feasibility** Very easy → Very difficult 1	2	3	4	5
Introducing a **supply chain risk certification** (similar to existing quality certifications like, e.g., ISO 9000 certifications)	☐	☐	☐	☐	☐	☐	☐	☐	☐	☐
Contractually agreed upon **supply chain risk requirements to suppliers**, who on their behalf have the same requirements to their suppliers (pyramid principle)	☐	☐	☐	☐	☐	☐	☐	☐	☐	☐
Central **online database**, which allows to 'google' your supply chain	☐	☐	☐	☐	☐	☐	☐	☐	☐	☐
Vertical integration in order to increase the internal supply chain	☐	☐	☐	☐	☐	☐	☐	☐	☐	☐

3. Do you have **additional ideas** how transparency in supply chains can be improved?

____

____

IV. Reactive vs. proactive supply chain risk management

Supply chain risk management (SCRM) describes how one deals with supply chain risks.

Reactive SCRM: All activities, which are done **after** a SCR occurred in order to reduce the impact of this risk.
Proactive SCRM: All activities, which are done **before** a SCR occurredin order to proactively reduce the exposure to SCR.

1. How do you rate your company's **capabilities** regarding reactive and proactive SCRM in the past and present?

		Reactive SCRM Very poor → Very good 1	2	3	4	5	**Proactive SCRM** Very poor → Very good 1	2	3	4	5
Year	Beginning of 2008	☐	☐	☐	☐	☐	☐	☐	☐	☐	☐
	Beginning of 2012	☐	☐	☐	☐	☐	☐	☐	☐	☐	☐

2. How do you rate the **relevance** of reactive and proactive SCRM in the past, present and future?

		Reactive SCRM Sehr gering → Sehr hoch 1	2	3	4	5	**Proactive SCRM** Sehr gering → Sehr hoch 1	2	3	4	5
Year	Beginning of 2008	☐	☐	☐	☐	☐	☐	☐	☐	☐	☐
	Beginning of 2012	☐	☐	☐	☐	☐	☐	☐	☐	☐	☐
	Beginning of 2016	☐	☐	☐	☐	☐	☐	☐	☐	☐	☐

3. Which of the following statements holds true for your company? (Please choose at most 1 answer)

- ☐ Proactive SCRM is not part of any job descriptions of SCM or purchasing employees.
- ☐ Proactive SCRM is part of the job description of SCM or purchasing employees.
- ☐ In addition we have at least one employee, which task is exclusively to deal with proactive SCRM.

4. Which of the following statements regarding SCRM-key figures, like, e.g., top supply chain risks, their evaluation and the implementation status of mitigation levers, holds true for your company? (Please choose at most 1 answer)

- ☐ SCRM-KPIs are not captured in any reports.
- ☐ SCRM-KPIs are irregularly captured in reports.
- ☐ SCRM-KPIs are regularly captured in reports.

5. Please rate on following statements. The reactive SCRM-team....

	General relevance Very low → Very high					Capability of company Very poor → Very good				
	1	2	3	4	5	1	2	3	4	5
...has experience from previous crises.	☐	☐	☐	☐	☐	☐	☐	☐	☐	☐
...has authority (e.g., to take decisions).	☐	☐	☐	☐	☐	☐	☐	☐	☐	☐
...has good internal relations.	☐	☐	☐	☐	☐	☐	☐	☐	☐	☐
...has good relations with suppliers/ customers.	☐	☐	☐	☐	☐	☐	☐	☐	☐	☐
...can act locally (region where SCR occurred).	☐	☐	☐	☐	☐	☐	☐	☐	☐	☐
...has short ways to the executive board.	☐	☐	☐	☐	☐	☐	☐	☐	☐	☐
...________________	☐	☐	☐	☐	☐	☐	☐	☐	☐	☐

6. Please specify which of the following SCRM processes respectively tools are relevant and which of them are already established and quickly available in your company.

	General relevance Very low → Very high					Etabliert im Unternehmen Gar nicht → Komplett				
	1	2	3	4	5	1	2	3	4	5
Escalation processes with flat hierarchies (if a risk is identified, it is directly reported to the top management level)	☐	☐	☐	☐	☐	☐	☐	☐	☐	☐
Standardized allocation processes (to which customer do you give which volume in case of product shortage)	☐	☐	☐	☐	☐	☐	☐	☐	☐	☐
Accelerated product/material clearing processes for alternative materials/products	☐	☐	☐	☐	☐	☐	☐	☐	☐	☐
Maps that visualize the supply chain	☐	☐	☐	☐	☐	☐	☐	☐	☐	☐
Lists with alternative suppliers	☐	☐	☐	☐	☐	☐	☐	☐	☐	☐
Online taskforce tool	☐	☐	☐	☐	☐	☐	☐	☐	☐	☐
________________	☐	☐	☐	☐	☐	☐	☐	☐	☐	☐

Thank you very much for answering our questions!

If you are interested to get the survey results, please leave your contact information here.

Contact information:

____

____

____

☐ *Please send me the survey results.*

☐ *You can contact me for an expert interview.*

We assure you that the contact date will only be used to send you the survey results.

Institut für Logistik und Unternehmensführung (W-02)
Technischen Universität Hamburg-Harburg (TUHH)
Schwarzenbergstraße 95 D, 21073 Hamburg

Insa Mareen Wente
Fax: +49 40 3612-1333
insa-mareen.wente@tu-harburg.de

Literaturverzeichnis

Arrow, Kenneth J. (1965): Aspects of the theory of risk-bearing. Helsinki: Yrjö Jahnssonin Säätiö.

Backhaus, Klaus; Erichson, Bernd; Plinke, Wulff; Weiber, Rolf; Backhaus-Erichson-Plinke-Weiber (2006): Multivariate Analysemethoden. Eine anwendungsorientierte Einführung. 11. Aufl. Berlin: Springer (Springer-Lehrbuch).

Bauer, Thomas; Stallbaum, Heiko; Metzger, Andreas; Eschbach, Robert (2008): Risikobasierte Ableitung und Priorisierung von Testfällen für den modellbasierten Systemtest. In: Korbinian Herrmann und Bernd Brügge (Hg.): Software Engineering. Lecture Notes in Informatics. 121 Bände. München, S. 99–111.

Bea, Franz Xaver (2006): Allgemeine Betriebswirtschaftslehre. 9. Aufl. Stuttgart: Lucius & Lucius (Grundwissen der Ökonomik Betriebswirtschaftslehre, 1083).

Bechtel, Christian; Jayaram, Jayanth (1997): Supply Chain Management: A Strategic Perspective. In: *The International Journal of Logistics Management* 8 (1), S. 15–34.

Bergener, Rolf Florian (2006): Gestaltung des leistungswirtschaftlichen Risikocontrollings. Technische Universität München, München.

Bick, Markus; Börgmann, Kathrin (2009): A Reference Model for the Evaluation of Information Systems for an Integrated Campus Management. EUNIS. Santiago de Compostella.

Bland, Ben; Kwong, Robin (2011): Sunken ambitions; Within months of the Japanese quake and tsunami, the worst Thai floods in 50 years come as another blow for manufacturing multinationals. The clustering of particular sectors has exacerbated parts shortages globally, bringing calls for a rethink. In: *Financial Times*, 04.11.2011.

Blome, Constantin; Schoenherr, Tobias (2011): Supply chain risk management in financial crises – A multiple case-study approach. In: *International Journal of Production Economics* 134, S. 43–57.

Boer, Luitzen de; Labro, Eva; Morlacchi, Pierangela (2001): A review of methods supporting supplier selection. In: European Journal of Purchasing & Supply Management 7 (2), S. 75–89.

Böger, Mareike (2010): Gestaltungsansätze und Determinanten des Supply Chain Risk Managements. Technische Universität Hamburg-Harburg, 2010. 1. Aufl. Lohmar: EUL-Verl. (Reihe, 1).

Böhm, Andreas (2004): Theoretical Coding: Text Analysis in Grounded Theory. In: Uwe Flick, Ernst von Kardorff und Ines Steinke (Hg.): A companion to qualitative research. London: SAGE, S. 270–275.

Bolstorff, Peter; Rosenbaum, Robert (2007): Supply chain excellence. A handbook for dramatic improvement using the SCOR model. 2. Aufl. New York, NY.

Bortz, Jürgen; Schuster, Christof (2010): Statistik für Human- und Sozialwissenschaftler. 7. Aufl. Berlin, Heidelberg: Springer-Verlag Berlin Heidelberg (Springer-Lehrbuch).

Braun, David (2011): Von welchen Supply-Chain-Management-Maßnahmen profitieren Automobilzulieferer? Universität Wiesbaden, Marburg.

Brick, J. Michael; Kalton, Graham (1996): Handling missing data in survey research. In: *Statistical Methods in Medical Research* 5 (3), S. 215–238.

Brosius, Felix (2011): SPSS 19. Heidelberg, München, Landsberg, Frechen, Hamburg: mitp.

Bryman, Alan; Cramer, Duncan (2005): Quantitative Data Analysis with SPSS 12 and 13: A Guide for Social Scientists.New York, NY: Routledge.

Burger, Anton; Buchhart, Anton (2002): Risiko-Controlling. München: Oldenbourg (Lehr- und Handbücher der Betriebswirtschaftslehre).

Burrows, Peter (2011): After the Floods, a Sea of Disk Drive Shortages. In: *Bloomberg Businessweek*, 17.11.2011.

Buscher, Udo; Wels, Andreas (2010): Wirkungsbezogene Erfassung von Beschaffungsrisiken mit Hilfe von Lieferzeitabweichungen. In: Ronald Bogaschewsky, Michael Eßig, Rainer Lasch und Wolfgang Stölzle (Hg.): Supply Management Research. Aktuelle Forschungsergebnisse 2009. Wiesbaden: Gabler Verlag/ GWV Fachverlage GmbH Wiesbaden, S. 125–145.

Butterfield, Jeremy (2003): Collins English dictionary. Complete and unabridged. 6. Aufl. Glasgow: HarperCollins.

Cantner, Uwe; Krüger, Jens; Hanusch, Horst (2007): Produktivitäts und Effizienzanalyse. Der nichtparametrische Ansatz. Berlin Heidelberg: Springer.

Carter, Craig R.; Rogers, Dale S. (2008): A framework of sustainable supply chain management: moving toward new theory. In: International Journal of Physical Distribution & Logistics Management 38 (5), S. 360–387.

Cavinato, Joseph L. (2004): Supply chain logistics risks: From the back room to the board room. In: *International Journal of Physical Distribution & Logistics Management* 34 (5), S. 383–387.

Chapman, Paul; Christopher, Martin; Juttner, Uta; Peck, Helen (2002): Identifying and Managing Supply Chain Vulnerability. In: *Logistics & Transport Focus* 4 (4), S. 59–64.

Charmaz, Kathy (2008): Constructing grounded theory. A practical guide through qualitative analysis. Reprint. Los Angeles: SAGE.

Christopher, Martin (2005): Logistics and supply chain management. Creating value-adding networks. 3. Aufl. Harlow: Financial Times/Prentice Hall.

Christopher, Martin; Peck, Helen (2004): Building the Resilient Supply Chain. In: *The International Journal of Logistics Management* 15 (2), S. 1–14.

Claussen, Carsten (1998): Wie ändert das KonTraG das Aktiengesetz? In: *Der Betrieb* (4), S. 177–186.

Cooper, Martha C.; Lambert, Douglas M.; Pagh, Janus D. (1997): Supply Chain Management: More Than a New Name for Logistics. In: *The International Journal of Logistics Management* 8 (1), S. 1–14.

Corbin, Juliet M.; Strauss, Anselm (1990): Grounded theory research: Procedures, canons, and evaluative criteria. In: *Zeitschrift für Soziologie* 19 (6), S. 418–427.

Corbin, Juliet M.; Strauss, Anselm L. (2008): Basics of qualitative research. Techniques and procedures for developing grounded theory. 3. Aufl. Los Angeles, Calif: SAGE Publ.

COSO (2011): Internal Control - Integrated Framework. In der Fassung von Dezember 2011, Committee of Sponsoring Organizations.

Cottin, Claudia; Döhler, Sebastian (2009): Risikoanalyse. Modellierung, Beurteilung und Management von Risiken mit Praxisbeispielen. Wiesbaden: Vieweg+Teubner Verlag/GWV Fachverlage GmbH Wiesbaden.

Cranfield University (2003): Creating Resilient Supply Chains: A Practical Guide. Online verfügbar unter http://www.som.cranfield.ac.uk/som/dinamic-content/research/lscm/downloads/57081_Report_AW.pdf [Zugriff: 12.03.2012].

Creswell, John W. (2009): Research design. Qualitative, quantitative, and mixed methods approaches. 3. Aufl. Los Angeles: SAGE.

Culp, Christopher L. (2001): The risk management process. Business strategy and tactics. New York: J. Wiley.

Cutcliffe, John R. (2000): Methodological issues in grounded theory. In: *Journal of Advanced Nursing* 31(6), S. 1476–1484.

Dani, Samir (2008): Predicting and Managing Supply Chain Risks. In: George A. Zsidisin und Bob Ritchie (Hg.): Supply Chain Risk. A Handbook of Assessment, Management, and Performance. Boston, MA: Springer-Verlag US (International Series in Operations Research & Management Science, 124), S. 53–66.

Deleris, Léa A.; Erhun, Feryal (2005): Risk Management in Supply Networks using Monte-Carlo Simulation. In: Michael E Kuhl (Hg.): Proceedings of the 2005 Winter Simulation Conference. Hilton at the Walt Disney World Resort, Orlando, Florida, U.S.A. New York: Association for Computing Machinery [u.a.], S. 1643–1649.

Deleris, Léa A.; Erhun, Feryal (2011): Quantitative Risk Assessment in Supply Chains: A Case Study Based on Engineering Risk Analysis Concepts. In: Karl G. Kempf, Pınar Keskinocak und Reha Uzsoy (Hg.): International Series in Operations Research & Management Science. New York, NY: Springer New York (152), S. 105–131.

Delfmann, Werner; Albers, Sascha (2000): Supply Chain Management in the Global Context. Arbeitsberichte des Seminars für Allgemeine Betriebswirtschaftslehre,

Betriebswirtschaftliche Planung und Logistik der Universität Köln, Nr. 102. Köln, 2000.

Deutscher Bundestag (1998): Begründung zum Entwurf eines Gesetzes zur Kontrolle und Transparenz im Unternehmensbereich. Bundestag-Drucksache 13/9712.

Dieringa, H.; Kainer, K. U. (2007): Magnesium – der Zukunftswerkstoff für die Automobilindustrie? In: *Materialwissenschaft und Werkstofftechnik*. 38 (2), S. 91–96.

DRSC (2012): Deutscher Rechnungslegungsstandard Nr. 5 - Risikoberichterstattung. In der Fassung vom 03.07.2012

Duerre, Mathias; Steger, Ulrich (2010): Empirical study of industry complexity. In: Alexander Schwandt und Mathias Duerre (Hg.): Logistics: the backbone for managing complex organizations. 1. Aufl. Bern: Haupt (Kuehne Foundation book series on logistics, 17), S. 83–239.

Eisenhardt, Kathleen M. (1989): Building Theories from Case Study Research. In: *The Academy of Management Review* 14 (4), S. 532–550.

Elkins, Debra; Handfield, Robert B.; Blackhurst, Jennifer; Craighead, Christopher W. (2008): A "To Do" List to Improve Supply Chain Risk Management Capabilities. In: Robert B. Handfield und Kevin McCormack (Hg.): Supply chain risk management. Minimizing disruptions in global sourcing. New York, NY: Auerbach, S. 57–63.

Eller, Roland; Heinrich, Markus; Perrot, René; Reif, Markus (2010): Kompaktwissen Risikomanagement. Nachschlagen, verstehen und erfolgreich umsetzen. Wiesbaden: Gabler Verlag/Springer Fachmedien Wiesbaden GmbH Wiesbaden.

Ellram, Lisa M.; Cooper, Martha C. (1990): Supply Chain Management, Partnership, and the Shipper - Third Party Relationship. In: *The International Journal of Logistics Management* 1 (2), S. 1–10.

Engel, Helge (2009): Absicherung der Supply Chain durch ein unternehmensweites Business Continuity Management. In: Reavis Mary Hilz-Ward und Oliver Everling (Hg.): Risk Performance Management. Chancen für ein besseres Rating. 1. Aufl.: Gabler Verlag, S. 75–86.

Enslow, Beth (2008): Stemming the Rising Tide of Supply Chain Risks: How Risk Managers' Roles and Responsibilities Are Changing. Marsh Inc.

Eßig, Michael; Amann, Markus (2007): Produktionskompetenz als Instrument zur Reduzierung von Nachfragerisiken in der Supply Chain. In: Richard Vahrenkamp und Markus Amann (Hg.): Risikomanagement in Supply Chains. Gefahren abwehren, Chancen nutzen, Erfolg generieren. Berlin: Schmidt, S. 203–218.

Faisal, Mohd Nishat (2009): Prioritization of Risks in Supply Chains. In: Teresa Wu und Jennifer Blackhurst (Hg.): Managing Supply Chain Risk and Vulnerability. Tools and Methods for Supply Chain Decision Makers. London: Springer London, S. 41–65.

Fawcett, Stanley E.; Magnan, Gregory M.; McCarter, Matthew W. (2008): Benefits, barriers, and bridges to effective supply chain management. In: Supply Chain Management: An International Journal 13 (1), S. 35–48.

Fendt, Jacqueline; Sachs, Wladimir (2008): Grounded Theory Method in Management Research: Users' Perspectives. In: *Organizational Research Methods* 11 (3), S. 430–455.

FERMA (2003): Der Risikomanagement-Standard, adaptierte und übersetzte Version des Risikomanagementstandards von AIRMIC, ALARM, IRM. Federation of European Risk Management Associations. Brüssel.

Fiege, Stefanie (2006): Risikomanagement- und Überwachungssystem nach KonTraG. Prozess, Instrumente, Träger. Wiesbaden: Deutscher Universitäts-Verlag | GWV Fachverlage GmbH Wiesbaden (Gabler Edition Wisssenschaft).

Finch, Peter (2004): Supply chain risk management. In: *Supply Chain Management: An International Journal* 9 (2), S. 183–196.

Firestone, William A. (1987): Meaning in Method: The Rhetoric of Quantitative and Qualitative Research. In: *Educational Researcher* 16 (7), S. 16–21.

Fisher, Dennis (2011): Japan Disaster Shakes Up Supply-Chain Strategies. Harvard Business School. Online verfügbar unter http://hbswk.hbs.edu/item/6684.html [Zugriff: 15.06.2011].

Freidank, Carl-Christian (2000): Die Risiken in Produktion, Logistik und Forschung und Entwicklung. In: Dietrich Dörner (Hg.): Praxis des Risikomanagements. Grundlagen, Kategorien, branchenspezifische und strukturelle Aspekte. Stuttgart: Schäffer-Poeschel, S. 345–378.

Gabriel, Sebastian (2007): Prozessorientiertes Supply Chain Risikomanagement. Univ, Frankfurt am Main, Bremen.

Gärtner, Markus (2011): Flutdesaster bedroht globale Lieferketten. In: *Manager Magazin*, 14.11.2011.

Gibson, Brian J.; Mentzer, John T.; Cook, Robert L. (2005): Supply Chain Managment: The Pursuit of a Consensus Definition. In: *Journal of Business Logistics* 26 (2), S. 17–25.

Gietl, Gerhard; Lobinger, Werner (2006): Risikomanagement für Geschäftsprozesse. Leitfaden zur Einführung eines Risikomanagementsystems. München, Wien: Hanser (Pocket-Power, 47).

Glaser, Barney G. (1992): Basics of grounded theory analysis. Mill Valley, Calif: Sociology Press.

Glaser, Barney G.; Holton, Judith (2004): Remodeling Grounded Theory. In: *Forum: Qualitative Social Research* 5 (2), S. Art. 4.

Glaser, Barney G.; Strauss, Anselm L. (1967): The discovery of grounded theory. Strategies for qualitative research. New York, NY: Aldine (Observations).

Glaser, Barney G.; Strauss, Anselm L.; Paul, Axel T. (2005): Grounded theory. Strategien qualitativer Forschung. 2., korrigierte Aufl. Bern: Huber (Methoden).

Goh, Mark; Meng, Fanwen (2009): A Stochastic Model for Supply Chain Risk Management Using Conditional Value at Risk. In: Teresa Wu und Jennifer Blackhurst (Hg.): Managing Supply Chain Risk and Vulnerability. Tools and Methods for Supply Chain Decision Makers. London: Springer London, S. 141–157.

Göpfert, Ingrid; Braun, David; Schulz, Matthias (2012): Automobillogistik. Stand und Zukunftstrends. 2012. Aufl. Wiesbaden: Gabler Verlag.

Götze, Uwe; Betz, Stefan; Götze-Henselmann-Mikus (2001): Risikomanagement. Heidelberg: Physica-Verl (Beiträge zur Unternehmensplanung).

Götze, Uwe; Mikus, Barbara (2007): Der Prozess des Risikomanagements in Supply Chains. In: Richard Vahrenkamp und Markus Amann (Hg.): Risikomanagement in Supply Chains. Gefahren abwehren, Chancen nutzen, Erfolg generieren. Berlin: Schmidt, S. 29–58.

Goulding, Christina (2002): Grounded theory. A practical guide for management, business and market researchers. London, Thousand Oaks, Calif: SAGE.

Hahn, Dietger (1987): Risiko-Management: Stand und Entwicklungstendenzen. In: *Zeitschrift für Führung + Organisation* 56 (3), S. 137–150.

Hahn, Dietger (2000): Problemfelder des Supply Chain Management. In: Horst Wildemann (Hg.): Supply chain management. München: TCW Transfer-Centrum-Verl, S. 9-20.

Hallikas, Jukka; Virolainen, Veli-Matti; Tuominen, Markku (2002): Risk analysis and assessment in network environments: A dyadic case study. In: *International journal of production economics* 78 (1), S. 45–55.

Handfield, Robert B.; Nichols, Ernest L. (1999): Introduction to supply chain management. Upper Saddle River, N.J: Prentice-Hall.

Harland, Christine; Brenchley, Richard; Walker, Helen (2003): Risk in supply networks. In: *Journal of Purchasing and Supply Management* 9 (2), S. 51–62.

Hausen, Sven; Campana, Christophe; Schott, Eric (2007): Die Performance von Projekten und Portfolios besser verstehen. In: *Zeitschrift für Controlling & Management* 51 (6), S. 394–398.

Hendricks, Kevin B.; Singhal, Vinod R. (2005): An Empirical Analysis of the Effect of Supply Chain Disruptions on Long-run Stock Price Performance and Equity Risk of the Firm. In: *Production and Operations Management* 14 (1), S. 35–52.

Henke, Michael; Blome, Constantin; Seifert, Michael; Grötsch, Volker; Sauerbier, Martin (2010): Intensives Risikomanagement oder flexibles Krisenmanagement? Überlebensstrategien im Automobileinkauf in der Wirtschaftskrise. Wiesbaden: Supply Chain Management Institute (SMI).

Henke, Michael; Jahns, Christopher (2005): Supply Risk Management. Arbeitsbuch. St. Gallen: SMG [u.a.] (Arbeitsbuch aus der Reihe Einkauf und Supply Management).

Holland, Heinrich; Scharnbacher, Kurt (2010): Datenerfassung und -aufbereitung. Wiesbaden: Gabler.

Honda (2011a): Stellungnahme zu den Auswirkungen der Flut in Thailand auf die Honda-Produktion in Großbritannien. Presseinformation, 31.10.2011. Online verfügbar unter http://www.pressebox.de/pressemeldungen/honda-deutschland-gmbh/boxid/459704 [Zugriff: 22.10.20129].

Honda (2011b): Honda Siel Cars India Ltd.'s sales affected by production cuts during November 2011. Presseinformation, 01.12.2011. Online verfügbar unter http://www.driveinside.com/press-releases/honda-siel-cars-india-ltd.%E2%80%99s-sales-affected-by-production-cuts-during-november-2011/77umcl/ [Zugriff: 22.10.2012].

Houlihan, John B. (1988): International Supply Chains: A New Approach. In: *Management Decision* 26 (3), S. 13–19.

Hull, John C. (2011): Risikomanagement. Banken, Versicherungen und andere Finanzinstitutionen. 2. Aufl. München: Pearson Studium (Wi - Wirtschaft).

ISO (2009): ISO 31000 - Risk Management: Principles and Guidelines. International Organization for Standardization. In der Fassung von November 2009. Genf.

Johannson, Lynn (1994): How can a TQEM approach add value to your supply chain? In: *Environmental Quality Management* 3 (4), S. 521–530.

Johnson, R. Burke; Onwuegbuzie, Anthony J.; Turner, Lisa A. (2007): Toward a Definition of Mixed Methods Research. In: *Journal of Mixed Methods Research* 1 (2), S. 112–133.

Jonen, Andreas (2007): Semantische Analyse des Risikobegriffs. Strukturierung der betriebswirtschaftlichen Risikodefinitionen und literaturempirische Auswertung. Kaiserslautern.

Jones, Thomas C.; Riley, Daniel W. (1985): Using Inventory for Competitive Advantage through Supply Chain Management. In: *International Journal of Physical Distribution & Logistics Management* 15 (5), S. 16–26.

Jonker, Jan; Pennink, Bartjan (2010): The essence of research methodology. A concise guide for master and PhD students in management science. Berlin: Springer.

Jüttner, Uta (2003): Risiko- und Krisenmanagement in Supply Chains. In: Roman Boutellier, Stephan M. Wagner und Hans Peter Wehrli (Hg.): Handbuch Beschaffung. Strategien, Methoden, Umsetzung. München: Hanser, S. 775–795.

Jüttner, Uta (2005): Supply chain risk management: Understanding the business requirements from a practitioner perspective. In: *International Journal of Logistics Management* 16 (1).

Jüttner, Uta; Peck, Helen; Christopher, Martin (2003): Supply chain risk management: outlining an agenda for future research. In: *International Journal of Logistics: Research and Applications* 6 (4), S. 197–210.

Kaen, Fred R. (2005): Risk Management, Corporate Governance and the Modern Corporation. In: Michael Frenkel, Ulrich Hommel und Markus Rudolf (Hg.): Risk

Management. Challenge and Opportunity. Second Revised and Enlarged Edition. Berlin, Heidelberg: Springer Berlin · Heidelberg, S. 423–436.

Kaiser, Henry F.; Rice, John (1974): Little Jiffy, Mark IV. In: *Educational and Psychological Measurement* 34 (1), S. 111–117.

Kajüter, Peter: Die Regulierung des Risikomanagements im internationalen Vergleich. In: *Zeitschrift für Controlling und Management* 48 (Sonderheft 3), S. 12–25.

Kajüter, Peter (2003): Instrumente zum Risikomanagement in der Supply Chain. In: Wolfgang Stölzle (Hg.): Supply Chain Controlling in Theorie und Praxis. Aktuelle Konzepte und Unternehmensbeispiele. 1. Aufl. Wiesbaden: Gabler, S. 107–135.

Kajüter, Peter (2007): Risikomanagement in der Supply Chain: Ökonomische, regulatorische und konzeptionelle Grundlagen. In: Richard Vahrenkamp und Markus Amann (Hg.): Risikomanagement in Supply Chains. Gefahren abwehren, Chancen nutzen, Erfolg generieren. Berlin: Schmidt, S. 13–28.

Kajüter, Peter (2009): Risikomanagement als Controllingaufgabe im Rahmen der Corporate Governance. In: Alfred Wagenhofer (Hg.): Controlling und Corporate Governance-Anforderungen. Verbindungen, Maßnahmen, Umsetzung. Berlin: Schmidt, S. 109–130.

Karlöf, Bengt; Lövingsson, Fredrik Helin (2005): The A-Z of management concepts and models. London: Thorogood.

Kelle, Udo; Kardoff, Ernst von.; Steinke, Ines. (2008): Computergestützte Analyse qualitativer Daten. In: Uwe Flick, Ernst von Kardorff und Ines Steinke (Hg.): Qualitative Forschung. Ein Handbuch. 6. Aufl. Reinbek bei Hamburg: Rowohlt-Taschenbuch-Verl (Rororo Rowohlts Enzyklopädie, 55628), S. 485–501.

Kelle, Udo (2007): Theoretisches Vorwissen und Kategorienbildung in der „Grounded Theory". In: Udo Kuckartz, Heiko Grunenberg und Thorsten Dresing (Hg.): Theoretisches Vorwissen und Kategorienbildung in der „Grounded Theory". Wiesbaden: VS Verlag für Sozialwissenschaften, S. 32–49.

Kersten, Wolfgang; Böger, Mareike; Hohrath, Philipp; Singer, Carolin (2009a): Supply Chain Risk Management für kleine und mittelständische Unternehmen. In: *Jahrbuch Logistik*, S. 146–150.

Kersten, Wolfgang; Böger, Mareike; Hohrath, Philipp; Singer, Carolin; Wagner, Stephan M.; Kemmerling, Réné (2009b): Supply Chain Risk Management Navigator: Schlussbericht zum Projekt.

Kersten, Wolfgang; Böger, Mareike; Hohrath, Philipp; Späth, Hagen (2006): Supply Chain Risk Management: Development of a Theoretical and Empirical Framework. In: Wolfgang Kersten und Thorsten Blecker (Hg.): Managing risks in supply chains. How to build reliable collaboration in logistics. Berlin: Schmidt (Operations and technology management, 1), S. 3–17.

Kersten, Wofgang; Feser, Max; Klotzbach, Markus (2012), Supply Chain Risk Management – Konzept und Implementierung in der Praxis. In: Wimmer, Thomas

(Hg.): Tagungsband zum 29. Deutscher Logistik-Kongress 2012, DVV Media Group, Hamburg, S. 405-431.

Kersten, Wolfgang; Hohrath, Philipp; Boeger, Mareike; Singer, Carolin (2011): A Supply Chain Risk Management process. In: *International Journal of Logistics Systems and Management* (*IJLSM)* 8 (2), S. 152–166.

Kersten, Wolfgang; Hohrath, Philipp; Winter, Marc (2008): Risikomanagement in Wertschöpfungsnetzwerken - Status Quo und aktuelle Herausforderungen. In: *Wirtschaft und Management* (8), S. 7–21.

Kersten, Wolfgang; Singer, Carolin (2011): Aufbau von Flexibilitätspotenzialen zur Beherrschung von Supply Chain-Risiken. In: Industrie Management 27 (3), S. 61–64.

Kersten, Wolfgang; Wente, Insa Mareen (2012): Reactive versus Proactive Supply Chain Risk Management – An Exploratory Study in the Automotive Industry. In: Wolfgang Kersten, Thorsten Blecker und Christian M. Ringle (Hg.): Managing the Future Supply Chain. Current Concepts and Solutions for Reliability and Robustness. 1. Aufl. Lohmar, Rheinl: Eul J (Supply Chain, Logistics and Operations Management, 9), S. 87–100.

Kerth, Klaus; Pütmann, Ralf (2005): Die besten Strategietools in der Praxis. Welche Werkzeuge brauche ich? Wie wende ich sie an? Wo liegen die Grenzen? München: Hanser.

Kim, Jae-On; Mueller, Charles W. (2004): Introduction to factor analysis. What it is and how to do it. [Nachdr.]. Newbury Park: Sage-Publ (Quantitative applications in the social sciences, 13).

Kimmig, Jens M. (2001): Risiko-Controlling in der Unternehmung. Universität Wiesbaden, Wiesbaden, Mainz.

King, Granville (2002): Crisis Management & Team Effectiveness: A Closer Examination. In: Journal of Business Ethics 41 (3), S. 235–249.

Kirchhoff, Sabine (2010): Der Fragebogen. Datenbasis, Konstruktion und Auswertung. 5. Aufl. Wiesbaden: VS-Verl.

Kitchenham, Barbara (2004): Procedures for Performing Systematic Reviews.

Kleindorfer, Paul R.; Saad, Germaine H. (2005): Managing Disruption Risks in Supply Chains. In: *Production and Operations Management* 14 (1), S. 53–68.

Kliemt, Hartmut (2007): Priority setting in the age of genomics. Bremen: Jacobs University, FOR 655.

Kreuzer, Christian (2010): BWL kompakt. Die 100 wichtigsten Themen der Betriebswirtschaft für Praktiker. 3. Aufl. Wien: Linde International.

Kuckartz, Udo (2007): Einführung in die computergestützte Analyse qualitativer Daten. [Lehrbuch]. 2., aktualisierte und erw. Wiesbaden: VS Verl. für Sozialwiss.

Kühn, Richard (1978): Entscheidungsmethodik und Unternehmungspolitik. Methodische Überlegungen zum Aufbau einer betriebswirtschaftlichen Spezialdisziplin, erarbeitet am Gegenstandsbereich d. Unternehmungspolitik. Bern: Haupt (Prüfen und Entscheiden, 8).

Kupsch, Peter U. (1973): Das Risiko im Entscheidungsprozeß. Wiesbaden: Gabler (Die Betriebswirtschaft in Forschung und Praxis, 14).

Lam, James (2003): Enterprise Risk Mangement: From Incentives to Controls: Wiley & Sons (Wiley Finance).

Larson, Paul D.; Poist, Richard F.; Halldórsson, Árni (2007): Perspectives on Logistics vs. SCRM: A Survey of SCM Professionals. In: *Journal of Business Logistics* 28 (1), S. 1–24.

Larson, Paul; Halldorsson, Arni (2004): Logistics versus supply chain management: An international survey. In: *International Journal of Logistics Research & Applications* 7 (1), S. 17–31.

Li, Min; Lai, Kin Keung (2009): Risk and Cost Analysis in Supply Chain Structure with Simulation. In: 2009 International Conference on Business Intelligence and Financial Engineering, S. 381–385.

Lingemann, Stefan; Wasmann, Dirk. (1998): Mehr Kontrolle und Transparenz im Aktienrecht: Das KonTraG tritt in Kraft. In: *Betriebsberater* 53 (17), S. 853–861.

Lödding, Hermann (2008): Verfahren der Fertigungssteuerung. Grundlagen, Beschreibung, Konfiguration: Springer.

Lu, Chi-Jung; Shulman, Stuart W. (2008): Rigor and flexibility in computer-based qualitative research: Introducing the Coding Analysis Toolkit. In: *International Journal of Multiple Research Approaches* 2, S. 105–117.

Luhmann, Niklas (2003): Soziologie des Risikos. 1991. Aufl. Berlin: de Gruyter (De-Gruyter-Studienbuch).

Lummus, Rhonda R.; Vokurka, Robert J. (1999): Defining supply chain management: a historical perspective and practical guidelines. In: *Industrial Management & Data Systems* 99 (1), S. 11–17.

Manuj, Ila; Mentzer, John T. (2008): Global supply chain risk management strategies. In: *International Journal of Physical Distribution & Logistics Management* 38 (3), S. 192–223.

March, James G.; Shapira, Z. (1987): Managerial perspectives on risk and risk taking. In: *Management science* 33 (11), S. 1404–1418.

Martin, Thomas A.; Bär, Thomas (2002): Grundzüge des Risikomanagements nach KonTraG. Das Risikomanagementsystem zur Krisenfrüherkennung nach §91 Abs. 2 AktG. München: Oldenbourg (Managementwissen für Studium und Praxis).

Mello, John; Flint, Daniel J. (2009): A refined view of grounded theory and its application to logistics research. In: *Journal of business logistics : JBL/Council of Supply Chain Management Professionals* 30 (1), S. 107–125.

Melnyk, Steven A.; Rodrigues, Alexander; Ragatz, Gary L. (2008): Using Simulation to Investigate Supply Chain Disruptions. In: George A. Zsidisin und Bob Ritchie

(Hg.): Supply Chain Risk. A Handbook of Assessment, Management, and Performance. Boston, MA: Springer-Verlag US (International Series in Operations Research & Management Science, 124), S. 103–122.

Mentzer, John T.; DeWitt, William; Keebler, James S.; Min, Soonhong; Nix, Nancy W.; Smith, Carlo D.; Zacharia, Zach G. (2001): Defining Supply Chain Management. In: *Journal of Business Logistics* 22 (2), S. 1–25.

Merschmann, Ulf (2007): Die Beziehung zwischen Unsicherheit, Supply-Chain-Flexibilität und Erfolg. Univ, Lohmar, Köln.

Meuser, Michael; Nagel, Ulrike (2009a): Das Experteninterview — konzeptionelle Grundlagen und methodische Anlage. In: Susanne Pickel, Gert Pickel, Hans-Joachim Lauth und Detlef Jahn (Hg.): Methoden der vergleichenden Politik- und Sozialwissenschaft. Wiesbaden: VS Verlag für Sozialwissenschaften, S. 465–479.

Meuser, Michael; Nagel, Ulrike (2009b): Experteninterview und der Wandel der Wissensproduktion. In: Alexander Bogner (Hg.): Experteninterviews. Theorien, Methoden, Anwendungsfelder. 3. Aufl. Wiesbaden: VS Verl. für Sozialwiss, S. 35–60.

Mey, Günter; Mruck, Katja (2010): Grounded-Theory-Methodologie. In: Günter Mey und Katja Mruck (Hg.): Handbuch Qualitative Forschung in der Psychologie. Wiesbaden: VS Verlag für Sozialwissenschaften, S. 614–626.

Mey, Günter; Mruck, Katja (2011): Grounded-Theory-Methologie: Entwicklung, Stand, Perspektiven. In: Günter Mey und Katja Mruck (Hg.): Grounded theory reader. 2., aktualis. u. erw. Wiesbaden: VS Verl. für Sozialwissenschaften, S. 11–50.

Moghaddam, A. (2006): Coding issues in grounded theory. In: *Issues In Educational Research* 16 (1), S. 52–66.

Morse, Janice M. (2011): Sampling in grounded theory. In: Antony Bryant und Kathy Charmaz (Hg.): The SAGE handbook of grounded theory. Paperback ed., reprinted. Los Angeles: SAGE, S. 229–244.

Muckel, Petra (2007): Die Entwicklung von Kategorien mit der Methode der Grounded Theory. In: *Historical Social Research* (19), S. 211–231.

Müssigmann, Nikolaus (2006): Mitigating Risk during Strategic Supply Network Modelling. In: Wolfgang Kersten und Thorsten Blecker (Hg.): Managing risks in supply chains. How to build reliable collaboration in logistics. Berlin: Schmidt (Operations and technology management, 1), S. 213–226.

Norrman, Andreas; Jansson, Ulf (2004): Ericsson's proactive supply chain risk management approach after a serious sub-supplier accident. In: *International Journal of Physical Distribution & Logistics Management* 34 (5), S. 434–456.

Norrman, Andreas; Lindroth, Robert (2004): Categorization of Supply Chain Risk and Risk Management. In: Clare Brindley (Hg.): Supply chain risk. Aldershot: Ashgate, S. 14–27.

Obring, Kai (1992): Strategische Unternehmensführung und polyzentrische Strukturen. Univ, Herrsching, München.

Oliver, Keith R.; Webber, Michael D. (1982): Supply Chain Management: Logistics Catches up with Strategy. In: Martin Christopher (Hg.): Logistics. The strategic issues. London u.a: Chapman & Hall, S. 63–75.

Paulsson, Ulf (2004): Supply Chain Risk Management. In: Clare Brindley (Hg.): Supply chain risk. Aldershot: Ashgate, S. 79–96.

Perera, Wathsala; Dias, Gihan (2010): Localisation of the LimeSurvey Software. In: The Centre of Excellence on Localised Applications (Hg.): Proceedings of the Conference on Localised Systems and Applications (CLSA), S. 36–43.

Pickett, Joseph P. et al. (2000): The American Heritage dictionary of the English language. 4. Aufl. Boston: Houghton Mifflin.

Poluha, Rolf G. (2010): Anwendung des SCOR-Modells zur Analyse der Supply Chain. Universität Lohmar, Köln.

Porst, Rolf (2011): Fragebogen. Ein Arbeitsbuch. 3. Aufl. Wiesbaden: VS Verlag für Sozialwissenschaften / Springer Fachmedien Wiesbaden GmbH Wiesbaden (Studienskripten zur Soziologie).

Purdy, Grant (2010): ISO 31000:2009-Setting a New Standard for Risk Management. In: *Risk Analysis* 30 (6), S. 881–886.

Ramsey, Mike; Moffett, Sebastian (2011): Japan Parts Shortage Hits Auto Makers. In: *Wall Street Journal*, 24.03.2011.

Ren, Hong (1994): Risk lifecycle and risk relationships on construction projects. In: *International Journal of Project Management* 12 (2), S. 68–74.

Reuters (2010): Czech Skoda halts production as floods hit supplier, 11.08.2010. Online verfügbar: http://uk.reuters.com/article/2010/08/11/czech-skoda-outage-idUKLDE67A0QI20100811 [Zugriff: 22.10.2012]

Rogler, Silvia (2002): Risikomanagement im Industriebetrieb. Analyse von Beschaffungs-, Produktions- und Absatzrisiken. Univ., Habil.--Göttingen, 1999. 1. Aufl. Wiesbaden: Dt. Univ.-Verl (Neue betriebswirtschaftliche Forschung, 296).

Romeike, Frank (2004): Gesetzliche Grundlagen, Einordnung und Trends. In: Frank Romeike (Hg.): Erfolgsfaktor Risiko-Management. Chance für Industrie und Handel ; Methoden, Beispiele, Checklisten ; mit CD-ROM. Nachdr. Wiesbaden: Gabler, S. 65–80.

Sadgrove, Kit (2005): The complete guide to business risk management. Aldershot Hants England, Burlington VT: Gower.

Schenk, Michael; Schürmeyer, Maik; Bauhoff, Fabian (2012): Koordination interner Produktionsnetzwerke. In: Günther Schuh und Volker Stich (Hg.): Produktionsplanung und -steuerung 1. Grundlagen der PPS: Springer Vieweg, S. 425–470.

Schmelzer, Hermann J. (2006): Methoden der Risikoanalyse und -überwachung in Innovationsprojekten. In: Oliver Gassmann und Carmen Kobe (Hg.): Methoden der Risikoanalyse und -überwachung in Innovationsprojekten: Springer Berlin Heidelberg, S. 245–266.

Schmitt, Amanda J.; Singh, Mahender (2009): Quantifying supply chain disruption risk using Monte Carlo and discrete-event simulation. In: *Proceedings of the 2009 Winter Simulation Conference (WSC)*, S. 1237–1248.

Schneider, Ingo (2010): Die Risikobetrachtung in der Beschaffung als strategische Komponente im Supply-Chain-Design. Eine Analyse am Beispiel Karosserieblechteile in der Automobilindustrie. Helmut-Schmidt-Univ., Diss.--Hamburg, 2009. Aachen: Shaker (Berichte aus dem Institut für Konstruktions- und Fertigungstechnik, Helmut Schmidt Universität, 15).

Scholl, Armin (2009): Die Befragung. 2. Aufl. Konstanz: UVK Verl.-Ges (UTB Medien- und Kommunikationswissenschaft, Soziologie, 2413).

Schönsleben, Paul (2003): Integral logistics management. Planning & control of comprehensive supply chains. 2. Aufl. Boca Raton, Fla: CRC Press (The St. Lucie Press series on resource management).

Schönsleben, Paul (2008): Zweidimensionale Darstellungen für Beziehungen und Auswahl von Methoden der Produktionsplanung und -steuerung. In: Peter Nyhuis (Hg.): Beiträge zu einer Theorie der Logistik: Springer, S. 235–248.

Schreier, Margrit; Diederich, Adele (2008): Kriterien der Priorisierung. Praxis anderer Länder und erste Ergebnisse einer qualtiativen Befragung in Deutschland. Bremen: Jacobs Univ., FOR 655.

Schwab, Adolf J. (2008): Managementwissen für Ingenieure. Führung, Organisation, Existenzgründung. Vierte, neu bearbeitete Auflage. Berlin, Heidelberg: Springer-Verlag Berlin Heidelberg (VDI-Buch).

Schwaiger, Manfred; Zimmermann, Lorenz (2011): Quantitative Forschung: Ein Überblick. In: Manfred Schwaiger und Anton Meyer (Hg.): Theorien und Methoden der Betriebswirtschaft. Handbuch für Wissenschaftler und Studierende. München: Franz Vahlen, S. 420–437.

Scott, Charles; Westbrook, Roy (1991): New Strategic Tools for Supply Chain Management. In: *International Journal of Physical Distribution & Logistics Management* 21 (1), S. 23–33.

Seidel, Uwe M. (2002): Risikomanagement. Erkennen, bewerten und steuern von Risiken. Kissing: WEKA MEDIA (WEKA Praxislösungen).

Shah, Sonali K.; Corley, Kevin G. (2006): Building Better Theory by Bridging the Quantitative-Qualitative Divide. In: *Journal of Management Studies* 43 (8), S. 1821–1835.

Sheffi, Yosef (2007): The resilient enterprise. Overcoming vulnerability for competitive advantage. Cambridge, Mass., London: MIT Press.

Sibbald, Shannon L.; Singer, Peter A.; Upshur, Ross; Martin, Douglas K. (2009): Priority setting: what constitutes success? A conceptual framework for successful priority setting. In: *BMC Health Serv Res* 9 (1), S. 43–55.

Siepermann, Christoph; Vockeroth, Jan (2011): Risikomanagement in der Logisitik mit der Balanced Scorecard. In: Christoph Siepermann und Michael Eley (Hg.): Logistik - gestern, heute, morgen. Festschrift für Richard Vahrenkamp zur Vollendung des 65. Lebensjahres. Unter Mitarbeit von Richard Vahrenkamp. Berlin: GITO-Verl, S. 297–324.

Sodhi, ManMohan S.; Son, Byung-Gak; Tang, Christopher S. (2012): Researchers' Perspectives on Supply Chain Risk Management. In: *Production and Operations Management* 21 (1), S. 1–13.

Sorensen, Lars B. (2005): How risk and uncertainty is used in supply chain management: a literature study. In: *International Journal of Integrated Supply Management* 1 (4), S. 387–409.

Splett, Jochen (2009): Deutsches Wortfamilienwörterbuch. Analyse der Wortfamilienstrukturen der deutschen Gegenwartssprache, zugleich Grundlegung einer zukünftigen Strukturgeschichte des deutschen Wortschatzes. Berlin: de Gruyter.

Steven, Marion; Pollmeier, Inga (2007): Management von Kooperationsrisiken in Supply Chains. In: Richard Vahrenkamp und Markus Amann (Hg.): Risikomanagement in Supply Chains. Gefahren abwehren, Chancen nutzen, Erfolg generieren. Berlin: Schmidt, S. 273–286.

Stewart, David W. (1981): The Application and Misapplication of Factor Analysis in Marketing Research. In: *Journal of Marketing Research* 18, S. 51–62.

Strauss, Anselm L.; Corbin, Juliet M. (1990): Basics of qualitative research. Grounded theory procedures and techniques. 1. Aufl. Newbury Park, Calif: SAGE.

Stulz, René M. (2008): Risk Management Failures: What Are They and When Do They Happen? In: Journal of Applied Corporate Finance 20 (4), S. 58–67.

Tang, Chrisopher; Tomlin, Brian (2008): How Much Flexibility Does It Take to Mitigate Supply Chain Risks? In: George A. Zsidisin und Bob Ritchie (Hg.): Supply Chain Risk. A Handbook of Assessment, Management, and Performance. Boston, MA: Springer-Verlag US (International Series in Operations Research & Management Science, 124), S. 155–174.

Tang, Christopher S. (2006): Perspectives in Supply Chain Risk Management: A Review. In: *International journal of production economics* 103 (2), S. 451–488.

Tang, Ou; Musa, S. Nurmaya (2011): Identifying risk issues and research advancements in supply chain risk management. In: *International Journal of Production Economics* 133 (1), S. 25–34.

Tan, Jin (2010): Grounded theory in practice: issues and discussion for new qualitative researchers. In: *Journal of Documentation* 66 (1), S. 93–112.

Tattam, David (2011): A short guide to operational risk. Farnham, Surrey, Burlington, Vt: Gower (Short guides to business risk series).

Thun, Jörn-Henrik; Hoenig, Daniel (2011): An empirical analysis of supply chain risk management in the German automotive industry. In: *International Journal of Production Economics* 131 (1), S. 242–249.

Thun, Jörn-Henrik; Marble, Robert P.; Silveira-Camargos, Victor (2007): A Conceptual Framework and Empirical Results of the Risk and Potential of Just in Sequence – A Study of the German Automotive Industry. In: *Journal of Operations and Logistics* 1 (2), S. I.1-I.13.

Tomlin, Brian (2006): On the Value of Mitigation and Contingency Strategies for Managing Supply Chain Disruption Risks. In: Management science 52 (5), S. 639–657.

Toyota (2011): TMC Announces Year-End Financial Results, 11.05.2011. Online verfügbar http://pressroom.toyota.com/releases/tmc+announces+year+end+financial+results.htm [Zugriff: 22.10.2012]

Truschkat, Inga; Kaiser-Belz, Manuela; Volkmann, Vera (2011): Die Grounded-Theory-Methodologie zwischen Programmatik und Forschungspraxis. In: Günter Mey und Katja Mruck (Hg.): Grounded theory reader. 2., aktualis. u. erw. Wiesbaden: VS Verl. für Sozialwissenschaften, S. 353–379.

Tsoukas, Haridimos (1994): What is Management? An Outline of a Metatheory. In: *British Journal of Management* 5 (4), S. 289–301.

Vanany, Iwan; Zailani, Suhaiza; Pujawan, Nyoman (2009): Supply Chain Risk Management. In: *International Journal of Information Systems and Supply Chain Management* 2 (1), S. 16–33.

Vogt, Kai-Ingo (2009): Priorität. In: Gabler-Wirtschaftslexikon. Das Wissen der Experten. Wiesbaden: Gabler. Online verfügbar unter http://wirtschaftslexikon.gabler.de/Definition/prioritaet.html [Zugriff: 29.10.2012]

Wagner, Stephan M.; Bode, Christoph (2006): An Empirical Investigation into Supply Chain Vulnerability Experienced by German Firms. In: Wolfgang Kersten und Thorsten Blecker (Hg.): Managing risks in supply chains. How to build reliable collaboration in logistics. Berlin: Schmidt (Operations and technology management, 1), S. 79–96.

Wagner, Stephan M.; Neshat, Nikrouz (2010): Assessing the vulnerability of supply chains using graph theory. In: *International Journal of Production Economics* 126 (1), S. 121–129.

Walker, D. (2006): Grounded Theory: An Exploration of Process and Procedure. In: *Qualitative Health Research* 16 (4), S. 547–559.

Waters, C. D. J. (2011): Supply chain risk management. Vulnerability and resilience in logistics. 2. Aufl. London ; Philadelphia: Kogan Page.

Weber, Jürgen; Dittrich, Markus; Lukassen, Peter; Schorb, Ulrich; Trelle, Serena; Wallenburg, Carl Marcus (2005): Value-chain-Management in der Automobilzulieferindustrie. Vallendar: WHU.

Weber, Wolfgang (2005): Die wissenschaftliche Disziplin Personalwirtschaft auf der Suche nach ihrer Identität. In: Thomas Spengler und Hagen Lindstädt (Hg.): Strukturelle Stimmigkeit in der Betriebswirtschaftslehre. Festschrift für Prof. Dr. Hugo Kossbiel. Unter Mitarbeit von Hugo Kossbiel. 1. Aufl. München: Hampp, S. 151–168.

Weick, Karl Edward (2009): The impermanent organization. Chichester: Wiley (Making sense of the organization, 2).

Werner, Hartmut (2008): Supply Chain Management. Grundlagen, Strategien, Instrumente und Controlling. 3. Aufl. Wiesbaden: Betriebswirtschaftlicher Verlag Dr. Th. Gabler | GWV Fachverlage GmbH Wiesbaden.

Wheatley, Malcolm (2011): After the disaster. In: *Automotive Logistics* July - September, S. 56–58.

Wickham, M.; Woods M. (2005): Reflecting on the Strategic Use of CAQDAS to Manage and Report on the Qualitative Research Process. In: *The Qualitative Report* 10 (4), S. 687–702.

Williams, Roger; Bertsch, Boudewijn; Dale, Barrie; van der Wiele, Ton; van Iwaarden, Jos; Smith, Mark; Visser, Rolf (2006): Quality and risk management: what are the key issues? In: The TQM Magazine 18 (1), S. 67–86.

Winter, Peter (2007): Risikocontrolling in Nicht-Finanzunternehmen. Univ, Lohmar, Mannheim.

Wittmann, Edgar (1999): Organisatorische Einbindung des Risikomanagements. In: Bernd Saitz und Frank Braun (Hg.): Das Kontroll- und Transparenzgesetz. Herausforderungen und Chancen für das Risikomanagement. Wiesbaden: Gabler, S. 129–144.

Wolke, Thomas (2009): Risikomanagement. 2., vollst. überarb. und erw. München: Oldenbourg.

Wrona, Thomas; Fandel, Günter (2010): Möglichkeiten und Grenzen einer Methodenintegration. In: Thomas Wrona und Günter Fandel (Hg.): Mixed Methods. Konzeptionelle Überlegungen. Wiesbaden: Gabler (Zeitschrift für Betriebswirtschaft Special issue, 2010,4), S. 1–16.

Wu, Desheng Dash; Zhang, Yidong; Wu, Dexiang; Olson; David L. (2010): Fuzzy multi-objective programming for supplier selection and risk modeling: A possibility approach. In: European Journal of Operational Research 200 (3), S. 774–787.

Wu, Teresa; Blackhurst, Jennifer; Chidambaram, Vellayappan (2006): A model for inbound supply risk analysis. In: *Computers in Industry* 57 (4), S. 350–365.

Zeng, Amy Z.; Berger, Paul D.; Gerstenfeld, Arthur (2005): Managing the Supply-Side Risks in Supply Chains: Taxonomies, Processes, and Examples of Decision-Making Modeling. In: Joseph Geunes, Elif Akçali, Panos M Pardalos, H Edwin Romeijn und Zuo-Jun Shen (Hg.): Applications of supply chain management and e-commerce research. New York, NY: Springer (Applied optimization, 92), S. 141–160.

Ziegenbein, Arne (2007): Supply Chain Risiken. Identifikation, Bewertung und Steuerung. Eidgen. Techn. Hochsch, Zürich, Zürich.

Zsidisin, George A.; Ragatz, Gary L.; Melnyk, Steven A. (2004): Effective Practices and Tools for Ensuring Supply Continuity. In: Clare Brindley (Hg.): Supply chain risk. Aldershot: Ashgate, S. 175–196.

Zsidisin, George A.; Melnyk, Steven A.; Ragatz, Gary L. (2005): An institutional theory perspective of business continuity planning for purchasing and supply management. In: *International Journal of Production Research* 43 (16), S. 3401–3420.

Zsidisin, George A.; Ritchie, Bob (2008): Supply Chain Risk Management - Developments, Issues and Challenges. In: George A. Zsidisin und Bob Ritchie (Hg.): Supply Chain Risk. A Handbook of Assessment, Management, and Performance. Boston, MA: Springer-Verlag US (International Series in Operations Research & Management Science, 124), S. 1–12.

Zsidisin, George A.; Wagner, Stephan M.; Melnyk, Steven A.; Ragatz, Gary L.; Burns, Laid A. (2008): Supply risk perceptions and practices: an exploratory comparison of German and US supply management professionals. In: *International Journal of Technology, Policy and Management* 8 (4), S. 401–419.

Curriculum Vitae Insa Mareen Wente

Persönliche Daten

Name	Insa Mareen Wente
Geburtsdatum	12. September 1984
Geburtsort	Gehrden

Beruflicher Werdegang

2008 – heute	**Unternehmensberaterin** McKinsey & Company
2003 – 2008	**Praktika in verschiedenen Unternehmen, u. a.** BMW Group, München Johnson Controls, Inc., Hannover CRP Industries, Inc., Carteret, New Jersey, USA Continental AG, Hannover

Akademischer Werdegang

2010 - 2013	**Doktorandin** Institut für Logistik und Unternehmensführung, Technische Universität Hamburg-Harburg
2003 – 2008	**Studium des Wirtschaftsingenieurwesens (Abschluss: Diplom-Wirtschaftsingenieurin)** Technische Universität Karlsruhe Und University of Massachusetts, Amherst, USA
2003	**Allgemeine Hochschulreife** Matthias-Claudius-Gymnasium, Gehrden

SUPPLY CHAIN, LOGISTICS AND OPERATIONS MANAGEMENT

Herausgegeben von Prof. Dr. Dr. h. c. Wolfgang Kersten, Hamburg

Band 13
Philipp Alexander Hohrath
Analyse der strategisch und strukturell induzierten Verwundbarkeit von Wertschöpfungsnetzwerken – Eine empirische Untersuchung am Beispiel der Windenergieanlagenindustrie
Lohmar – Köln 2013 • 456 S. • € 69,- (D) • ISBN 978-3-8441-0239-0

Band 14
Daniel Dumke
Strategische Ansätze zur Risikoreduktion im Supply-Chain-Netzwerkdesign
Lohmar – Köln 2013 • 364 S. • € 64,- (D) • ISBN 978-3-8441-0253-6

Band 15
Sebastian Brockhaus
Analyzing the Effect of Sustainability on Supply Chain Relationships
Lohmar – Köln 2013 • 224 S. • € 55,- (D) • ISBN 978-3-8441-0257-4

Band 16
Wolfgang Kersten, Thorsten Blecker and Christian M. Ringle (Eds.)
Sustainability and Collaboration in Supply Chain Management – A Comprehensive Insight into Current Management Approaches
Lohmar – Köln 2013 • 396 S. • € 66,- (D) • ISBN 978-3-8441-0266-6

Band 17
Thorsten Blecker, Wolfgang Kersten and Christian M. Ringle (Eds.)
Pioneering Solutions in Supply Chain Performance Management – Concepts, Technologies and Applications
Lohmar – Köln 2013 • 340 S. • € 63,- (D) • ISBN 978-3-8441-0267-3

Band 18
Insa Mareen Wente
Supply Chain Risikomanagement: Umsetzung, Ausrichtung und Produktpriorisierung – Eine explorative Analyse am Beispiel der Automobilindustrie
Lohmar – Köln 2013 • 240 S. • € 56,- (D) • ISBN 978-3-8441-0271-0

JOSEF EUL VERLAG